国家社科基金
后期资助项目
GUOJIA SHEKE JIJIN HOUQI ZIZHU XIANGMU

生态审美教育研究

Research on Ecological Aesthetic Education

罗祖文 著

上海交通大学出版社
SHANGHAI JIAO TONG UNIVERSITY PRESS

内容提要

生态审美教育是在全球生态危机日益严重和环境设计艺术化的背景下诞生的一种审美教育形态,也是生态美学的一个基本范畴,对其进行系统研究能从实践上夯实生态美学的存在根基。本书从哲学基础、理论资源、教育性质、审美范畴、教育范式与实践途径六个方面出发,论述了生态整体论的哲学观与美学观,并对生态审美教育的实践维度进行探索,适应新时代美育转型的需要,为当下艺术学、生态美学以及审美教育的研究提供思想资源。

图书在版编目(CIP)数据

生态审美教育研究／罗祖文著. —上海：上海交
通大学出版社,2021.10
　ISBN 978－7－313－25168－8

　Ⅰ.①生… Ⅱ.①罗… Ⅲ.①生态学—美学—教学研
究 Ⅳ.①Q14－05

中国版本图书馆 CIP 数据核字(2021)第 141276 号

生态审美教育研究

SHENGTAI SHENMEI JIAOYU YANJIU

著　　者：罗祖文
出版发行：上海交通大学出版社　　　　　　地　　址：上海市番禺路 951 号
邮政编码：200030　　　　　　　　　　　　电　　话：021－64071208
印　　制：上海新艺印刷有限公司　　　　　经　　销：全国新华书店
开　　本：710 mm×1000 mm　1/16
字　　数：259 千字
版　　次：2021 年 10 月第 1 版　　　　　　印　　次：2021 年 10 月第 1 次印刷
书　　号：ISBN 978－7－313－25168－8
定　　价：88.00 元

国家社科基金后期资助项目
出版说明

　　后期资助项目是国家社科基金设立的一类重要项目,旨在鼓励广大社科研究者潜心治学,支持基础研究多出优秀成果。它是经过严格评审,从接近完成的科研成果中遴选立项的。为扩大后期资助项目的影响,更好地推动学术发展,促进成果转化,全国哲学社会科学工作办公室按照"统一设计、统一标识、统一版式、形成系列"的总体要求,组织出版国家社科基金后期资助项目成果。

全国哲学社会科学工作办公室

序

  罗祖文博士的国家社科基金后期资助项目《生态审美教育研究》即将出版，我很高兴为之写一篇序言。

  我要衷心祝贺罗祖文博士所取得的研究成绩。罗祖文曾就读于上海师范大学，师从陈伟教授研治文艺美学，后又到山东大学进行生态审美教育的博士后研究，生态审美教育研究这一课题就是他博士后研究报告的拓展延伸。他经过博士后的三年，又经过出站后的努力，终于完成了著作撰写。就我目前的知识所及，本书是生态审美教育方面内容非常全面的一部论著，从基本哲学理论、生态审美教育基本范畴，到中外资源梳理以及生态审美教育基本实践模式等，在本书中均有论述，并达到较高水平。

  本书一个非常重要的特点是顺应了新时代美育转型的需要。众所周知，美育领域长期以来大多运用的是德国古典哲学体系中席勒与康德等人的理性主义美育理论，将美育作为情育成为沟通知与意的桥梁，并仅仅局限于艺术领域。这固然是一个时代的美育成就，但其主客二分对立与人类中心论的理论倾向非常明显，已经不适合新的时代。当代美育由传统美育的人类中心论转向生态整体论已经非常紧迫！本书适应了这一时代的紧迫需要，是一种对于时代呼唤的及时回应。罗祖文在书中有力地批判了席勒美育理论的主客二分对立与艺术至上倾向，深刻论述了生态整体论的哲学观与美学观，适应了时代的需要，体现了人文学者的责任。本书还试图打破传统生态美育局限于西方资源的倾向，较为全面地论述了美学与艺术领域生态美育的中国资源，同时对生态审美教育的实践维度也进行了适当的探索。

  本书是我所见到有关生态审美教育的第一部完整论著，弥足珍贵。生态审美教育作为新型的美育形态，在理论与实践上还有很大的研究空间，寄希望于罗祖文博士进一步深入研究。

曾繁仁

2021 年 1 月 5 日写于济南寓所寒潮将至之时

目　录

导言：生态审美教育的研究现状、研究内容与研究方法

　　随着全球生态危机的加深,生态美学已成为国内外人文社科领域的研究热点,生态审美教育是生态美学的一个基本范畴,对其进行系统研究能从实践上夯实生态美学的存在根基。而从审美教育的研究态势来看,其基础理论研究基本停留于文化学、人类学与心理学的层面,生态学层面的研究相对缺乏、滞后,而生态美学视角的切入,能更新传统审美教育理念。在当下文艺日益全球化的时代,中国传统美学在世界美学谱系中常处于尴尬的"失语"境地,生态审美教育着重从中国传统艺术与"乐教""诗教"中吸取理论滋养,这也能使中国传统的民族文化遗产在当下散发出新的学术魅力。

一、国内外研究现状综述

　　生态审美教育是国际上日渐勃兴的环境教育的重要组成部分,然而学界对其研究甚少。在国外,与生态审美教育相关的一些理论散见于阿诺德·伯林特的《环境美学》(*The Aesthetics of Environment*)、约·瑟帕玛的《环境之美》(*The Beauty of the Environment*)和艾伦·卡尔松的《自然与景观》(*Nature and Landscape*)的部分章节中。阿诺德·伯林特的"参与美学"与约·瑟帕玛的"积极美学"揭示了生态审美教育的一些特性与内涵,但仍有"人类中心主义"遗痕;卡尔松的"自然全美论"含有敬畏自然之美之意,但有"生态中心主义"倾向,与中国"生态足迹"有限的现实国情不合。

　　在中国,最先涉足生态审美教育研究的是丁永祥教授和李新生教授,他们于2004年出版了《生态美育》一书,阐发了生态美育的意义与相关教学内容,对生态美育的现状与未来做了简要分析。但对于生态审美教育的哲学基础与理论资源、生态审美教育的特性与范畴以及生态审美教育的模式等,该书均未涉及。且该书出版较早,对国内外最新的生态理论与生态批评、环境美学资源吸纳不够。稍后涉足生态审美教育研究的是滕守尧教授,他在《回归生态的艺术教育》一书中提出生态式艺术教育的理念。该教育模式意

在通过不同艺术门类之间的交叉融合,通过美学、艺术史、艺术批评、艺术创造等多种学科之间的生态组合,通过经典作品与学生之间、作品体现的生活与学生日常生活之间、教师与学生之间、学生与学生之间、学校与社会之间等多方面和多层次的互补、互动与互生关系,来提高学生对艺术的感知与创造能力,从而达到培养社会主义新人的目的。滕守尧教授的"生态式艺术教育"理念改进了传统艺术教育的方法,可作为生态审美教育的一种模式,但该模式缺少生态本体论视域的观照,未将"自然"引入审美教育之维。2010年,曾繁仁出版的《生态美学导论》将生态审美教育作为生态美学的一个范畴,简要论述了生态审美教育的内容与实施手段,但他对这一范畴的研究还处于初步阶段。此外,与之相关的代表性论文有祁海文的《走向生态美育——对生态美学发展的一种思考》、林建煌的《自然陶养、自我化育——论生态美育》、张超的《我国美育的实践困境及生态美育的启示》、丁永祥的《生态审美与生态美育的任务》、方焓的《生态美育视域下的中小学语文教学》和吴素萍的《生态美学的实践走向:语文教育中的生态美育》等。不难看出,这些研究成果只涉及生态审美教育的意义探讨和语文课堂教学操作,生态审美教育的哲学基础、理论资源、审美范畴、教育模式等还有待深入地研究。

二、本书的研究内容与观点

生态审美教育是在全球生态危机日益严重和环境设计艺术化的背景下诞生的一种审美教育形态。它既相异于侧重认知性的环境教育,也不同于以艺术为唯一手段的现代审美教育。为了确定其理论边界,使之与其他的教育形态相区别,本书从哲学基础、理论资源、教育性质、审美范畴、教育模式与实践途径六个方面对其进行系统研究,构建生态审美教育的理论体系。

生态审美教育的哲学基础。席勒的审美教育思想建立在康德的物自体与现象界分裂的二元论哲学基础之上,以艺术教育为唯一手段,在工业革命时代,不可避免地带有"人类中心主义"倾向。生态审美教育以生态整体主义为哲学基础,以生态美学与社会主义生态文明理论为指导,从根本上实现了审美教育由"人类中心主义"到"生态整体主义"的转型。本书不仅从发生学的层面探讨生态审美教育的生成缘由,批判席勒审美教育思想的二元对立思维和人类中心主义倾向,而且结合贝塔朗菲、普里戈金的复杂性生态哲学,阿伦·奈斯的深层生态学,利奥波德的土地伦理和罗尔斯顿的荒野哲学,阐释了生态整体主义的内涵。

　　生态审美教育的理论资源。现代审美教育以席勒审美教育思想为基础，在发展过程中主要吸纳西方现代哲学与美学思想，具有明显的"欧洲中心主义"倾向；而生态审美教育在理论资源方面兼收并蓄，既汇通了中国古典美学的生态智慧与西方审美教育思想的生态元素，又吸纳了西方当代盛行的环境美学与生态设计思想。本书具体探讨中国古代审美教育的实施手段、教育过程和言说方式，中国传统艺术的生态智慧与中国古代的自然审美模式，西方古代朴素的自然审美教育思想，西方现当代教育家夸美纽斯、卢梭、杜威、加德纳等人的生态审美教育智慧。

　　生态审美教育的性质。现代审美教育以艺术为手段，它是一种主客疏离的、视听感官的"静观美学"的教育；而生态审美教育将"自然"引入审美之维，是一种身体感官全部介入的"参与美学"教育。本书在中西美学的比较视域中认定，生态审美教育是一种特殊的情感教育、价值教育、生态伦理教育和生态责任教育。

　　生态审美教育的范畴。现代审美教育在"艺术"的名义之下，以"情感""自由""经验""想象""趣味""游戏"等为范畴，而生态审美教育以一系列与人的美好生存密切相关的诸如"场所意识""共生性""家园意识"与"诗意地栖居"等为范畴。

　　生态审美教育的模式。现代审美教育以"艺术"为教育手段，通常采用"灌输"或"园丁"式教学模式，旨在培养学生的艺术想象力与创造力；生态审美教育采用生态式艺术教育模式和生态本体论审美教育模式，旨在培养学生的生态型人格和生态审美意识。本书以阿伦·奈斯的浅层生态学与深层生态学为依据，讨论生态式艺术教育和生态本体论审美教育的理论支点；研究生态式艺术教育的操作原则与方法、生态本体论审美教育的手段、欣赏模式和审美过程，并探求生态式艺术教育与生态本体论审美教育的联系与区别。

　　生态审美教育的实践途径。生态审美教育具有极强的实践性品格，它倡导以"生态美"的规律来保护环境，指导农业生产和城市景观建设。在环境保护中，它强调环境的审美维度；在农业生产中，它强调农业生产价值、审美价值与生态价值的统一；在城市规划建设中，它强调城市的"宜居性"和"审美性"。本书探讨环境保护的生态策略，主要论述生境管理模式、环境污染的处理方法以及公民绿色消费方式等；在农业生态方面，本书探讨生态农业的价值观、生态农业的基本原理和操作模式；在城市生态建设方面，本书主要研究城市自然生态、城市"场所意识"和城市人文景观的保护策略等。

三、本书的创新点与研究方法

本书的创新点：其一，本书从哲学基础、理论内涵、审美范畴、教育范式、培养目标等方面比较了生态审美教育与现代审美教育的异同，论证生态审美教育存在的合法性和必要性；其二，本书系统挖掘、剖析了蕴涵在中国传统艺术中的生态审美智慧，丰富了中国艺术史的研究成果，为当下艺术学、生态美学以及审美教育的研究提供思想资源；其三，本书在生态整体主义的哲学视域下，反思、批判西方现代审美教育思想的"人类中心主义"倾向，重新思考人与自然、艺术与生态的关系；其四，本书结合中国教育、教学的实践，试图探索出一种适合中国国情的、行之有效的生态审美教育模式，并以其成果指导环境保护及城市、乡村的生态建设。

本书的研究方法：其一，坚持以生态整体主义及其所包含的存在论思想为哲学基础，以生态美学与社会主义生态文明理论为指导；其二，比较研究法，从哲学基础、审美观念和教育理念等方面比较中西方审美教育观念的异同，探寻差异存在的缘由，并对其进行甄别与整合，为生态审美教育理论的建构提供价值参照；其三，理论联系实际，本书超越传统审美教育研究的纯理论探讨，紧密结合中国自然环境恶化的现实，为解决我国日益加剧的生态危机提供切实可行的对策与措施。

第一章　生态审美教育的
哲学基础

　　"审美教育"一词尽管最初出现于席勒的《审美教育书简》中,但审美教育活动却古已有之。在中国,西周时期的统治者把审美教育作为培养贵族阶级的必修课之一,所谓"六艺"中的"乐",指的就是审美教育;在西方,柏拉图在他的《理想国》中也将艺术教育作为培养"城邦保护者"不可缺少的手段。由此看出,中西方文化虽具有不同的伦理取向与价值追求,但在培养公民素质的教育手段上均是以艺术为媒介,即将艺术教育等同于审美教育。随着全球生态危机的日益严重和环境艺术的兴起,生态审美教育引起了学界的关注与重视,并成为审美教育的重要方式与手段。

第一节　生态审美教育的产生

　　自 20 世纪 80 年代以来,审美教育的研究主要在人类学、心理学与文化学的层面展开,这些研究虽然揭示了审美教育的基本特征和实施准则,但从总体上看仍停留在"艺术教育"的规训之下,缺失了"自然审美"的纬度。生态审美教育的产生则纠偏了现代审美教育的"人类中心主义"倾向,使审美教育的手段更加多元化。当然,生态审美教育产生的深层缘由还在于生态危机的恶化与艺术学科领域的拓展。

一、生态危机的恶化

　　长期以来,我们在"人类中心主义"哲学思维的影响下,一直将自然视为人类的征服对象,诸如"人为自然立法""人定胜天""让自然低头""人有多大胆,地有多大产"等都是"人类中心主义"的体现。在这种妄自尊大的想象与政治口号的影响下,科学技术迅猛发展,人类物质财富日益增长,但也带来了严重的环境危机。当前,世界范围内的环境污染已渗入大气层、海洋、土壤以及我们日常的生活物品中,有些污染我们习以为常、司空见惯,有些污染将成为永久性的世界灾难。正如《21世纪议程》报告所言,全球在生态环境方面的恶化情况非常严重:土壤退化影响了约20亿公顷土地,约占农业用地的2/3;许多国家缺乏淡水,北非和西亚地区特别严重;11 000个物种受到灭绝威胁,其中800个已经消失,今后还有5 000个物种会受到威胁;1/4的鱼类被过度捕捞,大西洋和太平洋部分地区已经达到最高捕捞限度;森林破坏以每年1 400公顷的速度发展,大部分在发展中国家,非洲和南美最严重;全球一半的木材砍伐被用作燃料,其中90%在发展中国家;破坏臭氧层的气体排放量只有轻微下降,交通能源消耗每年增长1.5%,此领域二氧化碳排放量今后20年还会增长3/4;还有20亿人依靠生物能源。[①] 与此相应,人类的精神疾病发病率也在攀升,"据统计,我国精神病的发病率在20世纪50年代为2.8‰,80年代上升到10.54‰,90年代为13.47‰,目前全国有严重精神病患者1 600万人,至于有情绪障碍与心理问题的人数还要数倍于此。"[②]人类精神领域的道德沦丧、人的类化与物化、人类审美创造力的丧失以及人生虚无主义等正在毁灭我们的精神家园,人文精神的失落使越来越多的人失去了生命的存在感与价值感。不难看出,自然生态与精神生态的恶化严重地危及人类的生存和发展。鉴于这种危机,20世纪中叶以来,西方的环境保护组织与思想流派对生态环境问题的根源进行了深刻反思,争论的焦点主要集中在人口资源、经济增长与科学技术等方面。

人是万物之灵,适度的人口数量能促进社会的进步与财富的增长,但当人口规模超过环境承载能力时,人就成了万恶之源。近年来,尽管人口增长率在下降,但世界每年净增人口7 800万左右,根据联合国测算,到2050年,世界人口数量将达90亿之多。[③]巨大的人口数量加剧了自然资源的消耗,且使人类的生活垃圾和生产副产物超越环境的自净能力,导致生态环境日益恶化。中外学者为此而忧心忡忡,罗马俱乐部总裁奥雷利奥·佩西将人口爆炸视为人类衰退的首要原因,他说:"人口过多使目前存在的一切问题变得更为严重,同时也是增加大量新问题的原因所在。不承认这一事实只能使情况更为严重。"[④]不难理解,人口膨胀不仅会产生一系列的环境问题,

---

① 欧阳金芳、钱振勤、赵俭主编《人口·资源与环境(第2版)》,东南大学出版社,2009,第233页。
② 鲁枢元:《生态批评的空间》,华东师范大学出版社,2006,第22—23页。
③ 李世书:《中国工业化进程中的生态风险及其应对》,社会科学文献出版社,2016,第122页。
④ 〔意〕佩西:《未来的一百页:罗马俱乐部总裁的报告》,汪帼君译,中国展望出版社,1984,第49页。

而且会引发一些经济、社会问题。众所周知,自然资源是有限的,它是社会、经济发展的基础,倘若资源枯竭了,经济发展就无从谈起,甚而人们穿衣吃饭都成问题。工业革命以来,由于人口的激增,人类不断地毁林造田、毁林造房,导致森林覆盖率急剧减少,水土流失与灾害性天气日益严重。据联合国粮食及农业组织预言,到 2100 年,土壤流失与退化将使亚洲、非洲和拉丁美洲的水浇地面积减少 65%。① 罗马俱乐部米都斯等人在《增长的极限》中也预言:"如果在世界人口、工业化、污染、粮食生产和资源消耗方面按现在的趋势继续下去,这个行星的增长的极限有朝一日将在今后的 100 年中发生,最可能的结果将是人口和工业生产力双方有相当突然的和不可控制的衰退。"②科学技术是一把双刃剑,它一方面带给人类丰厚的物质财富,扩大人类生存的自由度,但另一方面也加剧了生态环境的污染,给人类带来灾难与罪恶。正如巴里·康芒纳所说:"新技术是一个经济上的胜利,但它也是一个生态学的失败"③。

　　由上述分析可知,将生态危机的根源归结于人口增长、经济发展和科学技术,这只看到了问题的表象,如果继续追问下去,又会产生新的疑问:科学技术促进了经济发展,经济发展带来了人口增长,这是连锁反应,难道科学技术有错吗?很显然,科学技术本身没有错,错就错在自私、贪婪的人类对技术的错误使用上。因此,要从根本上解决环境危机问题,只有改变人类现有的价值观、审美观与伦理观。正是出于对人类价值观、审美观和伦理观的反思,20 世纪中期以来,国际范围的环境保护运动持续不断。1972 年6 月 5 日,国际人类环境会议在瑞典斯德哥尔摩发表《联合国人类环境宣言》,《宣言》指出:"人是环境的产物,也是环境的塑造者。为了当代人类及子孙后代的利益,当今历史阶段的人们在计划行动时,应该更加谨慎保护好地球上的各种自然资源。"1975 年《贝尔格莱德宪章》明确规定:"人人都有受环境教育的权利。"毋庸置疑,这种"环境教育权"显然包含着生态审美教育的重要内容。与环保运动相呼应,生态哲学的浪潮也在世界范围内兴起。当代环境理论家阿尔伯特·施韦泽于 1915 年提出了"敬畏生命"的伦理观,强调"敬畏生命"绝不只是敬畏人的生命,而是敬畏所有动植物的生命;澳大利亚哲学家和行动主义者彼得·辛格于 1973 年发表《动物解放》一文,指出尊重动物的"生存权利""保护它们的自由"理应成为人类与动物"交往"的

① 欧阳金芳、钱振勤、赵俭主编《人口·资源与环境(第 2 版)》,东南大学出版社,2009,第95 页。

② 〔美〕米都斯等:《增长的极限:罗马俱乐部关于人类困境的报告》,李宝恒译,吉林人民出版社,1997,第 17—18 页。

③ 〔美〕康芒纳:《封闭的循环——自然、人和技术》,侯文蕙译,吉林人民出版社,1997,第9 页。

方法论准则;美国生态伦理学家霍尔姆斯·罗尔斯顿于 1995 年出版《哲学走向荒野》一书,提出了哲学中的"荒野转向"(Wild Turning Philosophy)概念。受其影响,我国学者于 20 世纪 90 年代提出了"生态美学"的建构主张。在这些伦理学家、哲学家们的倡导下,"自然""平等""伦理""价值"等概念开始慢慢越出传统的"人类中心主义"阈限而走向"生态整体主义"。比如在传统的美学中,"自然"是自在无为的,其自身无所谓美丑,而在环境美学家艾伦·卡尔松看来,"全部自然界是美的";在传统的伦理学中,"平等"只限于人际权利之间的平等,但在生态伦理学中,"平等是原则上的生物圈平等主义,亦即生物圈中的所有事物都拥有的生存和繁荣的平等权利"①;"荒野"在传统的哲学中是无价值的,但在罗尔斯顿看来,它是人类之"根",是人类生命之源。这些哲学、伦理学思想虽不无偏颇之处,但它警醒着人类的思维模式与教育模式,催促着生态审美教育的推行。

二、艺术学科内部的发展要求

生态审美教育的产生还有着艺术学科内部的发展要求。众所周知,美学作为一门"感性学",最先是以艺术为典范的。在黑格尔的美学中,美学有"艺术哲学"之称;在康德的美学中,感性的艺术是审美的艺术,它是无利害的,"关于美的判断只要混杂有丝毫的利害在内,就会是很有偏心的,而不是纯粹的鉴赏判断了。"②随着环境美学的兴起,艺术与环境的边界日益模糊起来。一方面,艺术以各种方式融入了环境。譬如,雕塑在户外背景下展出,原野和起伏的山脉就成了"被借用的景观";将音乐家置于大厅的不同位置,或者利用户外的声音和背景,周边的环境遂成了音乐的元素之一。另一方面,环境也以视觉或媒介的形式成为新兴的环境艺术。当代新兴的环境艺术就是一种"场所"艺术,也是一种重实效的艺术,它以艺术的形式呈现环境状况,引起人们对环境问题的关注。其中,"大地艺术"是环境艺术的一种,它常用来自大地的泥土、沙石或火山堆积物等为材料在地球表面塑造巨大的艺术形象,以撼人心魄的视觉效果引起全社会对环境问题的思考。如美国著名的设计师帕特丽夏·约翰逊利用高低不同的地质结构,将一条周期性泛滥的河流设计成"洪水池和瀑布",这个工程既可作蓄水之用,亦可作喷泉景观之用;雕塑艺术家罗伯特·史密森利用玄武岩和泥土创造了一条长 457.2 米的"螺旋形防坡堤",将一条汹涌澎湃的河流驯服成了真正意义

① 雷毅:《深层生态学思想研究》,清华大学出版社,2001,第 49 页。
② 〔德〕康德:《判断力批判》,邓晓芒译,人民出版社,2002,第 39 页。

上的"大地艺术";沃尔特·德·玛利亚用400根长6米多的不锈钢杆,在新墨西哥州平原上摆成16根×25根的矩阵,接受电闪雷鸣,并称这尊"大地艺术"为《闪电的原野》;克里斯托夫妇用巨大的布幔包裹美国佛罗里达州的比斯坎湾,引起人们对大自然的敬畏。从这些"大地艺术"和景观艺术可以看出,它们已超越了传统艺术的界限。从创造媒介来看,它们是以自然大地为基质的;从创造目的看,它们超越了艺术审美的无功利性,以环境改造为前提;从鉴赏的角度看,它们超越了艺术审美的静观,是一种身体感官介入参与的动态审美。

又如新兴的"公共艺术"在刺激人们的感官享受的同时,也参与到环境保护的浪潮中来。我国著名的公共艺术家袁运甫先生说:"公共艺术家不仅要关注自己的作品,还应当关注作品与大自然或者是与大环境的关系,作品要与草木为友,和土壤相亲,和环境相济;要你我一体,天人合一。这是一个很崇高的要求。"①公共艺术在世界各地城市中都有所展现,譬如,法国阿尔萨斯附近的一座面积约90公顷的旧碳酸盐矿场在一批公共艺术家的创意构思下,建成了一座波光粼粼、林木葱郁的工业历史博物馆。又如德国艺术家波伊斯为了抗议当地地下水的污染,率领市民在卡塞尔市种植7 000棵橡树,这些橡树被人们称为"活的公共艺术作品"。从这些成功的公共艺术作品可以看出,公共艺术的创作在充分介入大众生活空间的同时,还注重与当地自然环境、人文环境的相融相洽。"优秀的公共艺术作品,不仅能够与所在的空间形成完美的融合,而且可以装点和美化其周围的环境,与其外在空间形成良好的'场效应',进而提升整个城市的美感与格调、形象与气质。"②兴起于20世纪六七十年代的装置艺术也以开放的形式突破了传统艺术的类别界限,它常选择一些破旧的厂房或空地进行创作,更多关注环保等公益问题。譬如汉斯·哈克的作品《莱茵河水》,它由玻璃容器、水泵以及污染的莱茵河水等装置组成,装置旁边的化学药品罐以管道形式连接着盛水的玻璃容器,威胁着容器里游弋的小鱼,这个装置场景暗示着人类目前所处的生存环境状况。从新兴的公共艺术与装置艺术可以看出,"艺术的拓展引导我们超出了对象的广阔范围(这个对象在传统那里就被视为艺术),从而成了不能被轻易限定和划分的事物和情景"。③ 因此,随着艺术研究对象的变化与鉴赏主体的参与,我们不得不拓展艺术审美的界域,正

① 袁运甫主编《中国当代装饰艺术》,山西人民出版社,1989,第57页。
② 李雷:《公共艺术的概念拓展与功能转换》,《艺术探索》2016年第3期。
③ 〔美〕伯林特主编《环境与艺术:环境美学的多维视角》,刘悦笛等译,重庆出版社,2007,第6页。

视人们的审美欲求,不能为迁就传统艺术观念的规训而将自然天地排除在审美之外。

第二节　席勒审美教育思想的生态批判

席勒是人类历史上最先提出"审美教育"概念,并加以深刻阐释的理论家,其审美教育理论批判了资本主义制度分裂人性、束缚人性自由发展的弊端,为后世人文主义美学的发展奠定了理论基础,但其哲学基础的二元对立思维和美育手段的惟艺术倾向也有其时代局限性。

一、席勒审美教育的二元对立思维和惟艺术手段

从古希腊至近代,西方哲学一直走着"天人相分"的路线。在柏拉图哲学中,灵魂与肉体是二元割裂的,其中灵魂支配躯体,理性控制着非理性;在中世纪神学中,上帝具有至高无上的地位,尘世中的人们只能匍匐在上帝面前;至近代,认识论哲学家笛卡尔也是一个十足的二元论者,他的"我思故我在"将"我"与"存在"区分开来,"我"不是肉身的我,而是思维中的我,这里的"存在"是真实世界的存在,既包括物质世界的存在,也包括精神世界的存在;至康德,西方哲学在主客二分的认识论基础上又向前迈了一大步,康德的主体性认识论揭示了认识发生的必要条件:对象只有在被人的先天感性、知性和理性所能接纳与理解时,它才能形成知识,才能被我们的大脑所认知。于是康德在其哲学体系中假设有一个"物自体"的存在,作为认识的来源与基础,它与经验的现象界是根本对立的。"物自体"虽是不可认识,但能给知识以统一性与系统性,而现象界因为混乱、杂多,不具有客观有效性和普遍必然性。这样,在人的心理功能上就形成了"知"与"意"两个相互隔绝的领域。席勒的审美教育思想体系正是以康德的二元论哲学为基础而建构的,他提出的审美教育就是沟通现象界与物自体的中介与桥梁。

席勒在《审美教育书简》中分析了近代资本主义生产方式分裂人性的现实,并尝试以美学的途径来解决国家政治与道德的自由问题。他认为,只有人性完整的社会公民才能保证国家的政治自由与道德完善。那么如何培养人性完整的社会公民呢?在席勒看来,唯有"审美"。他认为,人有三种冲动:感性冲动、理性冲动与游戏冲动,这三种人性冲动对应三种人格类型:感性的人(自然的人)、理性的人(道德的人)、审美的人(自由的人)。感性

冲动来自人的肉体存在或自然本性,感性的人格是不完善的,因为"感性冲动用不可撕裂的纽带把奋发向上的精神束缚在感性世界上,并把抽象从它向无限的最自由漫游之中召唤到现实的界限之内"。① 在席勒看来,感性冲动与理性冲动是两种相反的要求:感性冲动要求千变万化,而理性冲动要求恒定。即"第一个法则要求绝对的实在性:人必须把凡是形式的东西转化为世界,使他的一切天禀表现为现象。第二个法则要求绝对的形式性:人必须把他身内凡是仅仅是世界的东西消除掉,把一致带入他的一切变化之中"②。这里的"第一个法则"指的是感性冲动,"第二个法则"指的是理性冲动。不难看出,席勒在这里错误地随着康德把必须在统一体里才能真实的两对立面(内容和形式,感性与理性等)看成本来可各自独立而后才结合的统一体,并且认为这两种对立面还不能因相互依存和相互转化而达到统一。由此可见,席勒对感性冲动与理性冲动的划分正是以主客二元思维的对立为基础的。

那么,如何平衡感性冲动与理性冲动的对立呢? 席勒运用对立统一的辩证法和费希特的正—反—合思维模式,由此得出人性的第三种冲动:游戏冲动。"当两个冲动在游戏冲动中结合在一起活动时,游戏冲动就同时从精神方面和物质方面强制人心,而且因为游戏冲动扬弃了一切偶然性,因而也就扬弃了强制,使人在精神方面和物质方面都得到自由"。③ 席勒用一个具体的例子阐释了三种冲动的关系。比如,当我们满怀激情地拥抱一个理应受到鄙视的人时,自然法则在内在地强制我们,这是感性冲动的效应;当我们敌视一个理应受尊敬的人时,我们感受到了理性法则的强制,这是理性冲动的效应;这两种冲动都让人痛苦,但如果让我们爱慕一个受尊敬的人,自然法则和理性法则的强制就消失了,这种状态就是游戏冲动,即我们自由地与我们爱慕和尊敬的人一起游戏。

因为美与艺术具有自由性特点,席勒便将游戏冲动与美和艺术联系起来。"游戏冲动的对象,用一种普通的说法来表示,可以叫作活的形象,这个概念用以表示现象的一切审美特性,一言以蔽之,用以表示最广义的美。"④ 在席勒看来,"美"就是统一感性冲动与理性冲动的游戏冲动的对象,或者说,"美是活的形象"。仅有形象而无生命的形式,那是纯粹的抽象,仅有生命而无形象的形式,那是纯粹的印象。"只有当他的形式在我们的感觉里活

---

① 〔德〕席勒:《席勒美学文集》,张玉能编译,人民出版社,2011,第249—250页。
② 〔德〕席勒:《审美教育书简》,冯至、范大灿译,北京大学出版社,1985,第59页。
③ 同上书,第74页。
④ 同上书,第77页。

着,而他的生命在我们的知性中取得形式时,他才是活的形象。"①总之,活的形象就是感性与理性、内容与形式、生命与形象的统一体,而艺术的特点恰好符合这一定规,所以美的艺术作品就是活的形象。由此理念出发,席勒将艺术作为复归人性(美育)的唯一手段。"要使感性的人成为理性的人,除了首先使他成为审美的人以外,别无其他途径。"②正因席勒坚信艺术的魔力,他将社会美育与自然美育排除在了审美教育的实施途径之外,以艺术作为审美教育的唯一手段,实际暗含着艺术高于自然的思想,这实是"人类中心主义"的一种反映。"艺术美高于自然。因为艺术美是由心灵产生和再生的美,心灵和它的产品比自然和它的现象高多少,艺术美也就比自然美高多少。"③由此观之,席勒审美教育思想虽然敏锐地揭示出深藏人性之中的造成现代社会种种弊端的根源,并为解决这一根本的人性分裂问题指明了前进的道路,闪耀着资产阶级"人道主义"光辉,但其思维方式是主客二分的,其美育手段是单一的,带有"人类中心主义"倾向。

二、现代艺术审美教育的工具论倾向与转型

席勒开创的现代审美教育,以"人"自由解放、人格的健全培养为中心,在工业革命和知识经济时代,的确极大地解放了人,提高了人的整体素质。但无可否认的是,现代审美教育在实施过程中也充斥着各种功利主义目的,如19世纪西方艺术美育的主要目的是通过提高劳动者素质来提高工业产品的国际竞争力;20世纪,艺术被西方教育部门用来发展人的右脑功能,激发公民的创造潜能,如美国教育家维克多·罗恩菲尔德认为艺术教育的功用在于激发人的创造潜能,艺术"可以先于其他任何科目或学科早早地使创造性解决问题的能力得以发展"④;甚而有些国家以艺术美育来驯化鉴赏者的政治偏好与审美品格。凡此种种,都把艺术当作实现某种功利目的的手段,这显然偏离了审美教育的宗旨。在人们道德神性日渐失落的今天,现代审美教育由于缺失了"自然美育"的手段,全球自然生态与精神生态日益恶化,人们普遍失去了生存诗性与存在的意义。笔者管见,其根本原因在于现代审美教育的"人类中心主义"倾向慢慢演变为个人的物质功利主义和民族本位主义。这一点主要体现在审美教育的"素质教育论"和"经济功能论"上。前者如世界各国将审美教育作为培养"情商"的手段,以促进"智商"的

---

① 〔德〕席勒:《席勒美学文集》,张玉能编译,人民出版社,2011,第256页。
② 〔德〕席勒:《审美教育书简》,冯至、范大灿译,北京大学出版社,1985,第116页。
③ 〔德〕黑格尔:《美学(第1卷)》,朱光潜译,商务印书馆,1979,第4页。
④ 〔美〕艾夫兰:《西方艺术教育史》,邢莉、常宁生译,四川人民出版社,2000,第308页。

协调的发展。如 1988 年,美国艺术资助部门指出艺术教育的目标是培养学生的艺术感和创造力;日本在苏联人造卫星上天后也如法炮制,为了加强自然科学人才培养而进行教育改革,明确提出"教育应该使青年一代在德智体美几方面都得到和谐发展的重要指导思想"①。在此背景下,中国政府于 1999 年 6 月也通过了《关于深化教育改革,全面推进素质教育的决定》,明确将艺术教育作为国民素质教育的有机组成部分。以艺术教育来提高人的综合素质当然无可厚非,但可怕的是世界各国以人才的优势进行资源掠夺战、军事科技战,以达到以强凌弱、称雄世界的目的。

现代审美教育的第二种不良倾向是经济功能论,将审美教育视为一种造物活动。我国学者杨恩寰在 1993 年对审美教育功能的解释中,就把这一功能放在第一位:"审美培养提高了人类掌握世界的能力,掌握客体自然和社会的形式、现实生活的形式(结构、秩序、节奏、韵律)的能力,从而为社会主义现代化建设的伟大实践,为生产工艺活动提供了审美造型力量;为社会主义物质文明建设,为现代化物质产品提供了最佳形式,即具有审美价值的结构和外观,最合理地发挥了物质文化功能。"②从这里可以看出,杨恩寰将审美教育等同于智育和专业艺术教育,"掌握世界的能力"显然是智育的主要功能,而"审美造型"能力又是专业艺术人才的培养目标。审美教育能促进受教者的智力开发,但并不等同于智育,因为审美教育是一种综合性的整体教育,而智育是一种分化性专业教育;另外,审美教育也不等同于专业的艺术教育,专业艺术教育着眼于艺术技能的训练,其目的是培养专业的艺术家,而审美教育注重艺术素养的培养,其目标是培养"生活艺术家"。庞学光在《试论美育的经济功能》一文中认为,审美教育能提高劳动者的素质,促进科学技术的进步,进而提高社会劳动生产率;另一方面,技术美育能提高产品的美学质量与经济效益,优化市场经济要素。③ 在日常生活审美化的今天,人们越来越关注商品的审美价值与外观,生产单位对劳动者进行全面系统的审美教育,培养他们对色彩、形体与装饰方面的感知,确实能提高产品的外观质量,丰富产品的文化意蕴,刺激产品的营销,带来一定的经济效益。但审美教育的意义不能止于此,更不能本末倒置。严格地说,审美教育的第一要义应在于它的综合协调功能,即通过塑造完整的人格来间接地提高劳动者的综合素质,它是一种不用之用的教育。也就是说,审美教育作为人文

① 曾繁仁:《现代美育理论》,河南人民出版社,2006,第 21 页。
② 杨恩寰:《审美教育略谈》,《辽宁教育学院学报》1993 年第 1 期。
③ 庞学光:《试论美育的经济功能》,《教育与经济》1996 年第 2 期。

学科,它首先是一种"人性"与"人道"的教育,而不是培养专业的技能人才与经济人才。

因为现代审美教育存在理论局限,自席勒之后,西方美育界就开始试图突破"主客二分"的思维模式,将审美教育的重心引向人的美好生存与"诗意地栖居"。最先发难的是叔本华,他将康德的"善良意志论"改造为"意志主义本体论",提出"艺术是人生花朵"的主张:艺术能让人摆脱痛苦,进入一种物我两忘的审美境地,"所以人们也不能再把直观者(其人)和直观(本身)分开来了,而是两者已经合一了"①。杜威以"艺术即经验"为逻辑起点,以实用主义方法,破除了西方二元对立的思维模式,论述了艺术与生活、艺术与人生、艺术与自然、艺术内容与形式的混融性,将艺术从高高的象牙塔拉向了现实的社会人生。海德格尔作为当代存在主义哲学家,其矛头直接指向传统本体论哲学与现代哲学的弊端,将存在与存在者区分开来,提出审美乃是由遮蔽到解蔽的真理的自行显现。1936 年后,海德格尔哲学突破了人类中心主义束缚,走向生态整体论,他提出了"天地神人四方游戏说":"于是就有四种声音在鸣响:天空、大地、人、神。在这四种声音中,命运把整个无限的关系聚集起来。"②四方世界的游戏显然体现了一种生态平等,用海德格尔的话说,正是通过这种游戏,存在才得以由遮蔽走向澄明之境。

如果说叔本华、杜威和海德格尔是在纠偏艺术美育的思维方式的话,那么拉尔夫·史密斯、美国盖蒂艺术中心提出的"以学科为基础的艺术教育"、哈佛大学倡导的"零点项目"则是从学科与教育方式等方面弥补了传统艺术美育的缺陷。传统的艺术美育侧重于艺术创作,与专业艺术教育区别甚微。拉尔夫·史密斯反对以儿童艺术制作为中心的教育理念,提出"审美教育"至少包括两层含义:首先,艺术美育必须在原有艺术创作活动的基础上增加艺术欣赏、艺术批评和艺术史;其次,艺术美育不单指视觉艺术教育,还应包括音乐、文学、戏剧和舞蹈等多种艺术种类。③ 美国盖蒂艺术中心提出"以学科为基础的艺术教育",这种教育模式把艺术课程分为艺术创作、艺术史、艺术批评与美学,在教学过程中正视它们各自的作用。具体说来,艺术创作主要训练学生表达体验、观察与思想的能力;艺术史主要帮助学生了解与艺术相关的社会历史文化,勘定一件艺术作品所占的历史地位;艺术批评"既用来判定艺术作品的优劣,区别它们的不同和找出它们产生的原因,又

---

① 〔德〕叔本华:《作为意志和表象的世界》,石冲白译,商务印书馆,1982,第249页。
② 〔德〕海德格尔:《荷尔德林诗的阐释》,孙周兴译,商务印书馆,2000,第210页。
③ 〔美〕艾夫兰:《西方艺术教育史》,邢莉、常宁生译,四川人民出版社,2000,第312页。

可以启迪人们,帮助他们认识自身的潜能"①;美学侧重于评判艺术作品的审美价值,阐释艺术作品的社会意义与拓展学生的审美视野。更为独到的是,该中心提出的"以学科为基础的艺术教育"的四门课程教学并非单独进行,而是学科互涉、知识整合、互补共生。

第三节　生态审美教育的哲学基础

前已论述,席勒的审美教育思想体系是以康德的二元论哲学为基础而建构的。在康德的哲学体系中,现象界与物自体是根本对立的,人的认识能力只能把握现象界而不能认识物自体,物自体只能凭借理性的意志能力去把握。这样,在人的心理功能上就形成了"知"与"意"两个相互隔绝的领域。席勒批判地继承了康德这一哲学原理,提出了审美教育是沟通二者的中介与桥梁的观点。在席勒看来,审美教育不仅能克服人性的分裂,恢复人性的完整,而且还是获得政治自由的唯一途径,他在《审美教育书简》的第二封信中写道:"这个题目不仅关系到时代的鉴赏力,而且更关系到这个时代的需求。我们为了在经验中解决政治问题,就必须通过审美教育的途径,因为正是通过美,人们才可以达到自由。"②在审美教育的实现途径上,席勒受康德主观唯心主义美感论的影响而推崇艺术教育,将社会美育、自然美育排除在审美教育的实施途径之外。因此,席勒审美教育思想的思维方式是主客二分的,美育手段是单一的,其出发点是想通过美与人性的教育实现政治上的自由,其审美教育思想由批判资本主义"人性"分裂现象为起始,最终又指归"人性"的自由与解放,蕴涵有"人类中心主义"倾向。而生态审美教育以生态整体主义为哲学基础,以生态美学和社会主义生态文明理论为指导,从根本上实现了由"人类中心主义"到"生态整体主义"的转型。

一、生态系统与生态整体主义

大量科学事实证明,人类的存在与生命的繁衍生长是靠不同生物群落间的能量流动、物质循环与信息传递来支撑的。"生物结成群落,群落结成生态系统,生态系统结成生物圈,是这个世界存在的真相。"③地球上的微生

---

① 〔美〕沃尔夫、吉伊根:《艺术批评与艺术教育》,滑明达译,四川人民出版社,1998,第14页。

② 〔德〕席勒:《审美教育书简》,冯志、范大灿译,北京大学出版社,1985,第39页。

③ 〔美〕托玛斯:《细胞生命的礼赞》,李绍明译,湖南科学技术出版社,1995,第26页。

物"大多数不能单独培养。它们在密集的、相互依赖的群体中共同生活,彼此营养和维持对方的生存环境,通过一个复杂的化学信号系统调整着不同物种间数量的平衡"①。这一生态学原理在中外哲学中均有所表述,如中国哲学中的"和则相生,同则不继"(《左传》)、"天地交而万物通也"(《周易·泰》)、"道生一,一生二,二生三,三生万物。万物负阴而抱阳,冲气以为和"(《道德经》)等。马克思在《1844年经济学哲学手稿》中强调了"万物相需"的观点,即植物的生长离不开太阳的光合作用,同时又将太阳的能量传递给各个营养级的生物。能量在自然生态系统中的流动虽然是单向的、不可逆的,但物质的循环却是可逆的、多向的,最终都能返回自然生态系统。人作为自然生态系统的一个有机组成部分,与自然生态系统的其他生物群落同样也存在相互依存、相互依赖的关系。比如,人要想在自然中生活下去,就必须不断地与自然生态系统相互交换能量,不断地与自然中其他事物发生物质循环与信息传递:人的食物来自自然的光合作用,人体呼吸所需的氧气来自周边植物的分解,人体所需的水分来自地球的气流循环,同时人又将摄入的自然物质以粪便或其他的形式归还自然。总之,人与大自然是须臾难离的关系,人与自然还是部分与整体之间的关系,大气污染和海洋污染会影响地球中的每一个人,我们的身体还"被其他生命体分享着,租用着,占据着……它们是我们的共生体,就像豆科植物的根瘤菌一样,没有它们我们将没法去活动一块肌肉,敲打一下指头,转动一下念头"②。因此,我们必须遵循自然规律,敬畏自然,自然不是我们征服的对象,而是与我们血肉相连的母体。对于自然来说,我们不是外人,而是它的儿孙,我们的血肉与大脑均来自它的哺育,因而我们应该像对待母亲一样,护卫着她的生命健康。

关于自然的本质与构成,古今中外哲学家大致有两种认识:一种是唯物主义认识论,他们认为,大自然是客观存在的实体,如同机器一样由许多部件组成,可以拆分又可以组合,大自然的本质是由自然物质属性机械结合起来的。这种自然观把人与自然分离开来,把物质与思想对立起来。在真理观上,唯物主义认为,自然的运行是有规律可循的,其规律是确定的,可用因果决定论的线性思维方式去获得确定的自然知识,人完全可以认识和主宰自然界。唯物主义自然观深信知识可以认知、自然可以控制,并把人置于自然的中心支配地位。另一种观点则是唯心主义的,他们将自然看成一个有灵魂、有生命的事物。比如麦茜特在《自然之死:妇女、生态和科学革命》

---

① 〔美〕托玛斯:《细胞生命的礼赞》,李绍明译,湖南科学技术出版社,1995,第5页。
② 同上书,第2页。

中将自然比作人类的母亲，"地球与一位养育众生的母亲相等同：她是一位仁慈、善良的女性，在一个设计好了的有序宇宙中提供人类所需的一切"①。而在中国，道家所说的"道法自然"，实际上是赋予自然以人性，将"道"与自然统一起来。由此可见，无论是对自然本质的认识还是对自然目的性与构成的认识，唯心主义自然观都较为接近生态主义自然观。因为在生态主义哲学家看来，自然同样是一个不可分割的有机整体，自然系统的整体与部分是相辅相成的，自然生态系统中的子系统虽相对独立，具有各自的特定功能，但与母系统的整体特性是相互联系、相互作用的。

自然生态系统理论对改进我们的机械论思维方式，引导我们以整体的、全局的观念思考世界的变化无疑具有启示意义。美国人 Lorne A.Whitehead 曾设计出一个别出心裁的游戏。他假定有一串多米诺骨牌，其中每一块是它前一块的 1.5 倍。只要第一块多米诺骨牌翻倒，它马上撞击比它大的骨牌使其相继倒塌。他证明，只要按照这种程序排列 32 块多米诺骨牌，最后一块将会撞倒昔日的纽约世贸大楼。以此类推，一只飞蛾翅膀的颤动会在太平洋上引起一阵飓风并非危言耸听。《纽约时报》的撰稿人迈克尔·波伦在他的奇书《植物的欲望》中写道："华莱士·史蒂文森写过一首诗，仅仅是一个罐子，摆在西纳田的一个走廊上，就使得四周的森林都改变了。"利奥波德也为我们描述了人类与自然发生关系之后，个别事件有可能极为神秘地影响整个生态圈："家雀对于马匹的减少是无关的，却也被紫翅椋鸟所接替了，后者是尾随拖拉机的。栗树枯萎病，原本是无法越过西部栗树林的边界的，但是随着荷兰榆树病害的传播，栗树枯萎病每次都有机会来到西部树种的境内。北美乔松疱锈病向西部的远征本来只能到达无树的平原地区，但由于成功地通过后门找到了新的着落点，现在已轻而易举地越过了落基山，从爱达荷到了加利福尼亚。"②

当然，在自然生态系统中，个体物种或生命对生态环境的影响并非是线性直接的，而是通过"长程关联"来发挥作用。长程关联是指"系统中所产生的某个微小涨落，经过放大的作用，在比较遥远的时间和空间范围内，最终能够成为决定系统命运的基本力量。这种情形改变了对微观层次和宏观层次之间的关系的传统观点"③。也就是说，系统能否被改变，关键不是涨落本身的多寡强弱，而是涨落能否被放大。比如，一只小鸟在北京扇动它的

①〔美〕麦茜特：《自然之死：妇女、生态和科学革命》，吴国盛等译，吉林人民出版社，1999，第 2 页。
②〔美〕利奥波德：《沙乡年鉴》，侯文蕙译，吉林人民出版社，1997，第 144 页。
③乔瑞金：《非线性科学思维的后现代诠解》，山西科学技术出版社，2003，第 24 页。

翅膀,本不能对气象起到任何作用,但一旦这种扇动的效果被逐级放大,那么它就完全可能造成一次加勒比海的风暴。同理,在地球这个巨大的生态系统中,每个物种都占据着特定的生态位,都是不可缺失的,它们与其他物种存在千丝万缕的联系;生态系统是整体,是网络,它无比繁复,而又无比精密,每个物种的变化都不是孤立的、随机的,而是遵循着生态系统的运行规律与进化原则,一个物种的灭绝会牵一发而动全身,影响整个生态系统的稳定与繁荣。科学史上曾有一则植物与动物生死相依的故事:印度洋的毛里求斯岛上曾生长着一种高大的卡伐利亚树,但 20 世纪 30 年代该树种日益稀少,美国科学家实地考察发现,该树种年年开花结果,但无一粒种子能发芽,原来是该岛已灭绝的渡渡鸟所致。渡渡鸟灭绝前以卡伐利亚树的果实为生,果核在经过渡渡鸟肠胃消化磨薄后,才变得容易发芽。[①] 这一实例表明:地球上任何物种的灭绝,对地球生态系统的危害都是无法预料的。

地球是一个巨大的生态系统,交织着不同的成分、层带与过程。从成分上来看,可分为生物组分与环境组分,生物组分又分为生产者、消费者和分解者三大功能类群,环境组分分为辐射、大气、水体和土体;从层带上来看,可分为大气圈、生物圈与矿物圈;而从过程来看,则包括物质、能量与信息的流动与循环。"这些层带、成分和过程纵横交错,彼此联结,形成一幅无穷无尽交织起来的整体画面,具有整体结构、整体功能和整体运演规律。"[②]而任何一成分、层带或过程的微小变化都会影响其他成分、层带和过程的变化,甚而导致整个生态系统结构与功能的紊乱。要维持生态系统的稳定性,必须稳定生物的多样性或食物网的复杂性。比如草原上只有草、兔与猫头鹰三个物种,一旦兔的数量减少或消失,那么猫头鹰就会饿死,如果草原上还有鼠、蛇或其他鸟类,猫头鹰就会以此为食。反过来看,如果草原上还有其他肉食动物,比如狐狸,那么猫头鹰的消失对兔或鼠的数量不致产生大的影响。由此看出,食物网越复杂多样,生态系统就越稳定。生态系统的稳定是每一个个体生物生长发展的基础,在地球生态系统中,存在着捕食食物链、碎食食物链、寄生性食物链和腐生性食物链,每个食物链都是不可缺少的,食物链中的任何生物都不是孤立的、多余的。比如在濒临太平洋的西北部,伐木者以皆伐的方式砍伐了很多森林,结果发现在有些地方造不出再生林来,这是因为他们不明白有多个植物种(有时包括一些杂草物种)能提供一个保护层,使树苗易于再生,他们没有认识到那些主要生长在原生林树上的

----

① 《植物与动物的生死之交》,《中国环境报》1997 年 2 月 1 日。
② 刘湘溶编《生态文明论》,湖南教育出版社,1999,第 35 页。

看似无用的地衣能起到固氮作用。

在传统主客二分的哲学视角中,人是主,物是客,人对自然具有优先权,自然是人改造和利用的对象。在自然审美中,自然成为人的情感投注对象,所谓"以我观物,故物皆著我之色彩"。在传统的审美教育中,"自然美审美的基础是自然的人化。人在这个过程中是主要的、关键的、中心性的。人是自然美的发现者、欣赏者和创造者。人对自然的欣赏是俯视的、高屋建瓴的、单向度的,是人对自然的情感投射和实践的创造。"①在生态主义者看来,人只是自然界的一种普通生物,并没有凌驾于其他自然生命之上的权利,低等动物,包括无机物也具有自身存在的权利,包括审美的权利。罗尔斯顿说:"野生动物之所以要捍卫自己的生命,是因为它们有着自己的利益,在它们的毛发或羽毛下,有着一种生命的主体。当我们凝视一个动物时,它也会以关注的神情回视我们。动物是有价值能力的,即能够对其周围的事物加以评价。"②也就是说,动物不仅有自己内在的生命价值,而且还有自己的伦理道德价值,在罗尔斯顿看来,不仅是动物,整个生态系统的生命体都是有价值的。"生态系统不是一个看得见、摸得着的客体,而是包含有众多生命体的群落。从空间上说,它是一个地方;从时间上说,它是一个过程,是一组生命活力的关联关系。这种生态系统虽然没有人脑在操纵,但是它的相互影响构成一个有机网络。它的个体活动似乎是随机的,无关重要的,但如果不是从个体层次而是从系统层次看问题,则完全是另一回事。它有实在的价值性。"③为此,生态主义得出一个最终结论:人类是地球的观察员,人类所拥有的情感、知识和理性,各种各样心灵的作用都有一个共同责任,即"实现一种与其环境和谐相处,且对其环境有益的有价值的'层创进化'(emergence)。不是把心灵和道德用作维护人这种生命形态的生存的工具;相反,心灵应当形成某种关于整体的'大道'观念,维护所有完美的生命形态"④。罗尔斯顿的生态伦理学对于"人类中心主义"批判以及对生态审美教育的启示具有积极的意义:他引导我们去关心那些非人类存在物,关注那些生物圈、地球、生态共同体、动物、植物以及那些虽不具有自我意识但却拥有明显的完整性和独立于人的主观价值的客观价值的存在物。当然,

---

① 丁永祥:《生态审美与生态美育的任务》,《郑州大学学报(哲学社会科学版)》2005 年第 4 期。
② 刘耳:《自然的价值与价值的本质》,《自然辩证法研究》1999 年第 2 期。
③ 同上。
④ 〔美〕罗尔斯顿:《环境伦理学——大自然的价值以及人对大自然的义务》,杨通进译,中国社会科学出版社,2000,第 461 页。

生态主义也有一种内在的焦虑：既然地球圈中的每一个个体都有自身存在的权利，那么当人与低等动物发生利益冲突时，应该保护谁的利益？按照生态主义的生态圈理论推衍，人处于金字塔之巅，杀死一些人更有利于生态结构的稳定。很显然，生态主义理论亦有偏颇之处，尤其对中国这样环境资源压力大、生态足迹较小的发展中国家而言，其在实践上也是有害的。

为此，我国生态美学家曾繁仁先生提出生态人文主义，主张将人类中心主义和生态中心主义进行折中调和。生态人文主义既反对生态中心主义的"自然内在价值论"，也反对人类中心主义的"自然工具论"，从而肯定人的价值主体地位，主张自然内在价值与外在价值的统一；生态人文主义既反对生态中心主义的"自然权利论"，也反对人类中心主义的"天赋人权观"，主张从生态整体论的角度来思考自然的权利问题；生态人文主义既反对生态中心主义的"绝对平等论"，也反对人类中心主义的"相对平等论"。曾繁仁先生提出的生态人文主义就是生态整体主义。生态审美教育作为生态文明时代的新兴审美教育形态，无疑应以生态整体主义为哲学基础。曾繁仁说："将'人类中心主义'与'生态中心主义'加以折中而建立起的一种适合新的生态文明时代的有机统一和谐共生的哲学观，应该成为新的生态美学与生态审美教育的哲学基础。"[1]

二、生态整体主义与复杂性生态哲学

复杂性生态哲学与传统哲学的根本分野在于理解"系统"的差别：传统哲学认为系统由确定的原子组成，原子的属性最终决定系统的功能，而复杂性生态哲学认为系统由动态的组织组成，这些组织通过非线性的相互作用在混沌的边缘中选择与进化。复杂性生态哲学的发起者路德维希·冯·贝塔朗菲说："作为一个整体的系统概念——与分析和累加观点相对立；动态概念——与静态和机器理论相对立；有机体原本是主动的系统的概念——与有机体原本是反应的系统的概念相对立。"[2]在贝塔朗菲的复杂性理论中，整体主义是系统形态的基础。这里的"系统"，并非经典物理学中的"原子"，而是一种可以自行生长变动的结构，抑或有组织结构的复合体。在系统论出现以前，机械生命观认为，原子是生命有机体的原始根基，而在活力论生命观中，生命有"灵魂"，它由神秘的"上帝"在操控。无论是机械生命

---

[1] 曾繁仁：《美育十五讲》，北京大学出版社，2012，第141页。

[2] 〔奥〕贝塔朗菲：《生命问题——现代生物学思想评价》，吴晓江译，商务印书馆，1999，第22—23页。

观,还是活力论生命观,他们所理解的"系统"并未脱离机械决定原理与科学理性精神:所有的系统都是确定的、封闭的、线性的,只不过是原子在经历了对立统一规律后达成的平衡。在贝塔朗菲的系统论中,有结构的组织替代了曾经具有决定性的原子以及原子间的组合,成为构成生命有机体存在的必要前提。"在这个组织结构中,下属的系统在连续的各层次上联合成更高的和更大的系统。化学的和胶体的结构整合成细胞结构和多种细胞,同种类型的细胞整合成组织,不同的组织整合成器官和器官系统,器官和器官系统整合成多细胞有机体,最后有机体又整合成超个体的生命单位。"①众所周知,人体由无数个细胞组成,而细胞是有生命的,任何生命有机体都存在一个新陈代谢、由生到死的演替过程。贝塔朗菲不否认这一点,他说:"活机体只是在表现上持续存在和稳定不变的;实际上,它是一种不断流动的表现。新陈代谢是所有活机体的特征,新陈代谢的结果,表现为活机体的组分从某一瞬间到另一瞬间是不相同的。活的形态不是存在,而是发生。它们是物质和能量不断流动的表现,这些物质和能量通过有机体,同时又构成有机体。"②不同的是,生命有机体的变化并非机械地受制于外力影响,而是由它自身内部的选择、适应和调整能力参与和塑造完成的。当然,生命机体的选择具有主动性、多元性与开放性,即选择的道路并非一条,而是在一个非平衡的混沌边缘地带随机地适应与调整,最终生成一种新的生命形态。由此可见,贝塔朗菲的生命机体观超越了机械生命观,揭示了生命系统的偶然性、复杂性与整体性。

贝塔朗菲对生命系统的开放性特征的阐释是通过"等终局性"原理来论证的。"等终局事件是指从不同的起点出发,通过不同的途径,达到相同的目标的事件。"③等终局性原理用一个相对恰当的词来概括就是"殊途同归",比如不同质量的马铃薯胚芽放在不同的环境中生长,到了丰收的季节,它们都能长出成熟的马铃薯。生命有机体之所以具有开放性特征,是因为"在该系统内有组分物质连续的流入和流出、合成和分解,最终达到的稳态不依赖于初始条件,而只依赖于流入和流出、合成和分解之间的比率。"④换而言之,生命机体的功能与状态不是取决于初始的物质条件,而取决于生命系统的机体组织和自主完善的新陈代谢功能。生命系统的机体组织具有自

---

① 〔奥〕贝塔朗菲:《生命问题——现代生物学思想评价》,吴晓江译,商务印书馆,1999,第27页。
② 同上书,第128页。
③ 同上书,第146页。
④ 同上书,第147页。

主适应性,在面对外界刺激时能够自主调节与复位,适应它们赖以生存的环境;其次,生命系统能通过新陈代谢功能从周围环境中合成物质,转变为自身物质,然后将合成的物质部分地分解氧化,释放能量,供生命之需。生命系统的这种开放性特征也佐证了自然的内在价值。贝塔朗菲提出的另一个具有生态意味的范畴是"共生","从由同种有机体的联合而形成的生命单位,或不同物种的共生现象,我们进到了更高级的系统。"①贝塔朗菲的"共生"概念呼应了中国古代"和则相生,同则不继"的思想,揭示了生态系统繁荣的原则,即只有多种生物或群落相杂,生命系统才能繁盛或进化到高一级的生态系统。其次,贝塔朗菲的"共生"概念也揭示了生命系统的等级性,即生命系统并不是稳固单一的,而是从低级向高级动态的发展,最初级的生命单位是细胞,最高级的生命单位则是地球上的生命界。

将复杂性理论推向高潮的是比利时物理学家伊利亚·普里戈金。他将矛头指向了以牛顿为代表的经典科学家,质疑科学理性,并认为正是科学理性使人类遭到异化,因为科学技术并不能超越人类自身所在的域限。"无限的熵垒把可能存在的初始条件与不允许的初始条件分隔开。由于这个壁垒是无限的,所以技术的进步永远也不可能克服它。"②据物理学研究,熵是客观世界的一种现实存在,它对我们形成了一道永远无法穿透的壁垒。普里戈金由此提出了耗散结构理论,他认为,耗散结构理论所讨论的开放性系统并不是要取消熵,而是要从熵中运演出一套新的复杂的有序来。他说:"在19世纪,热力学变化的终态是科学研究的重点,这是平衡态热力学。不可逆过程被当作是讨厌的东西,是干扰,是不值得研究的题目而遭到蔑视。但今天这种情况完全改变了。我们现在知道,在远离平衡态的地方,一些新型的结构可能自发地出现。在远离平衡态的条件下,我们可能得到从无序、从热混沌到有序的转变。可能产生一些物质的新力学态,反映了给定系统与其周围环境相互作用的态。我们把这些新的结构叫作耗散结构,以强调耗散过程在这些机构的形成中所起的建设性的作用。"③耗散结构理论在提醒我们,如何在急剧的自然变化中通过与外界条件的交换,来实现生态系统的稳定与有序。耗散结构理论无疑为生态哲学的建构提供了科学的依据与理论基础。普里戈金指出:"自然的过程包含着随机性和不可逆性的基本要

---

① 〔奥〕贝塔朗菲:《生命问题——现代生物学思想评价》,吴晓江译,商务印书馆,1999,第55页。

② 〔比〕普里戈金、〔法〕斯唐热:《从混沌到有序——人与自然的新对话》,曾庆宏、沈小峰译,上海译文出版社,2005,第276页。

③ 同上书,第14页。

素。这就导致了一种新的物质观,在其中,物质不再是机械论世界观中所描述的那种被动的实体,而是与自发的活性相联的。"①这里所谓的"自发的活性"就是一种生命性的机能,这种生命性的机能,将会把人类与自然的对话推进到崭新的生态哲学层面。因为"在所有层次上,无论是宏观物理学的层次,涨落的层次,或是微观的层次,非平衡是有序之源。非平衡使'有序从混沌中产生'"②。与耗散结构理论相关的另一个概念是"涨落",普里戈金认为,在平衡的生态系统中,各种物质元素和平相处,互不干扰,但在非平衡生态系统中,任何微小的涨落通过长程关联都会引起惊涛骇浪,甚而会诞生出复杂的生命形态,并且这一过程是不可逆的。"涨落"理论揭示了生态系统的随机性与不确定性,警醒我们要爱护自然环境,因为"涨落"的存在会使生态环境面临不可知的未来。

还有一个享誉全球的复杂性理论研究团体是圣菲研究所,他们对复杂性理论的研究主要集中在适应性主体方面,他们提出的隐秩序理论向我们展示了生命多样性的复杂图景,其涉及的"涌现"理论,能加深我们对生命演替过程复杂性的理解。在圣菲研究所的同仁们看来,复杂性是由适应性造就的,适应性是指主体的适应性,而主体的复杂性必然带来系统的复杂性。"生态系统不断地变化着,呈现出绚丽多姿的相互作用及其种种后果,如共生(mutualism)、寄生(parasitism)、生物学'军备竞赛'和拟态(mimicry),等等。在这个复杂的生物圈里,物质、能量和信息等结合在一起循环往复。"③如在原始森林中,由于存在多种交织的食物链,复杂性适应系统通过循环往复就能自动生成不计其数的资源。这就意味着,只要我们正视生态系统的复杂性并利用这种复杂性,在生态系统的负荷力范围之内开发利用自然资源,就会实现人与自然的和谐与双赢。霍兰又说:"参与循环流的主体使得系统能够保留资源。这样保留的资源可以被进一步利用——它们将提供新的生态位以便被新的主体所使用。"④在复杂性适应系统中,如果人类能够开发利用新的生态位,特别是能增强食物链供给,生态系统将会繁荣起来。正如《寂静的春天》里所讲述的鲑鱼生态复位的故事:加拿大政府为了处理南部森林地区的蚜虫之害,大量喷洒 DDT(一种杀虫剂),农药残留顺着山

① 〔比〕普里戈金、〔法〕斯唐热:《从混沌到有序——人与自然的新对话》,曾庆宏、沈小峰译,上海译文出版社,2005,第 11 页。
② 同上书,第 284 页。
③ 〔美〕霍兰:《隐秩序——适应性造就复杂性》,周晓牧等译,上海科技教育出版社,2000,第 4 页。
④ 同上书,第 27 页。

间小溪流到了美国的鲑鱼产地米拉米奇河流,杀死了河中所有的鲑鱼和昆虫。是年秋天,北美洲的一场热带风暴给新英格兰地区带来倾盆大雨,河流淡水汹涌入海使鲑鱼上溯米拉米奇河床产卵,由于河流食物丰富,幼鲑没有天敌,第二年春天,鲑鱼又繁荣于溪流故乡。① 如果按照简单的线性决定原理,米拉米奇河流是不可能在短期内恢复生态的,但因为"涌现"机制的存在,米拉米奇河流的生态复位成为可能。在霍兰看来,"涌现"是一种偶然性的突变与创造,其创造机制体现在非线性地相互作用。"涌现"机制与中国古代道家"道生一,一生二,二生三,三生万物"的哲学思想不谋而合。在道家哲学中,"二"代表阴阳之气,在宇宙中是对立的两极,只能起到线性作用(两点决定一条直线),不能起到"涌现"作用,而"三"是天地混沌之气,是万物生成演化的基点,在"涌现"机制中,它是发挥非线性作用的最小要素数目,"三"的非线性机制,使自然元素之间产生多种映射关系,同时将元素之间的关系极度放大,从而实现生命万物的创化。我们将"涌现"作为生态哲学的范畴之一,是因为"涌现的观点与系统形态的生成不可分。它的确是形态生成,因为无论是在拓扑学上、结构上,还是在品质上,系统都是时空中的一个崭新形式。"② 从这个意义上看,"涌现"是宇宙中最珍贵的品质,我们前面讲述的米拉米奇河流鲑鱼生态复位的故事并非为破坏环境的行为辩护,而是为了阐释"涌现"原理,其实,人类因破坏环境导致生态恶化的例子俯拾皆是,比如病毒基因突变导致耐药性问题等都是人类科学时时需要解决的课题。

综上分析可知,复杂性生态哲学揭示了生态系统的整体性内涵:生态系统是一种动态的、复杂性系统,有机体的主动性生长与自主性适应带来了系统的偶然性与开放性,其生成机制的非线性作用,一方面会让非平衡的生态灾难万劫不复,另一方面也会让负荷范围之内的生态系统自然复位。一个地区的生态系统能否良性循环,关键在于人能否对生态系统的健康保持警醒,对负荷之内的失衡生态系统适时地修正与补给。

---

① 〔美〕卡逊:《寂静的春天》,吕瑞兰、李长生译,吉林人民出版社,1997,第115页。
② 〔法〕莫兰:《方法:天然之天性》,吴泓缈、冯学俊译,北京大学出版社,2002,第109页。

第二章　生态审美教育的理论资源

现代审美教育以席勒美育思想为基础,在发展过程中主要吸纳西方现代哲学与美学思想,具有明显的"欧洲中心主义"倾向;而生态审美教育在理论资源方面兼收并蓄,既汇通了中国古典美学的生态智慧与西方审美教育的稀有生态元素,同时吸纳了西方当代环境审美教育的思想。

第一节　中国古代审美教育的生态智慧

中国古代先民以农业生产方式为主,在长期的劳动实践过程中,形成了独特的审美教育模式,这种审美教育模式或以自然山水为手段,或以艺术图画为参照,或以自然为言说载体,如从生态美学的视角对之进行审视,无论是其教育手段、教育过程还是言说方式都蕴涵着丰富的生态审美智慧。

一、中国古代审美教育的主要手段

与西方将艺术作为主要的审美教育方式不同,中国古代审美教育的主要手段是自然山水。在明净的山水世界里,中国古代文人墨客常常忘怀世俗,涤除玄览,融于自然。那么,自然山水何以有如此魅力呢？宗炳在《画山水序》中说:"至于山水,质有而趣灵。……又称仁智之乐焉。夫圣人以神法道,而贤者通;山水以形媚道,而仁者乐。不亦几乎？""质有而趣灵"的山水形态内蕴着玄妙灵动之美,与"道"有一种亲和、媚悦的映涵关系,故能使仁者快乐,贤者通达。左思则从自然本性中洞察出自然山水的深层审美品质,所谓"非必丝与竹,山水有清音"(左思《招隐诗》),无论多么美妙的人为之音,都不能与自然生成的山水之音相比。自然之美美在"自然而然",美在与"道"相通,它高于人为之美。因此,自然山水作为美育的手段,既是审美主体"含道应物",体验客体之道的载体,也是审美主体"澄怀味象",荡涤心灵尘埃的手段。当然,古人对山水美育场所是有所选择的,穷山恶水并不能成为美育手段,"并非任何山水,皆可安顿住人生,必山水自身,显示有一可供安顿的形相,此种形相,对人是有情的,于是人即以自己之情应之,而使山水与人生,成为两情相洽的境界。"①"形式"对应着"情感",只有优美的山水形式方可使人情感愉悦,身心安顿。而从美育的角度看,优美的自然山水并非是独立于人之外的审美客体,而是人类精神生态的建构者。正如《中庸·第二十二章》所说:"唯天下至诚,为能尽其性;能尽其性,则能尽人之性;能尽人之性,则能尽物之性;能尽物之性,则可以赞天地之化育;可以赞天地之化育,则可以与天地参矣。"人与自然万物是平等的互生关系,一方面,人的德性来自自然界的进化与熏陶,另一方面,人作为德性主体应该参赞天地化育之功,完成自然界的"生生之德",如此,天、地、人三才方能和谐。

　　面对浩渺的自然山水,古人是如何鉴赏的呢?战国宋玉云:"仰视山巅""俯视峥嵘"(《高唐赋》)。汉苏武诗:"俯观江汉流,仰视浮云翔。"(《诗四首》其四)嵇康诗:"俯仰自得,游心太玄。"(《赠秀才入军》)潘安仁云:"仰睎归云,俯镜泉流。"(《怀旧赋》)由此可见,仰观俯察是古人常用的自然审美方式,这种欣赏方式既是对自然作全景式的鸟瞰,也是对自然整体气韵的把握与体验,"游目"于自然山水也是"畅神"于内心世界的过程。仰观俯察的审美方式,让审美主体领略了自然山水的勃勃生机,同时也感受到了生命循环、天地无垠的生态图景。在这种审美范式中,人与自然虽保持适度距离,但却是以多种感官与自然交流的,用西方当代环境美学家卡尔松的话说,这是一种多感官介入体验的"审美参与"过程,欣赏者既能以视觉欣赏自然物象的优美形态,也能聆听自然界的声音,甚至还能感受到自然界的阴晴变化与气息流动等。

　　仰观俯察了自然界的万象,接下来就是"以玄对山水"了。"公雅好所托,常在尘垢之外,虽柔心应世,蟠屈其迹,而方寸湛然,固以玄对山水。"(孙绰《庾亮碑》)"以玄对山水"是指欣赏者胸怀"玄理"面对自然山水,从自然山水中验应"玄学"的奥妙,从而体验宇宙的生机与活力,并在自然山水的欣赏中有所超越,悟得自然大道和人生至理,做到"理感则一,冥然玄会"(庾友《兰亭诗》)。"以玄对山水"的审美模式体现了自然之美与人格之美的互动关系:超然本真之心发现了自然之美,自然之美也塑造了和谐放达的健康人格。山水在这里虚灵化了,也拟人化、道德化了。这种审美模式也体现了中国道、玄思想与自然审美的关系,它是在形而上思想的预设前提下进行

---

① 徐复观:《中国艺术精神》,春风文艺出版社,1987,第297页。

的,这迥异于西方自然审美以科技认知为前提,仅关注自然对象的物理属性,从自然形式中探寻自然规律。中国的自然审美超越了具体的科学认知,是融合情感、精神、想象为一体的形而上的审美体验,用柳宗元在《始得西山宴游记》中的话说就是"心凝形释,与万化冥合"。这种审美状态不是徘徊于具体而现实的环境欣赏模式之内,而是将人与环境紧密地融合起来,在一种虚静无为、纯朴自由的精神状态之中,对自然之道进行审美观照,进而达到"物我同一"的大通境界。

中国古代审美教育的第二种手段则是艺术教育。中国古代的艺术教育是一种融诗歌、音乐、绘画、舞蹈等于一体的"礼乐"教化,它不仅在于"娱情",更在于培养身心和谐的子民,所谓"文质彬彬"的君子。"文质彬彬"是道德修养的最高境界,也是审美修养的极境。从孔子的"兴于诗,立于礼,成于乐"(《论语·泰伯》)来看,中国古代的艺术教育是一个循序渐进的过程:修身先由诗歌起兴,感发意志,然后做到心理欲求与伦理规范的和谐统一,最后在音乐的熏陶下,完成健全人格、完美人性的塑造。从孔子的"志于道,据于德,依于仁,游于艺"可以看出,中国古代的德性教育不是外在的强加灌输,而是内在的心理要求,即道德只有转化为审美快感,到达"游于艺"的境界或层次,"道""德""仁"才最终成为人们发自内心的要求,从而成为高尚完美人性的组成部分。朱熹《论语集注》云:"游者,玩物适情之谓。艺,则礼乐之文,射御书数之法,皆至理所寓而日用之不可阙者也。朝夕游焉,以博其义理之趣,则应务有余,而心亦无所放矣。"这里的"游",就是一种自由自适的审美境界,符合"成于乐"的内涵。但需要指出的是,中国古代艺术教育是不同于西方艺术教育的:西方艺术教育建立于"天人相分"的哲学基础之上,重在艺术结构自身的和谐,强调的是美与真的统一,有"人类中心主义"立场;而中国古代艺术教育建立在"天人合一"的哲学基础上,本身就是自然美育的一种范式,它持守"万物并育而不相害"的道德理念。

中国古代审美教育的第三种模式则是以艺术为审美参照的自然美育模式,它是前两种手段的综合运用。所谓"以艺术为审美参照的自然美育模式",是指在自然审美中以艺术美为自然美的尺度和准则。诸如清人邹一桂在《小山画谱》中所说:"今以万物为师,以生机为运,见一花一萼,谛视而熟察之,以得其所以然,则韵致丰采自然生动,而造化在我矣。"在这里,审美主体凭借对花萼图画的鉴赏,参赞出造化之真,领悟出万物互生之机趣。以艺术文本为参照来领会自然神秘造化之源,在中国古人看来,这也是一种审美教育方式,因其审美对象是优美的自然物象,我们仍将其视作自然美育的一种范式。因为传统山水画建基于画家对自然的观察与体验,作品的创造与鉴赏过程也是审美主体与自然交流、共鸣的过程,中国古代艺术家强调的"身即山川而取之""搜尽奇峰打草稿"就突出体现了这一点,从这个意义上说,中国古代艺术教育会通了自然美育。

以艺术为参照的审美模式,最为经典的表述是柳宗元的"流若织文,响若操琴",在这里,柳宗元将涧水的流淌比拟为织品的纹路,将涧水的触激之音比拟为优美的琴声,进而将自然山水视为艺术品,进行审美欣赏。这种自然欣赏模式,显然不同于对自然山水的远距离静观,但"这并不是消极意义上的一种公式,而是提供了一种方法模型,是接受能力的扩展和想象力与感受的觉醒——这其实就是有关日常生活的各种意义关系的审美教育"①。换句话说,以艺术为参照来欣赏自然山水为审美教育提供了一种新鲜的视角,且不与其他审美教育模式相对立,更不阻碍其他审美体验方式的发生。

在中国传统艺术里,自然美是艺术美的根源,所谓"同自然之妙有""外师造化"等均是强调艺术对自然之美的仿效。而在审美实践中,艺术鉴赏却给自然审美以补充和启迪。宋朝画家郭熙在《林泉高致》中说:"林泉之志,烟霞之侣,梦寐在焉,耳目断绝。今得妙手,郁然出之,不下堂筵,坐穷泉壑;猿声鸟啼,依约在耳,山光水色,晃漾夺目,此岂不快人意,实获我心哉? 此世之所以贵夫画山水之本意也。"在郭熙看来,山水画的产生是为了满足人们对自然审美的需要。艾伦·卡尔松在《自然与景观》中阐明了如画性鉴赏对自然审美的积极意义:"(如画性的环境欣赏模式)仅仅将注意力放在环境中,那些如图画般的属性——感性外观与形式构图,便可使得任何环境的审美体验变得容易起来。"②一方面,艺术图画微缩自然风景,使观赏者能发挥视觉与想象力的作用,整体把握风景的概貌与气韵;另一方面,以艺术为参照的审美模式可以抵制自然审美模式的消极影响,使审美主体与审美对象保持心理距离,避免将表面的、琐碎的、残损的自然形式观照混同于深层的自然审美欣赏。

以艺术为参照的自然美育模式,兼具艺术美育范式和自然美育范式的双重特点。艺术图画赋予自然美育以宽度与灵魂,它犹如一眼清泉,浇灌审美者的心田。"通过艺术之泉的浇灌,人的情感就会结晶成美好的形式,这一美好的形式进一步对人的行为起规范作用,使之成为一种有道德的行为。"③艺术美育范式契合中国古代儒家的"诗教""乐教"的宗旨,其核心在

① 〔芬〕瑟帕玛:《环境之美》,武小西、张谊译,湖南科学技术出版社,2006,第58页。
② 〔加〕卡尔松:《自然与景观》,陈李波译,湖南科学技术出版社,2006,第2页。
③ 滕守尧:《回归生态的艺术教育》,南京出版社,2008,第89页。

于培养人的道德德性,"使强制的社会伦理规范成为个体自觉的心理欲求,从而达到个体与社会的和谐统一"①。而自然美育范式较为契合道家的美育思想,它以人的本性的自然素朴为原型,以自然无为的"道"为"标本"。"道家美育的关键在于人的纯真素朴的本性自然(人)与宇宙本体的自然(天)的融合统一。"②其目标在于培养人的自然德性。不难看出,以艺术为参照的自然美育模式是一种综合的美育模式,艺术审美与自然审美在这里相互渗透、相互促进,它既培养人的道德德性,又培养人的自然德性。比如在山水画与山水诗的鉴赏中,审美主体在艺术文本层面上通过观照与体验、沟通与和洽、纾解与宣泄,陶冶了心灵,强化或完善了道德德性;而在自然审美层面上,审美主体将道德德性迁移于山水形态,在山水的形质中感受人的本体存在与宇宙自然存在的融合,彰显人的自然德性,这种自然德性包含并超越了儒家的道德德性,达到"与天地合德"的境界。

二、中国古代审美教育的言说方式

言说作为思想情感的表达方式,其本身体现言说者的价值取向和情感态度。中国古代美学和文艺理论常以"自然"为言说载体,以隐喻性言说,来表达中国古人的审美价值与审美理想。透过这种言说方式,我们能深刻地感受到古人的生态审美情怀。诸如司空图在《二十四诗品》中对文体风格的描述就充满了诗情画意,通篇均以"自然"为言说载体。何谓"纤秾"?"采采流水,蓬蓬远春。窈窕深谷,时见美人。碧桃满树,风日水滨。柳阴路曲,流莺比邻。乘之愈往,识之愈真。如将不尽,与古为新。"诗品通过闪动的流水、烂漫的繁花、幽静的山谷、争艳的桃花、掩映的柳荫以及群莺燕语等自然物象表现了诗歌细巧美艳的风格。又如刘熙载在《艺概》中将"意境"的审美风格分为四种:"花鸟缠绵,云雷奋发,弦泉幽咽,雪月空明",通过一年四季的自然景观将明丽鲜艳之美、热烈崇高之美、悲凉凄清之美与和平静穆之美表现出来。人的外貌容姿犹如人的神韵气质,虽感性具体却难以言说,魏晋名士以自然物象予以比拟。如《世说新语·容止第十四》载:"嵇叔夜之为人也,岩岩若孤松之独立;其醉也,傀俄若玉山之将崩。"③"有人叹王恭形茂者,云:'濯濯如春月柳'。"④赞美王衍曰:"神姿高彻,如瑶林琼树,自然是

---

① 李泽厚、刘纲纪:《中国美学史(第1卷)》,中国社会科学出版社,1984,第135页。
② 曾繁仁主编,刘彦顺、祁海文著《中国美育思想通史(先秦卷)》,山东人民出版社,2017,第274页。
③ 余嘉锡:《世说新语笺疏》,中华书局,2011,第527页。
④ 同上书,第542页。

风尘外物。"①从"孤松""玉山""春月柳""瑶林琼树"这些自然意象可以看出,晋人向内发现了自身的生命韵律与情调,向外发现了自然之美,并有以山水之美陶养玄远性情,铸就自由人格的美育旨向。

中国古人以"自然"为载体言说艺术审美体验,其本意在于突破语言自身的局限性,以迂回的方式来"尽意",准确生动地传达审美体验。但在客观上却建立了自然与艺术的意象关联,将自然之美与艺术之美有机统一起来,激发受众的审美想象力和生态审美意识。英国艺术理论家冈布里奇感叹道:"中国人的方法关心的不是肖像的永恒,也不是似乎合情合理的叙述,而是某种也许尽量准确地被看作'诗意的觉醒'这样的东西。中国的艺术家似乎总是山、树或花的创作者……他们这样做是要表现和唤起一种深深植根于中国人的宇宙自然观念之中的精神状态和情绪心理。"②我国学者刘锋杰将这种情绪与精神状态称之为"自然感性"。"自然感性是人对自然的感性经验所形成的感知自然的敏感性、与自然保持密切关联的感应能力、由生命深处所生发的对于自然的亲近感以及人对自然的皈依感。"③自然感性的重建不仅能打开审美主体的自然审美视域,而且使审美主体从"以我观物"转到"以物观物"。人一旦获得自然感性,就会打通天人障隔,将诗意化生存作为灵魂栖息方式。也就是说,中国古典美学以自然为言说媒介,通过自然审美视域和言说方式所营构的艺术—自然—生命的关系模式,能培养士大夫的自然德性,达到建塑生态人格的目的。正如吴中杰先生所说:"人将自己的身体整个地投入到了自然的怀抱,通过人与自然的形神交融,人不仅感受到了大自然山石的磊落、林泉的清幽、松风的高古、竹月的洒脱,同时大自然也带来了人的感觉、思维和观念的变化。这时,人们对自然山水草木的审美,不仅将其作为伦理价值的象征,而是以人的整个生命形式去感应和同构大自然,从而形成了人的精神和肉体的极大自由……我们看到的是人的生命同大自然的谐和共振。"④

中国古人以"自然"为言说载体还是为了在人与天地万物的审美关系中建构人的德性世界。"先秦儒家的自然生态对人的化育也在于以特殊自然景物来比喻人的德性,以自然的优美特性来参照人的道德修养,建构儒家的

---

① 余嘉锡:《世说新语笺疏》,中华书局,2011,第378页。
② 〔英〕冈布里奇:《艺术与幻觉》,卢晓华等译,工人出版社,1988,第144—145页。
③ 刘锋杰:《重建人的自然感性》,载曾繁仁主编《人与自然——当代生态文明视野中的美学与文学》,河南人民出版社,2006,第84页。
④ 吴中杰:《中国古代审美文化论(第1卷)》,上海古籍出版社,2003,第185页。

仁义忠信的德性论。"①中国古人没有给"德"下过定义，而是在感知自然万物之本性中体认"德"的。自然界的一草一木，也只有具备了某种可比的德性之后，才会被人们格外看重。如中国古人喜欢松、竹、梅等自然物，是因为这几种植物的物性脱俗，与君子人格有相似之处。后世的《荀子·法行》曰："夫玉者，君子比德焉。温润而泽，仁也；栗而理，知也；坚刚而不屈，义也；廉而不刿，行也；折而不挠，勇也；瑕适并见，情也；扣之，其声清扬而远闻，其止辍然，辞也。故虽有珉之雕雕，不若玉之章章。"在这里，荀子从仁、知、义、行、勇、情、辞七个方面直观形象地表达了对玉的认识和看法，显然是以君子的德行为参照的，在这种契合类比中，我们看到了玉与君子的共性，也感受到了人与自然的诗性交往和平等对话。董仲舒在《春秋繁露·山川颂》中也有类似比喻："水则源泉混混沄沄，昼夜不竭，既似力者；盈科后行，既似持平者；循微赴下，不遗小间，既似察者；循溪谷不迷，或奏万里而必至，既似知者；障防止而能清静，既似知命者；不清而入，洁清而出，既似善化者；赴千仞之壑，入而不疑，既似勇者；物皆困于火，而水独胜之，既似武者；咸得之而生，失之而死，既似有德者。"董仲舒形象地描述了流水的物性，通过比喻，我们也直观地看到了勇、武、德等人的德性，本体与喻体在这里是互通的，本体是喻体，喻体亦是本体，即自然的物性与人之德性是相互融通的，这也透显了中国古人对"君子"人格的要求：真正的君子应该是"与天地合德"的。

中国古人正是通过"比德"去发掘自然事物与人的品德类似的某种性质，通过审美主体的联想，建立起自然与人的精神联系，实现自然与人的和谐统一。也就是说，在以自然为言说载体的审美建构中，"人为自然立言，在自然中寻找人格、心灵、生命意识的投影，对人格、心灵、生命意识的完美追求外化到自然物象中去，涤荡内心、陶冶情致，实现内心的虚静与无欲"②。这种言说方式不仅有利于言说者构建整体的自然审美意识，而且能够使心灵涵泳万物，体察生命之微，达到天人一体、天人相通的人格境界。

冯友兰根据人对宇宙人生的觉解程度，将人生境界分为四个层次：自然境界、功利境界、道德境界和天地境界。自然境界与功利境界是凡俗尘世中人的生存状态，而道德境界和天地境界则是人所应该追求的境界。依上论述，以"自然"为言说载体的美育模式或以自然传达艺术体验，或以自然象征君子人格，在自然、艺术、人的本体存在之间回环比拟言说，使自然精神

---

①　李长泰：《论先秦儒家自然生态观对德性论的构建》，《管子学刊》2014 年第 1 期。
②　卢政：《中国古典美学的生态智慧研究》，人民出版社，2016，第 138 页。

化、人生化,这种美育模式不仅培养了道德人格,而且还将道德人格提升至艺术与审美的高度,这种人格与"道"合一,就是冯友兰先生所说的"天地境界"。

三、中国古代审美教育的过程

无论在艺术审美模式还是在自然审美模式中,中国古代审美教育都讲究味象、观气、悟道三个过程。"味象"之"味"指的是一种直觉感受,它是由纯生理感受慢慢跨入艺术审美领域的。魏晋南北朝时期,"味"被用来品物论文,如刘勰的"情味"、钟嵘的"滋味"、宗炳的"澄怀味象"等。而"象"在中国传统文化中既指具体的感性艺术形象,也指自然山川之象。所谓"古者包牺氏之王天下,仰则观象于天,俯则观法于地,观鸟兽之文与地之宜,近取诸身,远取诸物,于是始作八卦,以通神明之德,以类万物之情。"(《周易·系辞下》)无论是感性的艺术形象,还是自然山川之象,均是可用视知觉感知的。在中国古典美学中,还有一种"象"是"道"的表征与载体,所谓"道之为物,惟恍惟惚。恍兮惚兮,其中有象"(《老子》第二十一章)。它虽不能直接感知,但可以通过"涤除玄览""专气致柔"的方式领悟得到。由此可见,中国古人的"味象"是指用审美的眼光观照世间美景,以澄澈的心灵去感受大千世界,领略艺术或自然山水的灵魂与生命。它并非远距离"静观",而是一个由表及里、仔细玩味、深入领悟的过程,用宗炳在《画山水序》中的话说,有一个"应目会心"与"应会感神"的过程:"夫以应目会心为理者,类之成巧,则目亦同应,心亦俱会,应会感神,神超理得,虽复虚求幽岩,何以加焉?"在这一审美过程中,外在物象主体化,同时审美主体客体化,这是一种泯灭了主客体之间对立的审美,是一种独有的东方式生态现象学方法。不难想象,建立在这种审美范式上的"味象",面对艺术品,审美主体一定是心悟神游,在审美中领会艺术的内在意蕴,完成对自身人格的改造;面对自然山川,审美主体一定将之视为生命体,对之呵护有加。所以,中国古人在"象"的品味过程中,在某种程度上是"纳生命情思、人格襟怀或本真存在于感性具象中,在天地山川虫鱼鸟兽花草树木等感性世界中参赞化育,体味宇宙生命创化的内在节奏与生机"①。郭熙在《林泉高致·山水训》中说:"学画花者,以一株花置深坑中,临其上而瞰之,则花之四面得矣。学画竹者,取一枝竹,因月夜照其影于素壁之上,则竹之真形出矣。学画山水者何以异此?盖身即山

---

① 黄念然:《味象·观气·悟道——中国古代审美体验心路历程描述》,《广西社会科学》1998 年第 2 期。

川而取之,则山水之意度见矣。""身即山川而取之"并非走进山川,对境取景,描摹写生,而是首先"目接于形",仔细品味自然审美对象的样态,即"味象";其次则是"应会感神",从自然山水的形质中感受其神韵,领悟自然审美对象的生命情调。

观气是由味象通往悟道的中介环节。"气"是中国古代哲学最基本的范畴之一,体现了中国古代的自然观,在中国古人看来,"气"是宇宙的本源、万物的根本。老子说:"万物负阴而抱阳,冲气以为和。"(《老子》第四十二章)在老子的道学中,"气"处于"道"与"万物"之间,是创化宇宙的中介。汉代王充视"元气"为天地万物的原始物质基础:"天地,含气之自然也"(《论衡·谈天》)。魏晋南北朝时期,"气"开始进入美学与艺术品论领域。曹丕在《典论·论文》中说:"文以气为主。"这里的"气"是指作品整体的风格与气韵。钟嵘在《诗品序》中曰:"气之动物,物之感人,故摇荡性情,形诸舞咏。"即宇宙元气构成万物的生命,推动万物的变化,从而感发人的精神,产生了艺术。由此可见,天、地、人、文在"气"的统摄下具有全息同构的关系。在宇宙与艺术的创生中,"气"之所以居于中间地位,也是因为"气"禀有兼容性、连续性与整体性特点。"从这种内在依据出发,气的观照(观气)构成哲学玄思或生命体验的中介环节,连接着'味象'与'悟道'两个层面,亦即在'象之审美'的基础上引导生命体验向更高的层次(道之审美)提升。"①

"观气"作为一种中介审美过程方式,有着如下两个特征:其一,"观气"是审美主体深层介入审美对象的过程,在这一过程中,主体之气与客体之气融通一体,审美主体洞见出审美对象的内在意蕴,从而体会出审美对象深层的生命内涵和内在生机活力;其二,"观气"是审美主体以节律感应的方式调节自身生命状态与审美对象的生态结构的过程。"节律作为事物特别是生命体的运动形式,不仅是生命体的生命状态的表征和体验机制,而且是事物之间作为对象性存在相互作用的十分重要的普遍中介。"②在这里,审美对象的节律形式体现于色彩、声音、韵律与气势的张力结构或形体的运动状态上,优秀的艺术作品或优美的自然环境常以节律感应或激发的方式引导审美主体冲决自己生命的遮碍,与艺术或宇宙万物的生命节律融为一体。"观气"的审美过程昭示了节律形式的生命内涵,体现了审美活动的生态本性。总之,如果说"味象"是以审美的方式观

① 黄念然:《味象·观气·悟道——中国古代审美体验心路历程描述》,《广西社会科学》1998年第2期。
② 曾永成:《营构审美教育的生态学化新境界》,载曾繁仁主编《中西交流对话中的审美与艺术教育》,山东大学出版社,2003,第466页。

照感性存在的自然之象或艺术意象的话,那么"观气"则体现了宇宙自然或艺术构成要素之间相异而又关联的一体化状态,它使审美主体从审美对象的感性形态深入审美对象的内在意蕴与生命结构,进而调适生命节律,启迪整体意识,优化生命状态。

宗白华先生在《中国艺术意境之诞生》中说:"中国哲学是就'生命本身'体悟'道'的节奏。'道'具象于生活、礼乐制度。'道'尤表象于'艺'。灿烂的'艺'赋予'道'以形象和生命,'道'给予'艺'以深度和灵魂。"①由此可见,悟道是生态审美体验的最高层次和最后环节,它是"味象""观气"的必然归趋与逻辑要求。"道"在《道德经》中的原义即为世界的本源或本体。所谓"有物混成,先天地生,寂兮寥兮,独立而不改,周行而不殆。可以为天下母。吾不知其名,字之曰道"(《老子》第二十五章)。"道"生万物,形见于自然、艺术、人文甚至于事理中。在山水画的审美中,"悟道"体现了形与道的融合:"夫圣人以神法道,而贤者通;山水以形媚道,而仁者乐。"(宗炳《画山水序》)山水画美在"形"中蕴涵着"道",而"贤者""仁者"能在山水画的意象中悟出"道",并与"道"融通合一,从而获得审美之乐。在中国古人看来,"艺术和审美不是谋生的手段,而是体认'道'和观照生命的一种方式,通过心斋、坐忘,离形去知,澄怀味象,以虚静之心求得主客合一的'心与物游''物我两忘'的自由境界,从而超越自然具象的束缚,求得心灵深处的精神本源"②。悟道通过自我体验的方式与自然或艺术意象融合,进入与宇宙规律完全合一的绝对普遍的本体存在状态。"悟道"的自然审美方式,与佛学的"缘起心枢"模式有相似之处。"'缘起心枢'意为身心世界皆为一定条件的集合体,诸条件中以主体心识的作用为主、为枢,乃至为本、为体,在身心世界的构成及生死流转与涅槃解脱中起着关键性作用,其基本原理和大前提是缘起法则。"③由是观之,"悟道"作为一种形而上的审美体验会通了佛学意旨,启蒙与召唤着人的生态审美本性。

从"味象""观气"到"悟道"的审美过程可以看出,中国古典美育是一个不断深化的过程,是一种追问式的"深度审美"。在审美过程中,主客体由二元对立到渐次融合,即审美主体由象入乎气,由气达于道,最后在审美体验中超越了时空的限制,进入与宇宙万物同气相息的虚灵境界,在这种状态

---

① 宗白华:《美学散步》,上海人民出版社,1981,第68页。
② 曾繁仁主编,卢政著《中国美育思想通史(魏晋南北朝卷)》,山东人民出版社,2017,第323—324页。
③ 程相占:《文心三角文艺美学——中国古代文心论的现代转化》,山东大学出版社,2002,第203页。

中,审美主体聆听到人与宇宙万物之间的心灵交响,从而陶冶心胸,接受一种关照生命的教育。

第二节　中国传统艺术的生态审美智慧

在中国传统艺术里,生态审美智慧渗透在各种艺术门类的物质媒介、创作原则与艺术追求上,尤其表现在艺术世界观与价值观上。具体说来,首先,中国传统艺术将"自然"视为与人同气相应的灵性之物,并在"象法自然"的创造过程中,推崇情性的自然表达与"宛若天成"的艺术技巧;其次,中国传统艺术在审美观照方式上推崇物我皆忘、主客不分的审美范式,这是一种特有的东方生态现象学方法;最后,中国传统艺术以"中和"为审美准则,以"和谐"为审美旨归,追求美与善、个体与社会、人与自然的和谐统一。中国传统绘画的阴阳五行观念与养生智慧、中国古典音乐对天籁之音与天人之和的追求、中国古典舞蹈的动势与太极意象、中国古代建筑的"象法宇宙"、中国古代园林的生态节制观等无一不体现中国传统艺术的生态审美智慧。

一、中国传统绘画的阴阳五行观念与养生智慧

阴阳观念最早出现在春秋时代的《易传》中,所谓"潜龙勿用,阳气潜藏。履霜坚冰,阴始疑也。阴疑(凝)于阳必战,为其嫌于无阳也。乾,阳物也;坤,阴物也。阳卦奇、阴卦偶。分阴分阳,迭用柔刚。阴阳合德,而刚柔有体"。从这里可以看出,《易传》所论的"阴阳",其指涉由天文时令发展为男女两性,再由男女两性上升至哲学与美学的范畴。阴阳互补、男女两性以及刚柔相济等形象地呈现了世事万物互补共生的运行模式。"阴阳"是生命中两种互为涵摄的力量,是生命的互对、互应、互动与互根。正如王夫之在《张子正蒙注》中所说:"天大无外,其为感者,缊缊二端而已。缊缊之中,阴阳具足,而变易以出,万物并育于其中,不相肖而各成形色,随感而出,无能越此二端。"①不难看出,阴阳观念为古人提供了关于自然宇宙与社会人生的运行图式,也成了古人在社会生产与生活实践中遵循的行事准则。

此后,阴阳理论渗透到中国传统文化的各个方面,包括占卜、天文、历法、中医、哲学与艺术等。比如清代的程瑶田就系统地运用阴阳理论讲解书

---

① 王夫之:《张子正蒙注》,中华书局,1975,第27页。

法的用笔、结构、中锋等问题,"他按照手的顺时针方向的运动(他称为'推而写之则左旋'),分笔画为八种,又按反时针方向的运动(他称为'挽而写之则右旋'),也分笔画为八种……右旋而运于东南则有侧、努、掠、啄,是阴画;左旋而运东南则有勒、趯、策、磔,是阳画。阴阳结合变化,于是产生书法的美:'然则一字之结体,若八音之相宜,瞰如也,亦绎如也。'"①在程瑶田看来,书画艺术意象的前后、大小、倚正、聚散、浓淡、枯润、续断、收放、远近、疏密等都是"阴阳"观念的感性显现。中国古代文人评书论画专注于"自然"之生气,"妙于生意,能不失真。如此矣,是能尽其技。尝问如何是当处生意,曰:殆谓自然。"②这里的"自然"指的也是阴阳。就绘画而言,"以笔之动而为阳,以墨之静而为阴。以笔取气为阳,以笔生彩为阴。"③

中国传统山水画在虚实布局时,以虚为阴,以实为阳。在古人看来,自然是一个阴阳交合的场域,故而,中国山水画要"师法自然",就须在构图上借助堪舆学,模仿自然山川的形态和地脉气势。古人认为,地脉的起伏谓之龙,而"龙脉为画中气势源头,有斜有正,有浑有碎,有断有续,有隐有现,谓之体也。开合从高至下,宾主历然……起伏由近及远,向背分明,有时高耸,有时平修,欹侧照应,山头、山腹、山足铢两悉称者,谓之用也"④。由此看出,中国山水画是通过虚与实、疏与密、浓与淡、远与近、高与低的阴阳对比师法自然原貌的。正如宗白华所说:"中国画所表现的境界特征,可以说是根基于中国民族的基本哲学,即《易学》的宇宙观:阴阳二气化生万物,万物皆禀天地之气以生,一切物体可以说是一种'气积'。这生生不息的阴阳二气织成一种有节奏的生命。"⑤这种节奏表现在山水画中是讲究阴阳开合、虚实与疏密变化等,譬如以刚柔不同的笔墨来表现山石、树木的前后向背,以浓淡来表现阴阳的变化、黑白的转换。因而"体阴阳以用笔墨,故每一画成,大而丘壑位置,小而树石沙水,无一笔不精当,无一点不生动"⑥。

在技法上,中国山水画讲究阴阳,这主要体现在对石、树、云、水的描绘上。为了表现山石内在的阴阳关系,中国山水画一般使用勾、皴、擦、染、点五种技法,以表现山石的层次、阴暗面、起伏与意境。清代龚贤在《画诀》中说:"画石块上白下黑,白者阳也,黑者阴也。石面多平故白,上承日月照临

---

① 熊秉明:《中国书法理论体系》,人民美术出版社,2017,第80页。
② 董逌:《广川画跋》,何立民点校,浙江人民美术出版社,2016,第49页。
③ 沈子丞编《历代论画名著汇编》,文物出版社,1982,第419页。
④ 王原祁:《雨窗漫笔》,张素琪校注,西泠印社出版社,2008,第19—21页。
⑤ 宗白华:《宗白华全集》,安徽教育出版社,1994,第58页。
⑥ 沈子丞编《历代论画名著汇编》,文物出版社,1982,第419页。

故白。石旁多纹，或草苔所积，或不见日月为伏阴，故黑。"①即画石先要勾勒石形，然后以皴与擦的技法表现山石的黑白明暗，以对应日月阴阳，最后以点、染技法凸显山石之气势与气脉，以与自然界的阴阳五行、时间节气、自然环境等相融相衬，烘托出自然山川的整体性、多样性与丰富性。

在笔墨使用上，画树不同于画石，"古人写树，或三株、五株、九株、十株，令其反正阴阳，各自面目，参差高下，生动有致"②。具体说来，画树要依据四季的更迭、枝叶的繁茂与枯萎来体现阴阳。"大概有叶之木，贵要丰茂而荫郁。至于寒林者，务森耸重深，分布而不杂，宜作枯梢老槎，背后当用浅墨，画以相类之木伴和为之，故得幽韵之气清也。"③也就是说，图绘茂盛的树木要用墨厚重，以体现树叶丰茂所带来的阴森之气，而冬天寒林的枯枝要用浅墨来表现，以体现树林的萧瑟之象。如果说重墨为阳的话，那么，浅墨则为阴。墨的重与浅既突出了画面中虚与实的对比关系，也体现了树木丛林的森耸与气势。至于树的画法与阴阳五行之间的关系，我国学者季伟林先生指出："树也有五行方向和前后方向，也有季节的变化，树木的水墨和色彩的渲染与山石的水墨和色彩的渲染统一于一体。在画面上体现为气流、气脉和气穴与阴阳五行的整体融合，体现了'山石为阳，树木为阴'和'树木为阳，山石为阴'的对立统一堪舆学。"④在季先生看来，树木会因季节的变化而枯荣，当树叶丰茂时，山石隐匿于树丛中，这时是"树木为阳，山石为阴"，即树木用重墨，山石用浅墨；反之，当树叶凋落、山石显露之时，则是"山石为阳，树木为阴"，即山石用重墨，树木用浅墨。

在中国山水画中，烟云是不可缺少的，宋代郭熙在《林泉高致》中说：山"以烟云为神采……得烟云而秀媚。"⑤一方面，烟云能使山川气脉相通，赋山川以灵气；另一方面，烟云是动态的，能使静穆的山势更加峥嵘俊俏，所谓"山欲高，尽出之则不高，烟霞锁其腰则高矣"⑥。云在画法上也遵循阴阳观念，"画云要分出阴阳，上面为阳，也叫云头，笔线稀少些；下面为阴，也叫云脚，笔线密集些"⑦。水是五行之一，也是风水学的理论依据。山因水而活，山无水则不媚，在中国山水画中，水的画法有三种：勾水、染水与喻水。所谓勾水，就是用淡墨顺锋勾勒水纹，染水是用淡墨染出水的质感，而喻水是

---

① 潘运告编《清人论画》，潘运告译注，湖南美术出版社，2004，第49—50页。
② 石涛：《石涛画语录》，俞剑华注释，江苏美术出版社，2007，第72页。
③ 潘运告编《宋人画论》，熊志庭、刘城淮、金五德译注，湖南美术出版社，2004，第75—76页。
④ 季伟林：《中国山水画与五行艺术哲学》，文化艺术出版社，2011，第66页。
⑤ 潘运告编《宋人画论》，熊志庭、刘城淮、金五德译注，湖南美术出版社，2004，第22页。
⑥ 同上书，第25页。
⑦ 季伟林：《中国山水画与五行艺术哲学》，文化艺术出版社，2011，第68页。

借助与水相联相关之物予以表现：或山势的走向，或坡岸的曲折，或桥梁，或渔舟等。画水的技法主要是线的表达，是留空白的艺术，而线也有阴阳之分，线的阴阳体现在线的粗细、虚实、浓淡、干湿上。中国传统绘画主要通过线的运动与阴阳对比，给观者营造一个静幽深远、天高水阔的"心理空间"。

　　中国传统绘画的阴阳与五行实体的方向有着对应关系。故而"中国山水画挂法与住宅五行的方向一样，有相冲、相害、相刑、忌宜和吉利等"①。那么，何为"五行"呢？《春秋繁露·五行相生》中说："天地之气，合而为一，分为阴阳，判为四时，列为五行。"如果说阴阳是气的话，那么五行则是质。五行在中国传统文化中是地球自然之物，是万物之本。《尚书大传》说："水火者，百姓之所饮食也；金木者，百姓之所兴作也；土者，万物之所资生也，是为人用。"②由此看出，古人把百姓的饮食起居也归属于五行，因而，五行不是自然界木、火、土、金、水本身，而是可以比拟各种事物与现象的抽象性能。在中国传统绘画中，阴阳五行不仅是绘画实体的表现对象，而且是绘画所该遵循的法则，比如在色彩上，阴对应着黑色，阳对应着白色；在五行中，木对应着青色，火对应着赤色（红），土对应着黄色，金对应着白色，水对应着黑色，由此形成中国古代绘画的"五色"观念。又如中国画以黑色为墨色，而在运用墨色时又有焦、浓、淡、湿、干之分，这也体现了阴阳五行学说对中国画墨色的影响。

　　在造型上，中国传统绘画从产生之初就讲究阴阳五行观念。这一点可从中国最原始的岩画中看出，譬如云南沧源的崖画村落图（见图 2-1），画面以散点透视法表现了村落的全景与事件，刻画者不是从一个视点观察村寨，而是从五个不同视点再现了村落的布局与朝向，以及胜利归来的场景。散点透视法"创造了画面上的多视角，使得远近之地、阴阳之面，甚至里外之物均有得到显现的机会"③。它迥异于西方"人类中心主义焦点透视"，是中国传统绘画艺术生态智慧的体现。

　　云南沧源的崖画村落图再现了一个部落在战争胜利后满载而归的场景，其中有舞蹈、赶牲畜与战俘、杀俘虏以祭天等情节，人物众多，场面宏大，但图例图式多而不乱，有条不紊，既有中心，又有主次，表现出强烈的阴阳五行观念：崖画是阳，崖刻是阴；从五行方向上看，村寨是中心，东、西、南、东南方向各有一入口处，北面虽无入口，但有一座村寨外房屋，意味着也有一

①　季伟林：《中国山水画与五行艺术哲学》，文化艺术出版社，2011，第73—74页。
②　伏胜：《尚书大传》，中华书局，1985，第87页。
③　曾繁仁：《生态美学导论》，商务印书馆，2010，第268页。

图2-1　云南沧源的崖画村落图

隐蔽的入口。村落图的总体方位是上北下南,村寨坐北朝南,体现了中国传统建筑"负阴抱阳"的设计理念;而以村寨为中心的道路网或纵横交错,或环绕村寨,体现了阴阳气流的汇注与流转,整个村寨的布局与设计反映了先民朴素的堪舆意识与生态生存的理念。

　　在中国传统山水画中,山形与五行有着密不可分的关系。如许道宁的《渔父图》(见图2-2)描绘了深秋时节渔人捕鱼的场景,画卷采取"三远法"构图,将高远、深远、平远的视点完美地结合在一起。近处有三五条小船停于宽阔湖面,野水苍凉,渔人立于船头或摇桨,或捕鱼,岸边小山呈"土"形;中段峭壁奇峰如刀劈一样,呈"火"形,崖间树干挺拔,枝似雀爪,叶如墨点,疏密有间;远山以淡墨渲染,若真若虚,似有云雾缭绕其间。从画面的总体布局看,直峭的山体与横坡的平滩成十字形相交,山峰的棱线与弧线、山石

图2-2　《渔父图》

的直硬与溪水的迂回相对比,整个画面跌宕起伏,富有韵律节奏感。从立意看,《渔父图》并非着意刻画"隐"之宁静,而在描绘尘世生活的延续:这里的山是峻拔的山,这里的水是流动的水,这里的人是尘世中的人,在看似渔隐的闲适中呈现出一种"冲淡、疏野"之美。

从阴阳五行分析来看,此图山形为火形和土形,即"廉贞与右弼"。火生土:树木破石而出,并占据土地,加上中景内有谷涧幽深"山穴",山石林木和溪流边有诸多房屋错落其间,承接着"水脉龙气",龙脉从左边火形山峰顺溪流而下而又沿右边山涧直推而上延伸至山顶。火,中医八卦说:心——离卦——居九宫;小肠——乾卦——居六宫;山的方向:乾、南方。山形:廉贞、贪狼、尖。土,中医八卦说:脾——坤卦——居二宫;胃——艮卦——居八宫;山的方向:中山形;巨门,平。画面相生是"火生土",即尖平的感觉。用中医理论解释是心阳温煦脾,土以助运化。

关于绘画与养生的问题,自古就有定论。明代大画家董其昌在《画禅室随笔》中曰:"黄大痴九十,而貌如童颜。米友仁八十余,神明不衰,无疾而逝。盖画中烟云供养也。"(《杂言上》)中国现代书画家的高寿也证明了绘画有利于养生的事实:刘海粟 98 岁,沙孟海 92 岁,赵朴初 93 岁,启功 93 岁,齐白石 93 岁,张大千 84 岁,何香凝 94 岁,等等。曾有中医专家从阴阳五行的视角揭示了绘画养生的奥妙。以中国传统绘画题材"五君子"(松、竹、梅、兰、菊)来说:松五行属土,五脏中属脾,脾助肺,土生金,意味着脾气散精,上归于肺,经常画松之人,能心胸开阔,多福多寿;竹五行属木,五脏中属肝,肝助心,木生火,意味着肝藏血以济心,经常画竹之人,能排除胸中怒气,心情舒畅;梅五行属水,五脏中属肾,肾助肝,水生木,肾藏精以滋养肝血,常画梅花可制约心火,调理内脏机能,解淤化闷;兰五行属火,五脏中属心,心助脾,火生土,心阳温脾,故画兰之人可心平气和,情绪振奋;菊五行属金,五脏中属肺,肺助肾,金生水,肺气清肃下行,以助肾水,画菊之人昂扬向上,不畏艰难。①

而从现代医学的角度来看,中国传统绘画艺术具有陶冶情操、养生的功能。

第一,精神养生。这是指绘画通过净化人的精神世界,达到美意延年的目的。净化的手段大致有三种:培植良性情绪,宣泄消极情感和寻求替代性满足。对于中国文人而言,绘画是一种修身养性的艺术,其美育功能主要表现在对愉悦、欣适等良性情绪的养护上。关于良性情绪对养生的功用,古

---

① 香水:《书画艺术与养生》,《安全与健康》2004 年第 21 期。

今中外的医学、养生学著作均有所论述。《黄帝内经》指出："外不劳形于事,内无思想之患,以恬愉为务,以自得为功。形体不敝,精神不散,亦可以百数。"①培根在《论养生》中说："心中坦然,精神愉快,乃是长寿的最好秘诀之一。"②

要做好精神养生,第一要义就是清静。《真仙直指》云："清静二字,清谓清其心源,静谓静其心海。心源清,则外物不能挠,性定而神明;心海静,则邪欲不能作,精全而腹实。"③清静的方法很多,比如内观、坐忘、存思、存神、守一等。书画的创作过程显然是一个坐忘、存神与守一的修心过程。书画为心声,当书画家凝神静气,专注于创作艺术时,就会进入一种忘我状态,现实中的烦恼会很自然地被抛之云外。当代书画家启功有诗云："书画益身心,有乐无烦恼。点笔日临池,能使朱颜保。操觚肢力活,不复策扶老。敢告体育家,行健斯为宝。"书画之所以能培植人的良性情绪,说到底是因为它是一种"游戏"。席勒说："只有当人游戏时,他才完全是人。"④康德也认为,艺术能"使人快乐,因它促进着健康的感觉"⑤。这是因为愉快怡悦的良性情绪能平衡人的心理状态,调节人的精、气、神,维护人的精神生态。"愉快的情绪往往会解除或削弱身体的疲劳感,使人的身心活动处于一种较佳的和谐状态。"⑥米友仁曾在《自题戏作》中表述对陶渊明隐居诗的喜爱："山中何所有,岭上多白云。只可自怡悦,不堪持赠君。"并说："余深爱其诗,屡用其韵。"米友仁在这里含蓄地揭示了陶诗对接受主体的怡情功能。

中国传统绘画之所以能养生,还在于它能宣泄人的消极情绪。《吕氏春秋·尽数》中说："长也者,非短而续之也,毕其数也。毕数之务,在乎去害。"即人要想长寿,就必须去除有害健康的消极情绪。而绘画恰恰能修身养性,释放人的忧郁情绪。关于中国传统绘画的宣泄功能,邵松年在《古缘萃录》中说,石涛"一生勃郁之气,无所发泄,一寄于诗书画。故有时如豁然长啸,有时若戚然长鸣,无不于笔墨中寓之。"又如郑思肖以绘画来宣泄丧土之恨与亡国之怨,他画菊花,曾题诗："花开不并百花丛,独立疏篱趣未穷。宁可枝头抱香死,何曾吹落北风中!"(《寒菊》)既抒写了自己独立不倚的民族气节,又宣泄了对蒙元统治者的怨恨。《遗民录》中有记载,他"精墨兰,

① 《黄帝内经·素问》,姚春鹏译注,中华书局,2010,第25页。
② 培根:《论养生》,载《培根论说文集》,高健译,北岳文艺出版社,2016,第117页。
③ 蒋力生、马烈光主编《中医养生保健研究(第2版)》,人民卫生出版社,2017,第111页。
④ 〔德〕席勒:《审美教育书简》,冯至、范大灿译,北京大学出版社,1985,第76页。
⑤ 〔德〕康德:《判断力批判(上)》,宗白华译,商务印书馆,1964,第178页。
⑥ 白家祥、郭仓主编《老年与抗衰老医学》,学苑出版社,1989,第114页。

自更祚后,为兰不画土,根无可凭借。或问其故,则云:'地为人夺去,汝犹不知耶?'"这里的无根之兰无疑是遗民的自况。郑思肖这种尽情的宣泄减少了怨愤之情对自己身心的伤害,有利于精神生态的恢复。

中国传统绘画还具有"替代性满足"功能。《宋书》中提到,宗炳"西涉荆、巫,南登衡岳,因而结宅衡山,欲怀尚平之志。有疾还江陵,叹曰:'老疾俱至,名山恐难遍睹,唯当澄怀观道,卧以游之。'"。即老年宗炳年迈体衰,不能遍游现实中的名山大川,于是将前人的山水画或自己游历过的山水图置于卧室之内,以"游目"的方式代替现场的山水游览,以求澄怀观道。在这里,宗炳实际上是将绘画当作疗疾之药、慰老之方了。郭熙在《林泉高致》中也说过:"君子之所以爱夫山水者,其旨安在?丘园养素,所常处也;泉石啸傲,所常乐也;渔樵隐逸,所常适也;猿鹤飞鸣,所常亲也;尘嚣缰锁,此人情所常厌也;烟霞仙圣,此人情所常愿而不得见也……然则林泉之志,烟霞之侣,梦寐在焉,耳目断绝,今得妙手郁然出之,不下堂筵,坐穷泉壑;猿声鸟啼,依约在耳;山光水色,滉漾夺目;此岂不快人意,实获我心哉?"①郭熙厌恶了尘世生活的喧嚣与羁绊,想隐居山林而又不能,于是只得靠丹青之手绘制出自然山水景象,供自己坐于室内欣赏,实现自己的林泉之志,这种替代性措施的寻求与宗炳的"卧游"如出一辙。如果说宣泄是缓冲痛苦的话,那么"替代性满足"则是提供精神性补偿。总之,艺术的这种缓冲与补偿功能不仅能够克服恶性情绪对内心的干扰,填补失望的渊潭,而且能够维护精神生态的平衡。而这正是中国传统绘画的精神养生效应,正因此,苏轼在《宝绘堂记》中有言:"凡物之可喜,足以悦人而不足以移人者,莫若书与画。"②

第二,药物养生。《抱朴子》说:"上药令人身安命延,升为天神……中药养性,下药除病。"③在中国古代医学不发达的条件下,古人为了自身健康,总结了一套药物养生术。具体而言,就是坚持预防在先、顾护脾肾、补泄兼施的原则,它具有药剂量小、用药缓图、药效平和的特点。笔墨纸砚作为中国传统文化的载体,不仅反映了中国古代文人的生活情趣,而且灌注着药物养生的智慧。笔墨纸砚来自自然,在人为加工过程中,有意识地掺入了有利于人健康生存的药物成分。拿古代墨汁来说,它所散发的气味对人体具有保健养生的功能。古代墨汁的主要成分虽是松烟与油烟,但在制墨过程中加入了胶(鹿胶或黄明胶等)、熊胆、麝香、冰片、珍珠等多种名贵药材。

① 俞剑华注释《中国画论选读》,江苏美术出版社,2007,第207页。
② 钱超尘主编《东坡养生集》,王如锡辑,中华书局,2011,第129页。
③ 蒋力生、马烈光主编《中医养生保健研究(第2版)》,人民卫生出版社,2017,第213页。

在某种程度上,中国古代墨汁的制造史就是药材不断渗入与调和的历史。三国时期,魏国韦仲将真珠、麝香两种药物掺入墨汁中,真珠能安神明目,而麝香能消炎醒神;后魏贾思勰在韦仲墨的基础上再加入鸡白,鸡白能治肾虚与耳聋;至唐代,王君德又将石榴皮、犀角肩、木皮、皂角、马鞭草等中药材捣碎,掺入墨汁;五代十国时期,李廷圭在前人的基础上再将藤黄、犀角、冰片、巴豆等碾细掺入墨中,所制之墨光泽如漆,芳香迷人。药材的加入使中国古代的墨汁具有治病功能,《本草求真》中说:"墨专入肝、肾……故凡血热过下,如瘟疫鼻衄,产后血晕,崩脱金疮,并丝缠眼中,皆可以治。如止血则以苦酒送韭汁投;消肿则以猪胆汁酽醋调;并眼有丝缠,则以墨磨鸡血速点;客忤中腹,则磨地浆汁吞。各随病症所用而治之耳。"①很显然,止血是鹿胶或黄明胶等的功效;而生肌肤,合金疮是胶与珍珠在发挥作用;去翳明目、开窍醒脑则是墨中熊胆、麝香、冰片等的功效。有意思的是,中国古代的一些医书还有以墨治病的药方,如《本草衍义》中有治大吐血的方子:"好墨细末二钱,以白汤化阿胶清调稀稠得所,顿服,热多者尤相宜。"②至宋代,民间甚而采用"百草灰"制成"百草霜"墨,用以治疗伤口出血、便秘等症状。可以想见,中国古代书画家在创作过程中,一方面神闲气静,存神守一,进入精神养生的状态;另一方面,闻着淡淡的墨香,接受着剂量适宜的药物治疗与养生,天长日久,身心健康就自不必说了。再从纸来看,古人为了保护纸张免受虫蠹,对纸张进行防虫处理,或用黄檗溶液染纸,或用花椒水浸泡,处理过的纸张呈黄色,这一处理过程被称为"入潢"。入潢的纸张既能杀虫抑菌,又可起到保护视力、防止视觉疲劳的功效。

　　第三,呼吸养生。中国古人认为,气是人体生命的根本,人体内的气与天地自然之气是相通的,如果能够通过劳动锻炼,经常吐出体内的故气、陈气,吸纳天地自然的新鲜之气,就有可能健康长寿。南北朝时期的陶弘景发明了呼吸养生法,即长息法:"凡行气,以鼻纳气,以口吐气,微而引之,名曰长息。纳气有一,吐气有六。纳气一者,谓吸也。吐气有六者,谓吹、呼、唏、呵、嘘、呬,皆出气也。……委曲治病,吹以去风,呼以去热,唏以去烦,呵以下气,嘘以散滞,呬以解极。"③对绘画而言,呼吸的形式主要是服内气、提元气,即有意识地控制呼吸运动,使气息遵循某种规律运行,让人体气机平和,呼吸调匀。从绘画的过程来看,"运笔"在某种程度上就是控制和调节呼吸,

①　黄宫绣:《本草求真》,王淑民校注,中国中医药出版社,2008,第293页。
②　寇宗奭:《本草衍义》,张丽君、丁侃校注,中国医药科技出版社,2012,第60页。
③　陶弘景:《养性延命录》,刘丹彤、陈子杰编,中国医药科技出版社,2017,第66—67页。

提炼人本身的元气,改变人体新陈代谢的节奏。绘画过程的呼吸,一般有调身、调息与调心三个方面的内容。调身即调整形体,使身体保持相对稳定的姿势:臀部三分之一或二分之一平坐在椅子或凳子上,两腿自然分开,膝关节成直角,这种形体有利于内气循经运行。调息即调控呼吸,绘画的运笔过程是一个调控呼吸节律、频率和深度的过程,呼吸的调控,有利于身体积蓄和运行体内的气血,从而疏通经络、协调脏腑、调和阴阳。调心是指在绘画过程完成之后,即在形神松静的基础上,通过存神守一的方法达到人静养神的状态。如果说"调息"是气运丹田的话,那么"调心"即是将那口运行于丹田里的陈气缓缓吹出。实践证明,画家在运笔过程中吐纳气息,可以加快人体气血流通。通过吹、呼、唏、呵、嘘等,排出人体故气,而通过吸,则把墨汁的中药成分导入体内。绘画过程中的呼吸不仅能锻炼肺部的调节功能,加大氧气的吸入量和二氧化碳的排出量,加速机体与外界环境之间的气体交换,吐故纳新,而且可以达到服气养生、服气疗病的双重目的。

二、中国古典音乐的天籁之音与天人之和

中国先民们很早就认识到了音乐与自然的关系。《山海经·大荒东经》云:"东海有流波山……其上有兽,状如牛,苍身而无角,一足,出入水则必风雨,其光如日月,其声如雷,其名曰夔。黄帝得之,以其皮为鼓,橛以雷兽之骨,声闻五百里,以威天下。"在古人的眼里,"鼓"乐器来自自然的启迪,鼓声就是对兽吼的模仿。后来,这种模仿论在《吕氏春秋·古乐》中得到了进一步阐发:"昔黄帝令伶伦作为律……次制十二筒,以之阮隅之下,听凤凰之鸣,以别十二律。其雄鸣为六,雌鸣亦六,以比黄钟之宫,适合。"另一种看法则认为音乐是对风的模仿:"大圣至理之世,天地之气合而生风,日至则月钟其风,以生十二律。仲冬日短至,则生黄钟。季冬生大吕。孟春生太蔟。仲春生夹钟。季春生姑洗。孟夏生仲吕。仲夏日长至,则生蕤宾。"(《吕氏春秋·音律》)在古人看来,十二律是依十二个月的不同风声而定的,仲冬日最短,故将其风声定为黄钟;仲夏日最长,其风声遂定为蕤宾。

"自然"在中国文化中有两种含义:一种指自然界,相当于英语中的"Nature";另一种则指本性。这两种理解在老子的"道法自然"中是统一的。因为自然界与本性有一种内在的一致性,自然的存在,就是本性的存在;反过来,也可说,凡本性的存在,就是自然的存在。中国古典音乐的自然之美正体现在这两方面。从中国古典文献稽考,中国最早的乐曲是一组大自然的颂歌。《吕氏春秋·古乐》云:"昔葛天氏之乐,三人操牛尾,投足以歌八阕:一曰《载民》,二曰《玄鸟》,三曰《遂草木》,四曰《奋五谷》,五曰《敬天

常》，六曰《达帝功》，七曰《依地德》，八曰《总万物之极》。"从这幅原始先民们的音乐画面可以看出，这是一种原生态的艺术形式：诗、乐、舞融为一体，牛尾当器具，节律为投足之声，歌唱内容总不离天地万物。所谓"遂草木"即歌唱草木茂盛；"奋五谷"即歌唱五谷生长；"敬天常""依地德"即遵循自然法则；"总万物之极"则表达了原始先民们诚挚而善良的愿望：希望上苍赐给他们良好的生态环境，给他们的生存空间带来草木葱郁、畜牧兴旺、五谷丰登的繁盛景象。另一方面，中国古典音乐在情感表达上遵循音乐的本性，追求自然而然。《庄子·齐物论》阐发了这种音乐观："子游曰：'地籁则众窍是已，人籁则比竹是已，敢问天籁。'子綦曰：'夫吹万不同，而使其自己也，咸其自取，怒者其谁邪？'"

在庄子看来，人间最美的音乐是"天籁"。"人籁"是排箫一类人造乐器，系人气所吹，它远离自然；"地籁"虽是自然之风所吹，但它们不太合乎音乐规律；而"天籁"则去掉了人为因素，既合乎自然本性又暗合音乐规律。

音乐是一门声音艺术，中西音乐在自然音响的表现上有很大的不同。西方音乐在音响表现上多倾向于音度、力度的"寓意模仿"。如德彪西的管弦乐曲《大海》用定音鼓的弱奏（ppp的力度）象征大海的平静，用ppp-fff的力度对比象征由深及表的动态过程，以此表现海水翻滚而起的浩大气势；西贝柳斯的《第三交响曲》通过急促的低音震音和震音背景下的沉重音响象征性地模仿雷雨交加的自然现象。这种模仿使西方音乐在声音的表现上带有较多的暗示性与象征性，它有赖于听众的想象和联想。而中国古典音乐则倾向于音色模仿，其模仿之声与音乐意义之间总是丝丝入扣，惟妙惟肖。如中国古典民族器乐合奏曲《春江花月夜》，以琵琶捻、带、弹、挑的演奏技巧模拟江楼钟鼓和急浪拍岸之声，以古筝的轻弹慢揉模仿春江月夜的水流之声，以洞箫的圆润清幽表现渔歌互答的委婉之声，将我们置身于如梦似幻的春江花月夜中。又如《高山流水》充分运用了"泛音、滚、拂、绰、注、上、下"等指法，形象模仿了流水的各种动态：时而山泉淙淙，时而小溪潺潺，时而江水滔滔，时而烟波浩渺，使听者宛如徜徉在母亲河的怀抱。中国古典音乐营造的纯真艺术境界既是对音乐自然本性的尊重，也是对听众自然感性的召唤。

中国古典音乐为了保持自然本色，在乐器制造上，均以纯天然的竹子、木头、芦苇、葫芦之类为材料制成"石、土、革、丝、木、匏、竹"等乐器。"天然材料的使用意味着对自然属性的尊重与保留，而自然本身又意味着多样性和独特性。"①如中国的拉弦乐器胡琴，其制作材料的主体部分一般是红木、乌木、紫

---

① 刘承华：《中国音乐的神韵》，福建人民出版社，1998，第55页。

檀木、花梨木或竹子,琴皮多为蛇皮或蟒皮,琴码为高粱秸秆、火柴签或铅笔等材料,千斤多用棉线或丝线,这些千差万别的制作材料以及精细的做工决定着"胡琴家族"的音色差别。比如二胡明亮纤细的音色体现了南方温婉缠绵的地域风情;板胡嘹亮阔远的音色体现了北方游牧民族粗犷激昂的民族性格;京胡圆润宽大的音色与演员的嗓音、唱腔相融洽,体现了京剧的韵味……与中国拉弦乐器个性化的音色不同,西方的拉弦乐器采用标准化的工业程序与材料,无论大提琴、中提琴还是小提琴,它们的音色都大同小异。中国古典乐器制作材料的多样化使其富有极强的艺术表现力,能惟妙惟肖地表达人的情感。在音色的追求上,中国古典音乐崇尚自然的人声。所谓"丝不如竹,竹不如肉"(《晋故征西大将军长史孟府君传》),意思是说,弦乐不如管乐,而管乐又不如由人肉(歌喉)发出的声乐。《裴骃集解》曰:"王肃曰:'肉好,言音之洪美。'"钱穆先生在《略论中国音乐》一文中说:"中国古人称丝不如竹,竹不如肉,丝竹乃器声,肉指人声。"①无不反映了中国人认同"肉"(歌喉)是人天然的发音器官,能最直接、最自然地表达情感。这种自然音色观,体现了中国古典哲学立足于此岸,追求感性生命体验的性质。这与西方的美声唱法刚好相反,美声唱法虽以歌喉为发声器官,但它发声标准、科学、统一,在某种程度上远离了歌喉发音的自然状态,已接近器声了。究其原因,是因为西方音乐是建构在主客二元对立的哲学思维模式下的,它执迷的是彼岸的幸福,因而将音乐作为一种沟通天国的中介;而建立在宗法制(非宗教)文化基础上的中国音乐以"人学"为核心,追求此岸的幸福,因此在音色上追求"近人声"。声乐如此,器乐亦如此。中国一些具有代表性的民族乐器如二胡、唢呐、笛、箫等均以"人声"为贵,所谓"夫钟声以为耳也,耳所不及,非钟声也……耳之察和也,在清浊之间"(《国语·周语下》),意思是说,器乐之声必须在人耳听辨限度之内,应是"大不逾宫,细不过羽"。二胡的音色近似人声,且在人的歌唱音域,因此适合人声伴唱。

"和"在中国文化里始于"乐",《说文解字》里"和"同"龢",是"调"的意思。《尔雅·释乐》将"和"解释为小笙的器名,所谓"大笙谓之巢,小者谓之和"。后来,"和"成为中国古典音乐的本体要求,早期论及"乐和"的《尚书·尧典》指出:"诗言志,歌永言,声依永,律和声;八音克谐,无相夺伦,神人以和。"意思是说,金、石、丝、竹、土、革、匏、木八种乐器在一起合奏时,应当和谐整齐,以天合天,达到人神共乐的艺术效果。

那么如何做到"和"呢?《左传·昭公二十年》中阐释了对"和"的认识:"清浊、大小、长短、疾徐、哀乐、刚柔、迟速、高下、出入、周疏以相济也,君子听

---

①　钱穆:《现代中国学术论衡》,生活·读书·新知三联书店,2001,第 276 页。

之,以平其心……若以水济水,谁能食之? 若琴瑟之专一,谁能听之?"在古人看来,音乐之所以是音乐,之所以动人,并不在于音乐要素的多寡,而在于这些要素之间能否相互碰撞、对话、融合,生成一种新声。如果音乐只是相同要素的重复,那就只能产生单调、贫乏的声响,正所谓"声一无听,物一无文,味一无果"。中国古典音乐的"中和"表现在两个方面:一是"中声",声音不大不小,不高不低,不疾不徐,音高、速度适中,具体说来就是"大不逾宫,细不过羽",《左传》痛斥郑声为"淫声",是因为郑声超出了"中声"的范围;二是"淡和",即音乐必须合于礼法,做到"淡而不伤",只有这样,音乐才能让人保持平和之心,所谓"淡则欲心平,和则躁心释"(《乐上》第十七)。

在音乐的结构思维上,西方的音乐注重矛盾冲突。如西方奏鸣曲一般由主题和副题组成,但主题与副题之间充满了一种张力,处于一种矛盾对立的状态。中国古典音乐中的多主题之间一般不着眼于矛盾与冲突,而是倾向于一种并置的和谐。如琴曲《梅花三弄》的曲式结构虽由前后相继的两个主题构成,但二者并不冲突,而是相互丰富、补充,相得益彰地构成一个和谐的艺术整体。在音乐织体上,西方音乐倾向于纵向的立体思维,旋律与其他声部之间有主次之别,而中国古典音乐推崇横线性织体思维,各种声部横向展开,彼此间平等交互,不存在主次之别。中国古典音乐虽然听起来像单声部,其实是复调音乐,只不过中国音乐的织体与旋律相重合,旋律在多声部中横向展开而已。

为了追求和谐的艺术效果,中国古典音乐在曲式上多用"鱼咬尾"手法。这种曲式极像中国的太极图。众所周知,太极图由阴阳两极构成,其中,一极像鱼头紧紧咬住另一极的鱼尾巴,二者紧紧相拥,共同构成一个光滑封闭的圆。在运动中,阴阳两极并非永远对峙,而是各自运动至极点之后又分别调过头来,共同迈入二者之间的"边缘地带",生出一种代表新生命的曲折图像(S)。"鱼咬尾"的曲式手法亦是如此,后一句的起音与前一句的尾音接龙,好像一条鱼咬着另一条鱼的尾巴,重复之音既巩固着前一乐句的调式结构,也引领着后一乐句的旋律展开。这种环环相扣的曲式手法使乐句之间的对比消失,形成一种绵延婉转、柔美回旋的旋律结构。"这些无边角的圆滑的接句使旋律在进行过程中不时地作迂回反复,增加了乐曲的圆转与弹性。使整个作品一气贯成,成为一个有机的生命体,如乾旋坤转周流不息,体现为生命运动和宇宙活力的基本形态。"①"鱼咬尾"的曲式手法在中国古

---

① 施咏、刘绵绵:《中国民间音乐旋法规律的文化发生初探》,福建师范大学学报(哲学社会科学版)2006年第1期。

典名曲中较为常见,如《二泉映月》在长达八十九小节的篇幅里使用了十八次"鱼咬尾",江苏民歌《孟姜女》及丝竹乐《春江花月夜》也使用了十次之多。这种柔和婉转的曲式手法,容易激发起听者的温情与眷恋,同时也体现了中国人对生命圆满和谐的追求,以及对生命所依存世界的呵护。

正是在"中和"审美原则的规范下,中国古典音乐强调情感的抒发蕴藉有度,讲究"情"与"理"的和谐,所谓"发乎情,止乎礼义"。如琴曲《长门怨》叙写陈皇后失宠被弃,废居长门宫的故事,但乐曲在情感处理上,并没有愤怒地控诉,也没有奋起抗争,而只有对主人公悲苦心境的刻画,体现了中国式悲剧"怨而不怒,哀而不伤"的情感基调。又如在以蔡文姬羁留匈奴为题材的系列作品中,音乐对文姬公主的情感处理也趋于淡化。作品没有表现公主声嘶力竭的号啕和愤激的诉求,而只有她悲天悯人的哀怨和悲叹。中国古典音乐这种"中庸有度"的情感处理方式给听众带来了一种深沉持久的审美享受,它在某种程度上松弛了听众神经,使其心灵处于一种和谐平衡的状态。正如王光祈先生所说:"与欧洲音乐的'刺激神经'的'战争文化'相较而言,作为'和平与哲学文化'的中国音乐是在'安慰神经'方面用功。"①中国传统音乐追求"中和"的审美规范也自然地影响到中国人的欣赏方式。蒋孔阳先生曾经提道:"听音乐,各个民族的差异也十分明显。宽衣博带,坐在苏州式园林的水榭或亭子里,烧一炉香,泡一壶茶,轻轻地抚弄着古琴或古筝,唱一曲《春江花月夜》或《游园惊梦》,这是中国各代士大夫知识分子典型的艺术享受。"②

在中国古代社会,乐与教是合二为一的关系。据《周礼》记载,当时学校的官长都必须拥有很高的音乐造诣,是"大司乐"和"乐师",所有的教育内容都必须与音乐融为一体,所谓"乐德""乐语""乐舞"等。中国古代统治者重视乐教,其根本目的不是为了培养专业艺术家,而是把音乐作为达到天、地、人三才相和的重要途径。所谓"君子之听音,非听其铿锵而已也,彼亦有所合也"(《乐记·魏文侯篇》)。在古人看来,音乐欣赏本身并不是目的,音乐欣赏的目的在于实现其社会职能,获得美与善的统一。对个人而言,音乐是培养人和塑造人的手段,所谓"兴于诗,立于礼,成于乐"(《论语·泰伯》);对整个社会而言,则是"移风易俗,非乐莫善"(《孝经》),把音乐视作造就良好社会风尚的工具;对天地自然而言,则是为了获得"天地欣合,阴阳相得"的和谐。

① 王光祈:《王光祈文集》,巴蜀书社,1992,第295页。
② 蒋孔阳:《先秦音乐美学思想论稿》,安徽教育出版社,1986,第165页。

现代心理学表明,音乐对人的情绪具有激发或抑制作用,好的音乐能够调节人的脾气和情欲,使人处于一种和谐宁静的精神状态中。对于这一点,中国古人早有认识,荀子认为,音乐可以感动人之善心,使人"耳目聪明,血气和平"(《乐论》);司马迁认为音乐可以陶冶性情、修养德性,所谓"音乐者,所以动荡血脉,通流精神而和正心也。故宫动脾而和正圣,商动肺而和正义,角动肝而和正仁,徵动心而和正礼,羽动肾而和正智。故闻宫音,使人温舒而广大;闻商音,使人方正而好义;闻角音,使人恻隐而爱人;闻徵音,使人乐善而好施;闻羽音,使人整齐而好礼"(《史记·乐书》);嵇康则认为在"无所服御"的情况下,音乐能有助于"养神","窦公无所服御,而致百八十,岂非鼓琴和其心哉?此亦养神之一征也"(《答向子期难养生论》)。同时,音乐可促进人精神生态的平衡。嵇康在《琴赋·序》中说:"余少好音声,长而玩之,以为物有盛衰,而此无变,滋味有厌,而此不倦,可以导养神气,宣和情志,处穷独而不闷者,莫近于音声也。"所谓"宣和情志",意为音乐可以宣泄人的情感,使人的心态归于平和。所谓"导养神气",意为音乐可以导引血气,使人的精神得到保养。在嵇康看来,音乐虽然不关乎人的哀乐,但它能以自己的自然本性去影响人心。在太平盛世,音乐能使人心淳厚,世风康宁,百姓安家乐业;而在离乱凋敝之世,音乐能与礼法相配合,以其曼妙的节奏与旋律去感化人心,使躁动不安的人心渐趋平和,使社会矛盾慢慢和解开来。

中国古典音乐的意义不在于审美自身,而在于通过"乐"达于"和",把个体的人引向社会。儒家的社会审美理想不是个体的独乐,而是全社会、全民的共乐。为了达到"共乐",中国古典音乐注重在审美中将全社会"和合"在一起,实现社会道德的高度完美。所谓"独乐乐"不如"与少乐乐","与少乐乐"不如"与众乐乐","大乐与天地同和,大礼与天地同节"。在古人看来,音乐的娱乐、鉴赏不是个人独自占有,而是与他人共赏。正是在这种审美教育观念的影响下,音乐渗入了中国宗法社会生活的各个角落,成了君臣和敬、父子和亲、长少和顺的有效途径,在某种程度上,它已成为中国人的基本生存方式。正如《乐记》所说:"是故乐在宗庙之中,君臣上下同听之,则莫不和敬;在族长乡里之中,长幼同听之,则莫不和顺;在闺门之内,父子兄弟同听之,则莫不和亲。故乐者,审一以定和,比物以饰节,节奏合以成文。所以合和父子君臣,附亲万民也,是先王立乐之方也。"

前已论述,中国古典音乐取法自然材料,契合自然规律,蕴藉自然神韵,那么,中国古典音乐在教育功能上调节阴阳、沟通天人、唤醒生命当然是古人最朴素的愿望了。"礼乐侦天地之情……是故大人举礼乐,则天地将为昭焉。天地䜣合,阴阳相得,煦姬覆育万物,然后草木茂,区萌达,羽翼奋,角觡生,蛰虫昭苏,羽者妪伏,毛者孕鬻,胎生者不殰,而卵生者不殈,则乐之道归焉耳。"(《乐情》)音乐当然不可能感天动地,呼风唤雨,但古人认为它能以自身的生态结构"正人位"。这正如《中庸》所说:"能尽人之性,则能尽物之性;能尽物之性,则可以赞天地之化育;可以赞天地之化育,则可以与天地参矣。"这里实际上贯穿着一种由音乐教化人,再由人影响天地自然的教育思维。其意思是,以农业文明为基础的中国古典音乐具有一种生态结构,这种生态型音乐可以造就生态型人格,而生态型人格又具有生态自我意识,于是便能自觉担当起维护生态平衡的责任。

三、中国古典舞蹈的动势与太极意象

舞蹈作为一种古老的艺术门类,其内在意蕴最能窥探一个民族的艺术精神与审美品格。宗白华先生认为"'舞'是中国一切艺术境界的典型""是宇宙创化过程的象征"[①]。舞蹈是生命的宣言与释放,中国古典舞蹈的意象主要体现在身体造型与"力"的幻象上,它通过形体动作呈现了古人对自身、自然、社会和宇宙时空的体验与理解。朱载堉在《乐律全书·小舞乡乐谱》中说:"文先左旋,武先右旋,终而复始,象四时也。方转三变,圆转一变,所谓周旋中规,折旋中矩是也。风雨喻其动转不息之象""乾直而专,坤辟也翕,此言手势。乾旋坤转,喻转身而舞也。转身而舞时,则二手皆开,象乾动也直,坤动也辟。转身舞毕,则二手皆合,象乾静也专,坤静也翕。"也就是说,中国古典舞蹈以左旋、右转与圆转等形式表征了乾坤、阴阳互对互应、互动互生的易之世界模式,揭示了宇宙的奥秘。

现代人体运动科学表明:人类心理的、精神的和身体的生命活动有一种相辅相成的对应关系,动作不只是人们内心活动的反映,而且还属于人类真正智慧与精神状态的可视性启示,是人们努力追求某种有价值的目的的结果。因此,人的每一个动作都具有某种内在含义。比如,在人体动作向上下、前后、内外等不同方向的运动中,体现的是人们积极(真、善、美和建设性)的态度或消极(假、丑、恶和破坏性)的态度。与西洋文明相比,中华文化具有含蓄、内敛的特点,这种文化心理体现在舞蹈的造型、动势与路线上就是追求"圆"的动势,中国古典舞"无论从单一的手臂还是到整体的舞姿造型,无论从局部的指尖、手腕、臂肘还是到全局的姿势形态,无论从汉代舞蹈'翘袖折腰'的风格传统还是到戏曲舞蹈的当代遗存都不离其'圆'形。

---

① 宗白华:《美学散步》,上海人民出版社,1981,第67—69页。

中国古典舞的姿态和动作尽管千变万化，但究其一点'圆'的特征是始终不变的"①。从造型看，舞者的头、身(胸、腹)和脚交错，三面不统一，成扭拧体态，这是"圆"的态势。比如"卧鱼"姿，双腿弯曲盘旋，双臂围身拧绕，人体旋拧成一团，就是一个"圆"的造型。

从动势来看，中国古典舞的"曲、拧、倾、含、腆"内收型动势均是以"圆"为依据，当然这种"圆"的种类很多，包括"平圆""立圆""8字圆""大圈套小圈"等。"平圆"是两臂的平行交合或腰的横向运动，如"云肩转腰"；"立圆"是两臂的立行交合或腰的竖线运动，如"风火轮"，即以腰领身，以身带动手臂做各种缠绕、曲折、屈伸的圆弧运动；"云手"动势如抱球，是"大圆套小圆"，其主要动作是"揉球"，同时手臂上下左右四方位交替运行；"大刀花"是腰部运行"8字圆"，腿、臂同时拧8字花。中国古典舞蹈的"划圆"动律基本上是"太极化生"的一种运动图景。"平圆""立圆"可看作是太极图的外圈圆环；从外形上看，"8字圆"和"大圈套小圈"与太极图形不尽相同，但如果将8横卧，其体势是两个反向S的组合，而S恰似太极图中央那条亦阴亦阳的曲线。我国舞蹈理论家袁禾认为，8字圆最能体现中国人的思维模式，"中国古典艺术在结构上讲究'起承转合'，讲究'终点回到起点'，讲究'对立、统一、平衡'，就是《周易》思想的体现。反映在舞蹈动律中就会很自然地形成8字圆运动线形。因为8字圆最符合平衡、圆转、周而复始的模式"②。再从中国古典舞的步法来看，"圆场"的路线与太极图极为相似。"圆场在起步的时候，外侧的脚要(向)往里扣，里侧的脚要向里摆，摆扣的同时交换重心，以形成向心的圆周状。……圆场的路线可分为圆形、S形、弧形、之字形和环八字形，其路线图形都可和太极图一一对应上。"③

我们再来看太极图，左右黑白二鱼，形状相同，大小一样，两条鱼互相接龙咬合，回环往复，黑白两鱼的体量大小总是不变的。这黑白二区互相缠绕融合，你中有我、我中有你，进退有度。黑白二区的分界线S是阴阳两极在交融中形成的自然曲线，"它看上去来自阴阳两极，却又不同于任何一极；它看上去在时时运动，却又无任何固定方向，也无法预测它的趋势；它似乎永远是欲上先下，欲左先右，因为在它那向上或向下的力中，总好像有一种向下或向上的力与之对抗；在它那向左或向右的力中，又好像有一股向右或向

---

① 胡伟、朱兮：《古舞探径——中国古典舞形态构成与语言研究》，首都师范大学出版社，2013，第55页。

② 袁禾：《中国舞蹈意象概论》，文化艺术出版社，2007，第26页。

③ 胡伟、朱兮：《古舞探径——中国古典舞形态构成与语言研究》，首都师范大学出版社，2013，第81页。

左的力对之牵制。正因为它处处充满了这种相反相成的力量,所以看上去充满了变化与生机。它是如此频繁和灵活地调整自己,所以我们感到它简直就是一种不断发展和变化的过程,从而给我们一种无穷、无限、智慧、灵巧、生机勃勃的印象。透过这一连串性质,我们就可以说,它是用一种极其简洁的形象再现了宇宙的创生原理,展示了偶然和必然交织于一体的生命特征"①。可以说,太极图既是老子"反者道之动"原则的形象写照,也是宇宙创生原则的闪现。中国古典舞蹈作为中国传统文化的形态之一,无疑也体现了这种太极图模式。比如中国古典舞蹈在动作原理上讲究"左右反正,阴阳相变",具体而言,手动分阴阳,脚步分虚实,动作有刚柔,构图有离合。而且动态造型往往是"把一个动作分解为相互联系的两个对立面,从完全相反而又相互依存的两个动作中求得它们的和谐"②,"一个动作和动势的走向分明是往左或往上,却反其道而行之,或突转其下或变身向后"③。很显然,这种"动作逆向起动"原理与太极图阴阳的对立转化具有极高的相似性。

与此大异其趣的是,西方芭蕾在动作形态上追求"开、绷、立、直、长",其基本动作要领是追求"伸展性"与"外开性":站立时的姿态是两脚跟并在一起,膝、髋外旋,外开成一条线;跳动时,脚背绷起,双腿向前后踢出劈叉,胸脯上引,追求体态的生长之感。这种高强度的身体撕裂有时让人瞠目结舌,从人体生理学的角度看,这是扭曲身体结构、违背人性的。邓肯曾批评芭蕾舞演员说:"他们像是钢铁和橡皮制成的,美丽的面孔呈现出殉道者那严肃的线条,练起来从来没有停过一刹那。……看来似乎是把身体的体操动作,同心灵分离开来。而心灵只会因为这种严酷的肌肉训练而感到脱离肉体的痛苦。"④这种不同的动作思维反映了中西哲学基础的差异:中国哲学建立在天人合一的基础上,而西方哲学建立在天人相分的基础上。因而中国古典舞蹈追求"圆、曲"的运动形态,西方舞蹈追求两极分离。对此,安德烈·莱维森亦说:"东方舞蹈的动作都是内向的,腿几乎总是自然弯曲、并拢,浑圆的双臂一般都是围绕着身体运动,一切似乎都聚集在一起。与此相反,古典舞蹈(即古典芭蕾)动作都是外向的,开胸,腿和胳膊从躯干外伸,舞蹈者从身体到心灵都力图向外延伸。"⑤如从文化符号的角度比附:中国古典舞

---

① 滕守尧:《回归生态的艺术教育》,南京出版社,2008,第55—56页。
② 苏祖谦:《戏曲舞蹈形体动作美的一般规律》,载《舞蹈艺术(第1辑)》,文化艺术出版社,1980,第77页。
③ 胡伟、朱兮:《古舞探径——中国古典舞形态构成与语言研究》,首都师范大学出版社,2013,第82页。
④ 〔美〕邓肯:《邓肯自传》,朱立仁等译,上海文艺出版社,1981,第78页。
⑤ 〔法〕莱维森:《古典舞蹈精粹》,《舞蹈摘译》1984年第2期。

蹈的所有动作均是太极图式的衍生,而西方芭蕾舞的动作形态均是十字架的精神意识。"十字架的形象,横者是人与神、人与自然、感性与理性两极分化的标志;竖者既象征着人心对上帝天国的无限向往,又象征着个体的独立和竞争意志,乃至勇往直前的奋斗精神与进取精神。十字架的指向四方,显示着西方人向外开拓的文化心理特征。……而芭蕾的'开、绷、立、直、长'原理,无一不和十字架意象相符。即使就具体的动态造型而言,如Arabesque(迎风展翅)、Ecarté(攀峰式)、Grand jeté(大跳)等代表性较强的舞姿,亦与十字架形态性质相通。"①而最能演绎十字架形象的芭蕾舞姿是双人舞的"托举":横者为女,竖者为男,横竖交叉刚好是一个"十"字。

从中国古典舞蹈的审美意旨来看,它追求的是人神天地、君臣邦国与亲朋族辈的和谐,即"舞以象和"。"和"是中国古代艺术的精神,也是中国传统文化之本,譬如《周易》中提到了"保合太和";《礼记·中庸》中的"致中和,天地位焉,万物育焉"更是将"和"提到"天下之达道"的高度。那么舞蹈又何如呢?《太平经》认为,中国古典乐舞有三种境界:"乐,小具小得其意者,以乐人;中具中得其意者,以乐治;上具上得其意者,以乐天地。得乐人法者,人为其悦喜;得乐治法者,治为其平安;得乐天地法者,天地为其和。"对舞蹈而言,所谓"乐人",是指舞蹈使人情绪愉悦,使人内心和谐,这是舞蹈意旨的感性层次;所谓"乐治",是指舞蹈有助于社会群体的和谐,这是舞蹈意旨的理性要求;而"乐天地"则指舞蹈追求天地神人和谐,这是舞蹈意旨的审美境界,在这种境界中,"舞"超越了"乐"的初级审美追求与"理"的社会性规范,达到了"应天地之和,合阴阳之序"的境界。

"和"的审美风范在中国古典舞蹈中被指为"直而不倨,曲而不屈;迩而不逼,远而不携;迁而不淫,复而不厌;哀而不愁,乐而不荒;用而不匮,广而不宣;施而不费,取而不贪;处而不底,行而不流。五声和,八风平;节有度,守有序。盛德之所同也"(《左传·襄公二十九年》)。中国古典舞蹈所谓的"和"是强调直与曲、刚与柔、哀与乐、方与圆、虚与实、强与弱等对立两极的均衡统一。譬如豫剧《木兰归》的"登山步"的节奏充分体现了中国古典舞"刚中有柔""柔中有刚""韧中有脆""急中有缓"的节奏,塑造了花木兰"俏而不浮"、英武刚健而又不失女子阴柔的将军形象。又如孙颖编导的《踏歌》舞,从舞蹈形态来看,动作总在开与收、放与合、相对与相顺的对比中显示出一种张力,体现了少数民族杂居而又稳定的社会形态。对中国古典舞蹈的"中和"原则,袁禾就"健舞"与"软舞"审美风格指出:"'健舞'、'软舞'

---

① 　袁禾:《中国舞蹈意象概论》,文化艺术出版社,2007,第48页。

既无绝对的刚,也无绝对的柔。二者之共同的特征是'刚中有柔,柔中带刚',在力度和幅度上,均需表现出由阳而阴、由阴而阳(亦即由大而小、由小而大、由强而弱、由弱而强)的循环变化。"①因而"健舞"中有诗云:"鼓催残拍腰身软,汗透罗衣雨点花。"(刘禹锡:《和乐天柘枝》)而软舞中有"袅袅腰疑折,褰褰袖欲飞"(张祜:《舞》),即"健舞"在劲健矫捷中有柔媚之态,"软舞"在舒缓曼妙中有腾跃之姿。

《灵星小舞谱·灵星队赋》记载:"教田既毕,农事已成。讴歌舞蹈,答谢神明。……春祈田祖,秋报灵星。"在中国古人看来,自然界的旱涝灾害是因触犯神灵而造成的,要改变这种"阴阳失序"的状况,只能通过舞蹈"祭祀"田祖才能得到回报。这种敬畏天神的祭祀活动虽然带有神秘的宗教色彩和宿命论,但它充分体现了古人追求人与自然和谐的文化精神。为了与自然和谐一致,中国古人习舞的种类与季节时令的更迭一致。"夫籥乃有声之器,动达阳气,莫之能先其象,春也;羽有长养之象,夏也;戈戚有肃杀之象,秋也;干盾有闭藏之象,冬也。以象言之,则春夏宜学羽籥,秋冬宜学干戈。"(《律吕精义·外篇》)不难理解,这种一致性是为了顺应自然万物之体性,充分发挥舞蹈调节阴阳之气的功能,正如《吕氏春秋》所说:"尧时阴气滞伏,阳气闭塞,使人舞蹈以达气。"这种舞蹈思想在《周礼》中亦有所体现,《春宫》记载:"郑锷曰:社稷之舞执帗,有被除之意,言社稷生养乎人而除其灾害;四方之舞执羽,有羽翼之意,言四方为国冀蔽如鸟之有羽;旱暵之舞以皇,皇,凤之雌也,为群阴之长,旱则阳胜阴,舞以皇,所以召阴而却阳也。"羽有生长之象,象征着草木茂盛的夏天,阳气过旺,因而遇上干旱,必须跳"皇"舞,以招天地之阴气来平衡阳气,这种随节令而变更舞蹈种类的思想充分体现了农本民族对天地自然和谐的诉求。从中国古典舞蹈的手势动作来看,讲究"宜简不宜烦,宜易不宜难,宜缓不宜速,宜舒不宜促"(《乐律全书·小舞乡乐谱》)。对此,朱载堉解释说:"何谓宜简不宜烦?《易》曰:乾以易知,坤以简能。易则易知,简则易从。易简而天下之理得矣。故《乐记》曰:大乐必易。又曰:大乐与天地同和。言取法于乾坤之简易也……何谓宜舒不宜促?《乐记》有之:清明象天,广大象地,终始象四时,周旋象风雨。故习其俯仰屈伸,容貌得庄焉;行其缀兆,要其节奏,行列得正焉,进退得齐焉。"(《乐律全书·小舞乡乐谱》)由此看出,中国古典舞蹈遵循"易简"原则是为了通天地之理,以求"与天地同和";而"舒缓"节奏是为了表现天地、四时、风雨的变化。

---

① 袁禾:《中国舞蹈意象概论》,文化艺术出版社,2007,第196—197页。

朱载堉说:"古之乐舞盖有二义,一者以之治己,一者以之事人。以之治己者,虞书所谓直温宽栗,无虐无傲,言志永(咏)言,依永和声,八音克谐,神人以和是也……"(《律吕精义·外篇》)这里的"治己"是指乐舞能陶冶人的性情,涵养人的德性,"事人"无疑是指乐舞能教人"修齐治平",使人学会正确处理自我与社会、自我与他人的人际关系,"是故乐在宗庙之中,君臣上下同听之,则莫不和敬;在族长乡里之中,长幼同听之,则莫不和顺;在闺门之内,父子兄弟同听之,则莫不和亲"(《乐记》)。正因此,在中国古代,乐舞是德性的外在表现,奴隶主阶级要求十三岁以上的孩子必须学习舞蹈:"十有三年,学乐,诵《诗》,舞《勺》。成童舞《象》,学射御。二十而冠,始学礼,可以衣裘帛,舞《大夏》,惇行孝弟,博学不教,内而不出。"(《礼记·内则》)

总之,"舞以象和"表征着中国古典舞蹈在审美理想和社会政治理想方面的最高追求。就审美理想而言,"舞以象和"是要在方与圆、虚与实的圜道思维中求得对立的统一,使舞蹈的造型与构图、动作与意象完美结合在一起;就政治理想而言,"舞以象和"是象征人神天地之和,君臣邦国之和,亲朋族辈之和。也就是说,中国古典舞蹈"拧倾圆曲"的形式不仅是个体情感与宗法礼制的中和剂,而且是沟通天人,实现生命、自然、宇宙圆融归一的手段。

四、中国传统建筑象天法地的建造理念

中国古人的宇宙观,最早是从建筑物的造型中衍生而来的。《淮南鸿烈·览冥训》中高诱注:"宇,屋檐也;宙,栋梁也。"在古人看来,"宇"是"宙"的空间存在方式,"宙"又是"宇"的存在依托,二者相辅相成,不可分离。这正如一座房子,单有"宇"还不能成为屋,只有同时有"宙",才有屋的现实存在;如果抽调了"宙"(栋梁),房屋就会轰然坍塌。正是在此意义上,人们把宇宙等同于建筑,建筑也即为宇宙。在中国古典文化典籍《周易》中,建筑意为"大壮"卦,该卦下方四个阳爻相叠,象征房屋柱墙雄伟,上方两个阴爻相叠,象征房屋茅草荫蔽,整个卦象意为坚固的房屋立于苍穹大地之间,为人们避雨纳凉。《周易》对建筑(宇宙)图式及其意义的"道说"深刻地影响着后世,后世先民们在建筑活动中,常将《周易》所描绘的宇宙图式作为自己规划设计、构图布局的重要依据。中国传统建筑对宇宙图式的模拟与象征,"是要在建筑与自然之间建立同构联系,以表达人们期望与天地和谐共存、获得美好生活的文化理念与祈愿"①。

---

① 徐怡涛:《中国建筑》,高等教育出版社,2010,第105页。

中国传统建筑的形式多种多样,或皇家宫殿,或民间庭院,或寺观庙宇,或园林陵墓,但在这众多建筑样式中,我们总能找到一种"宇宙的图案"。这种图案具体而言是对《易经》八卦图式的演绎与象征。在《易经》的先天八卦图式中,天(乾卦)在南,地(坤卦)在北,日(离卦)在东,月(坎卦)在西。为了追求天人和谐,国泰民安,中国古代都城及民居建筑都遵循八卦图式。例如,秦国都城咸阳,从城市布局到宫苑结构都有意仿照天象,整个城市规划看上去就是天地运行的一个缩影。又如明清北京城的规划就带有先天八卦的烙印,它以皇城为中心,南设天安门,北设地安门;中央设紫禁城,紫禁城东为日精门,西为月华门,南为"午门"(属阳),北为"玄武门"(属阴),以对应八卦图式中乾、坤、离、坎卦。中国民居建筑亦是如此,它们遵循的是后天八卦方位:离南坎北、震东兑西、巽东南坤西南、艮东北乾西北。故儿子住所在东(震东为雷),女儿住所在西(兑西为女);按照中国传统建筑的"中轴"理念,四合院大门本应处于外墙的中间位置,但古人常将它设于东南隅,这是因为巽位处东南,离火而雷震,是吉位,如此可以预兆家族的兴旺发达。

中国传统建筑除在布局、方位、名称等方面遵照"宇宙图案"外,还以"象""数"的方式象征宇宙。"象"是中国传统艺术的一种表达方式,"子曰:书不尽言,言不尽意。……圣人立象以尽意"(《周易·系辞上》)。为了达到对宇宙玄机的体悟,中国古人以建筑的造型(象)来象征宇宙。比如,北京天坛的祈年殿、圜丘、皇穹宇的外墙平面均为方形,内墙为圆形,这是对"天圆地方"宇宙观念的一种表达。"数"也是中国古人"象法宇宙"的一种方式,他们将一、三、五、七、九等奇数视为阳数(天数),将二、四、六、八、十等偶数视为阴数(地数)。中国古塔多为奇数层,偶数边,其构思正出自对阴阳宇宙观的理解。天在上,地在下,故古塔向高空发展用"天数"(奇数),在地面展开用"地数"(偶数)。这种数字模拟充分体现了天生地成,天地合一的宇宙观念,也反映了先民对"博厚配地,高明配天,悠久无疆"(《中庸》)境界的追求。又如"九五",在《周易·乾卦》中是最美妙、最吉利的帝王卦位,所谓"九五:飞龙在天,利见大人"。古代帝王为了彰显"九五之尊",其祭祀、居住的建筑均遵循"九"数的规律。如北京天坛的"太极石"周围有9扇石板,外围依次是18块、27块……最后直到81块。明清北京城从外城南门到紫禁城太和殿,一共要经过9座高大的门楼,其中5座为皇城和紫禁城的门楼,这也是为了符合乾卦的"九五"之义。

五行说由后天八卦图式演化而来,它将世界所有事物都归属到木、火、土、金、水的五行之中。在天上,木、火、土、金、水分别对应着木星、火星、土星、金星、水星;在地上,它们分别对应着东、南、中、西、北五种方位;同时,它们还对应着人的"肝、心、脾、肺、肾"五种器官以及"怒、喜、思、悲、恐"五种情志等,由此形成了一个天、地、人三者合一的宇宙图景。在古人看来,这种宇宙景观既是对自然界运行规律的总结,也是社会人事行为的指示。故"夫大人者,与天地合其德,与日月合其明,与四时合其序,与鬼神合其吉凶。先天而天弗违,后天而奉天时。天且弗违,而况于人乎?"(《周易·文言传》)。既如此,作为人类栖居之所的建筑就应该顺乎天意,象天法地了。几千年来,中国传统建筑一般依照五行图式进行选址、规划和营造。如中国理想的建造之地是后有主山,左右有护山,前有池河之水与案山,这是为了与南方的朱雀火、北方的玄武水、东方的青龙木和西方的白虎金相对应。对此,英国学者李约瑟不无感慨地说:"作为这一东方民族群体的'人',无论宫殿、寺庙,或是作为建筑群体的城市、村镇,或分散于乡野田园中的民居,一律常常体现出一种关于'宇宙图景'的感觉,以及作为方位、时令、风向和星宿的象征主义。"①

　　"自然"对于人类的意义,中西方文化都有所认识。但西方文化在主客二分哲学思维的影响下,一般将自然视为独立于人之外的客体,对之采取俯视、征服的态度,而中国传统文化在"天人合一"哲学思维的影响下,将自然视为一个与人同气相吸、和谐共生的生命体。这种不同的自然观在中西传统建筑中均有所体现。西方传统建筑在进行平面设计和空间安排时并非不考虑自然环境对人类及建筑空间质量的影响,但它常把自然环境分割为不同的成分要素予以考虑,当周边自然环境与建筑设计发生矛盾冲突时,自然必须为建筑让路。而中国传统建筑将自然视为一个有机生命体,它以融入自然为前提。对此,《黄帝宅经》做了这样一个形象的比喻:"宅以形势为身体,以泉水为血脉,以土地为皮肉,以草木为毛发,以舍屋为衣服,以门户为冠带。"从这个比喻可以看出,中国传统建筑的美学价值不仅在于它是一个供人居住的场所,更在于它是自然生命体的有机组成部分。在中国古人看来,房屋不是人与自然的屏障,而是人与自然同命共生的有机体。因此,建筑的功能与意义要服从维护良好生态环境的需要,所谓"工不曰人而曰天,务全其自然之势"(《管氏地理启蒙》)。

　　中国传统建筑为了做到与自然相融相洽,一般会迎合山川体势,立足于山水之宜。"凡立国都,非于大山之下,必于广川之上,高毋近旱而水用足,下毋近水而沟防省,因天才,就地利。"(《管子·乘马篇》)鉴于中国地形西

---

① Joseph Needham, *Science & Civilization in China* (Cambridge: Cambridge University Press, 1971), p.15.

高东低,众多山脉、河流呈东西走向的格局,中国传统建筑在基址选择上坚持"负阴抱阳,背山面水"的原则。"所谓负阴抱阳,即基址后面有主峰来龙山,左右有次峰或岗阜的左辅右弼山,或称为青龙、白虎砂山,山上要保持丰茂植被;前面有月牙形的池塘(宅、村的情况下)或弯曲的水流(村镇、城市);水的对面还有一个对景山案山;轴线方向最好是坐北朝南。但只要符合这套格局,轴线是其他方向有时也是可以的。基址正好处于这个山水环抱的中央,地势平坦而具有一定的坡度。这样,就形成了一个背山面水的基本格局。"①不难看出,符合这样条件的自然环境和空间的确有利于藏风聚气,形成良好的生态与小气候。

在建筑的平面布局上,中国传统的民居建筑以四合院为主体,院子是露天的,植有花草树木,四周的房子以一扇大面积的门窗隔扇相通联。可以想见,在这种格局中,生活在庭院中的每一个人,即使不出户门,也能感受到四季花木的更迭和晴雨晨昏的变化。这一点迥异于西方历史上的"内庭式"建筑,西方"内庭式"建筑也植有花草树木,但花草树木多为人工盆景,其在庭院中只是附属的点缀;从结构看,"内庭式"建筑均围绕"内庭"的中心点而展开,四周房屋单一连续,是一个围合的封闭空间,外部自然完全被割离开来。这种结构实是西方"人类中心主义"的反映,它体现了人对自然的排挤与凌驾。正如王蔚所说:"中国古典建筑的庭院化组合布局虽相似于西方的内庭式布局,但在宇宙图式上有所区别:西方建筑中的宇宙图式突出一个内部性的几何空间中心或端点,人类要占据这个中心或趋向端点;中国建筑的场所性质,则表达人类随时处于宇宙图式化的自然关系与作用之中。"②再从空间界面看,西方"内庭式"建筑是一个完整的几何体,而中国的庭院式建筑由许多相对独立的建筑单体所构成,这些单体之间错落有致,或高或低,似断非断,这种间断性界面有利于外部自然之气的灌注,有利于外部美景的映入,有利于人与自然的亲和"对话"。

在对待自然这一问题上,中西方园林艺术亦有很大的差异。西方园林艺术在理性主义思维的影响下,往往通过人为的几何形式来整饬自然要素的形态,其园内的植坛被整理成绣花式样,园林中的树木被修剪成动物或器物的各种形状,园内的水流被造成人工喷泉或人工瀑布等。而中国的园林在"道法自然"哲学的影响下,其园内的山石灵泉、花草树木,一如自然中所

① 佚名:《中国风水格局的构成、生态环境与景观》,百度文库,https://wenku.baidu.com/view/bf935e235901020207409c54.html,访问日期:2021年2月1日。
② 王蔚:《不同自然观下的建筑场所艺术》,天津大学出版社,2004,第173页。

见所是,它"虽由人作",但"宛自天开"。在西方园林中,高大的宫殿往往位于园林轴线尽端或起点,控制着园林,园林中的林荫大道排列得整齐有致。而中国的园林艺术,一般有"三分水、二分竹(泛指花草树木)、一分屋"之说,它常把亭台楼榭融于山水之中,使人工之美与自然之美呈现浑然一体的状态。

在中国古典文化中,"中"原为古代的一种测天仪。卜辞有"立中,允亡风"①之说。从"中"字的象形看,一根垂直长杆立于一个方框的中央便成为"中",意为为了求得观测日影与风向之准确性,必须将长杆放在一个相对中正的位置上。由此可见,"中"字的原义与天地方位相关。后来,这种尚"中"的空间意识渗入了中华文化的灵魂之中,成为中国人惯常的审美倾向。《周易》有所谓"在师中,吉,无咎""中行独复""中行,告公从,利用为依迁国""丰其蔀,日中见斗,遇其夷主,吉"等蕴涵"中"之意识的爻辞。《周易大传》提出了"中正""时中""中道""中行""中节"等范畴,并对之进行了详细的阐释。据统计,《周易》六十四卦中有过半数的"传部"内容涉及"中"字。春秋战国时期,孔孟之学将之发展为"中庸""中和"的美学思想。"中也者,天下之大本也;和也者,天下之达道也。致中和,天地位焉,万物育焉。"(《中庸》)在中国先民看来,"天文""地文""人文"都不能离"中"而"立",只有牢牢把握了"中","天""地""人"三者才能合而为一。

持"中"而"立"的文化审美意识渗透到中国传统建筑中,便是中国传统建筑在平面布局上严格持守"中轴"观念。这一点在中国皇宫殿堂、民间庭院、佛家坛庙上均可见出。据考证,我国晚夏时期的建筑文化中就已渗透了中轴线的文化观念,如河南二里头晚夏时期的一座宫殿台基遗址就已具备中轴意识。该遗址平面呈长方形,一圈柱子洞围于基座四周,其柱洞数南北两边各九,东西两边各为四,间距3.8米,呈东西、南北对称排列之势。其"中轴线"处在南北两边第五柱洞上,且与宫殿遗址东西两侧为四的柱洞线平行。它的布局严谨,基本具备了后世宫殿建筑的一些特点。又如明清时期的北京城,其主题建筑沿着一条长达7.5公里的中轴线而展开,南端为永定门,北端为地安门和钟鼓楼,其间的重要建筑,如太和殿、中和殿、保和殿、太和门、天安门、午门、端门等均穿越中轴线而呈纵直排列,东西六宫、东西五所等众多辅助性院落则沿"中轴线"呈两两对称之势。皇家宫殿如此,民间庭院亦然。中国民间四合院的平面布局一般为矩形,四周围以高墙,群体组合大致对称。无论是"庭院深深深几许"还是"侯门深似海",中国四合院

---

① 罗振玉:《殷墟书契续编》,中国青年出版社,1994,第4页。

的正房、厅、垂花门必须在同一条中轴线上。更为有趣的是,寺庙这种外来文化建筑进入中国后,也被中国人改造得具有了中轴意识。梁思成说:"我国寺庙建筑,无论在平面上、布置上或殿屋之结构上,与宫殿住宅等素无显异之区别。盖均一正两厢,前朝后寝,缀以廊屋为其基本之配置方式也,其设计以前后中轴线为主干,而对左右交轴线,则往往忽略。……故宫殿寺庙,规模之大者,胥在中轴线之上增加庭院进数,其平面成为前后极长而东西狭小之状。其左右若有所增进,则往往另加中轴线一道与原有中轴线平行。而两者之间,并无图案上之关系,可各不相关焉。"①

首先,中国传统建筑以"中"为轴是封建伦理礼序的一种反映。在皇家宫殿中,以"中"为轴的平面布局是朝廷为前,宫寝于后,文华卫左,武英护右;而在四合院的布局中,则是北屋处正中,两厢次之,倒座为宾。这两种平面布局有一个共同的特点是王者或家长居中,他们居中,是因为"中"是空间中的最佳方位,有利于实现"和"的审美理想。在中国古典哲学中,"中"与"和"是两个紧密相关的概念:"和"是矛盾各方的对立统一,它是一种形态与机制;而"中"则是实现"和"的一种正确原则与方法,所谓"理善莫过于中,中则无不正也"(《二程集·粹言》)。在皇家宫苑中,王宫居中,意味着正对天极,替天行道,在"王者"看来,居于东西南北之中方能显示自己的至尊之位,也有利于自己"以绥四方";在"被治者"看来,"王者"居中必能光明正大,"中立不倚"。于是,君王与臣民之间各安其位、和谐相处。而在四合院住宅中,家长住"中"北屋,晚辈住东西厢房则既能体现家长的权威,也有利于实现父慈子孝、弟兄悌睦的家庭伦理。因此,以"中"为轴的中国传统建筑,无论是皇家宫殿还是民间庭院均能满足封建礼制的需要,实现君臣、血亲家族之间的伦理和谐。

其次,"中轴线"的建筑布局模式具有一种视觉上的和谐节奏感。在通常情况下,"中轴线"两边房屋、门窗、廊柱呈对称之势,如按一柱一窗的对称排列法,这恰似音乐韵律中的 2/4 拍,若是一柱二窗的排列法,这就是圆舞曲中的 3/4 拍了,若是一柱三窗的排列法,那就是 4/4 拍了。和谐的视觉节奏能给审美主体带来优美宁静的情感愉悦,陶冶出"中行""中节"的君子。

中国传统建筑何以用木为结构一直是一个有争议的学术问题。建筑学家刘致平在《中国建筑类型及结构》一书中说:"我国最早的发祥地区——中原等黄土地区,多木材而少佳石,所以石建筑甚少。"②这一观点值得商

① 梁思成:《梁思成文集(3)》,中国建筑工业出版社,1982,第239页。
② 刘致平:《中国建筑类型及结构》,中国建筑工业出版社,1957,第22页。

榷。因为中国南方多山石,却仍以木结构建筑为主体,况且对于这种木石分布不均的情况,皇权政府可以组织人力搬运。如阿房宫在陕西咸阳,建筑材料却是从四川运去的。有的学者从社会经济状况的角度去解释,建筑师徐敬直在他的英文本《中国建筑》中说:"因为人民的生计基本上依靠农业,经济水平很低,因此尽管木结构房屋很易燃烧,二十多个世纪来仍然被极力保留作为普遍使用的建筑方法。"①这一观点也难以服人。唐宋时期的中国经济状况处于世界领先水平,但木结构建筑仍一统天下。英国学者李约瑟则从社会制度的层面来探讨土木结构的成因,他认为中国古代采用木结构是因为缺少可以随意驱动的自由民。这一观点也与历史事实不符,因为巍峨的万里长城及秦国都城雍城采用的就是砖石结构。然而,在漫长的建筑历史实践中,中国人最终还是选择了木结构,这一点我们只能从民族文化的审美意识上去探寻。

众所周知,中西文化有一个根本的不同,即一个以"神"为中心,另一个以"人"为中心。"神"是西方人的膜拜对象,但它在遥远的天国彼岸。为了表达对神的虔诚与敬意,西方的教堂与神庙就只有两种选择了:一则追求建筑的永恒性,一则追求建筑体量的高大性。而在土、木、石这三种建材中,石头最为质硬、耐久,它既可满足西方人对建筑永恒性的追求,又能解决建筑向高空发展的技术难题。正因此,早在新石器时代后期,在非洲、亚洲的印度以及欧洲,产生了一些诸如金字塔之类的"巨石建筑"。而中国文化是以"人"为本的文化,它追求世俗理性精神。中国古人从没把建筑视为永恒的东西。梁思成说:"中国(建筑)结构既以木材为主,宫室之寿命故乃限于木质结构之未能耐久,但更深究其故,实缘于不着意于原物长存之观念。"②故房屋旧了可以重修,城市毁了可以重建,而木材质轻、短小,便于加工,可在极短时间内完成建造计划。同时,木结构房屋体量较小,匍匐于大地,与人体比例适宜,也契合中国人的生命美学精神。因为"高台多阳,广室多阴,远天地之和也,故圣人弗为,适中而已矣"(《春秋繁录·循天之道》)。在古人看来,适形的中国传统建筑有利于自然生气的运行,有利于居住者生命的健康。

如从民族的审美心理来考究,也能找到中国使用木结构的缘由。首先,石材一般是青色,为冷色调,明度低而显得生硬。这种质料契合西方人尚崇

① Gin Djih Su, *Chinese Architecture: Past and Contemporary* (Hong Kong: Sin poh Amalgamated, 1964), p.47.
② 梁思成:《梁思成文集(3)》,中国建筑工业出版社,1982,第11页。

高、重理性的审美倾向,而木材为灰色,暖色调,明度高,能给人熟软温暖的感觉,它契合中国人崇尚优美的审美情趣。如建一座亭子,用石材建造,显得冷峻典雅;如用木材建造,则显得温情脉脉。其次,中国古人对"木材"的眷恋还是对大地生命之气的钟爱与执着。中华民族是一个尊重生命、亲和自然的民族,所谓"天地之大德曰生""生生之谓易"。而在中国阴阳五行理论中,木气象征着东方,东方是太阳升起的方位,东为苍龙,其代表植物生长的青色;木气又象征着春天,这是一年四季的初始,生命开始萌发;木气还象征光辉灿烂、朝气蓬勃的清晨。那么,用木头盖房子就比用石头盖房子更能体现生命的阳光之气与力量了。中国古代哲学认为,人为天地造化之首、万物之灵,其所居之所用木作为建筑材质,当然是融入自然造化的最直接手段了。再次,木材具有一定的弹性,木结构房屋的构件之间有榫卯联结,榫卯开合有一定的伸缩余地,当遇外力或地震时,能缓冲部分破坏力,保障室内生命的安全,所谓"墙倒屋不倒"。这正是中国古人"贵柔"审美心理的一种反映,中国道家把"柔"作为一种生命的体征和力量,如《老子·四十三章》曰:"人之生也柔弱""天下之至柔,驰骋天下之至坚";而在儒家看来,"柔"就是"儒"的意思。

再从建筑的结构上看,中国传统建筑以"木"为构材,体量较轻,便于自由地开设门窗,而门窗可以通风、采光,把外界的阳光、新鲜的空气引进室内,这既有利于人与自然交流,也有利于居住者的生理健康。如果说中国古代建筑是有生命的有机体的话,那么门窗就是有机体的"呼吸器官"了,天地的阴阳之气在这里循环生化、生生不息。透过门窗,居住者可以感受四时之浪漫,节气之变化;通过门窗,阴阳之气的循环迭至又让居住者呼吸到生命自由的气息。因而,"门窗的开设,不仅为通风、采光,满足生理上对于'明'的需求,而且尤其是窗棂的开设,更大程度上寄寓着心理上的'建筑意'。重在将自然意趣引向室内,更以窗为审美凭借与框架,眺览窗外的自然美景,通过窗,达到人工美与自然美在审美情感上的往复交流"①。

五、中国古代园林的象法自然与生态节制

尊重自然、顺应自然是道家思想文化的精髓所在。在庄子和道家哲学看来,自然有两种含义,一种是自然而然,不事人为造作。比如《老子·三十七章》说"道常无为而无不为",无为就是顺其自然。魏晋哲学家王弼释"道常无为"云:"顺自然也。"顺自然即顺从万物本来的样子而不加干涉,这是

---

① 王振复:《建筑美学笔记》,百花文艺出版社,2005,第40页。

"道"的根本性质。"自然"的另一种含义是推崇优美的自然环境,并视之为安放身心的家园。比如《庄子·知北游》云:"山林与,皋壤与,使我欣欣然而乐焉。"在庄子看来,人只有归化于宇宙自然,回归天地之境,才能游于至乐。

顺从自然是古典园林设计者们所遵循的首要原则。计成在《园冶·兴造论》中说"主者能妙于得体合宜"的原则是"巧于因借,精在体宜"。"因"就是随基势高下,使木石泉流各种景物互相资借,以精粹合宜为目的;"借"就是不限于园内园外,无拘远近,以巧而得体、合于自然为归宿。李渔在《闲情偶寄·居室部》中也谈道:"窗棂以明透为先,栏杆以玲珑为主。……其总大纲,则有二语:宜简不宜繁,宜自然不宜雕斫。"顺从自然是指在造园组景中,强调"随基"与"随形",反对人为地改造自然景观。如"随基势之高下,体形之端正……宜亭斯亭,宜榭斯榭"(《园冶·兴造论》)。曹雪芹在《红楼梦》中也有类似观点,比如第十七回中,贾宝玉游大观园时说:"园林当有自然之理,得自然之趣。""非其地而强为其地,非其山而强为其山,即百般精巧,终不相宜。"总之,古典园林的设计者们都有一致认识:园林设计要浓淡得宜,错综有致,要尽可能地符合自然本来的面貌,做到师法自然而又巧夺天工。

古典园林最大的特色在于自然之美。它的动人不在于群落式的建筑,也不在于人为的装饰,而在于营造优美的自然环境,创造一种回归大自然的氛围。这一点秉承了道家亲和自然的思想。实际上,在中国古典园林中,统御园林主题的不是人为的建筑物,而是自然的风貌。青山绿水往往构成中国古典园林的基调,山是园林的骨架,有山的地方要巧于因借,没山的地方要以天然土石堆筑假山,叠石堆山既有伏地千尺的大手笔,也有精妙绝伦的小品。园林假山,讲究做假为真,以假乱真,通常以小山之形,传大山之神,在较小的面积内,展现园林重峦叠嶂、峰峦起伏的气势。水是古典园林的灵魂。水既可以成景以供观赏,又可以在一定范围内调节温度和湿度。中国古典园林之水有湖泊、河流、泉水、渊潭、水渠等多种形式,园林之水常绕山行,山静水流,动中有静,静中伏动,山水相得益彰,赋予了古典园林无穷的活力。中国古典园林的自然之美还体现在园林生态系统的完整性:"好鸟要朋,群麋偕侣。槛逗几番花信,门湾一带溪流,竹里通幽,松寮隐僻,送涛声而郁郁,起鹤舞而翩翩。阶前自扫云,岭上谁锄月。千峦环翠,万壑流青。"(《园冶·山林地》)由此看出,在计成设计的园林里,有花、草、松、竹等完整的植物生命系统,还有鸟、鹤、麋鹿等动物生命系统,既有水生生态系统,也有陆生生态系统,而且生态系统之间互补共生,和谐生存,共同构成一幅生机勃勃、万物竞生的自然图景。设计者们之所以这样精心打造,目的在于给人以一种回归自然的感受。李渔在《闲情偶寄·居室部》中说:"幽斋磊石,原非得已。不能致身岩下,与木石居,故以一卷代山,一勺代水,所谓无聊之极思也。然能变城市为山林,招飞来峰使居平地,自是神仙妙术,假手于人以示奇者也,不得以小技目之。"意思是说,在园林建筑的小天地里,变城市为山林,搬奇峰于平地,目的在于使"不能致身岩下与木石居"的人,借园林山水补偿对自然山水的情怀,从一卷一勺中纵情领略山水之乐。清初江南画家恽寿平曾记述他在苏州园林中的感受:"秋雨长林,致有爽气,独坐南轩,望隔岸横岗,叠石峻嶒,下临清池,磵路盘纡,上多高槐、柽、柳、桧、柏,虬枝挺然,迥出林表,绕堤皆芙蓉,红翠相间,俯视澄明,游鳞可取,使人悠然有壕濮闲趣。"①在恽寿平看来,中国古典园林不仅"可望",而且"可行""可游",它是人与自然交流的心灵处所。当代学者金学智在游览苏州园林时也做出相似的评价:"在苏州园林,游息于柳暗花明的绿色空间,盘桓于人文浓郁的楼台亭阁,品赏于水木明瑟的山石池泉,徜徉于曲径通幽的艺术境界,人们会感到无拘无束,逍遥自在,清静闲适,悠然自得,也就是说,能在布局的自由中获得身心的自由,在生态的自然中归复人性的自然,自然美和人性美通过园林艺术美而交融契合。"②

中国古典园林是生态艺术的典范,这种典范性不仅体现在象法自然上,而且体现在对生态伦理的追求上。如果说前者是求"真"的话,那么后者是求"善"。中国古典园林的伦理诉求主要体现在生态节制观上。所谓生态节制观,是指人类在开采或利用自然资源时,遵循自然规律,以不破坏自然环境为底线,保持人与自然和谐共存的关系。中国古人建造园林并非不"人作",而是要"宛自天开",做到人与自然的双赢,即"在'取用'与'延续'之间找寻一个合理的双赢平衡点,倡导实现取用自然资源'量'的减少与自然环境'质'的提升"③。中国古代都城宫殿建造多讲究气势与排场,但在园林设计上则求"宁朴无巧,宁俭无俗"(《长物志·室庐》),李渔在《闲情偶寄·居室部》中明确提出:"土木之事,最忌奢靡。匪特庶民之家当崇俭朴,即王公大人亦当以此为尚"。

为了做到节俭,《园冶》提出"相地合宜,构园得体""巧于因借,精在体宜"的建园思想,即建园之前必须考察原有地形、水脉,做到因地制宜。如若

① 恽寿平:《瓯香馆集·卷十二》,上海古籍出版社,1982,第32页。
② 金学智:《苏州园林》,苏州大学出版社,1999。
③ 刘心恬:《论明清园林设计理念的生态节制观》,《大众文艺》2012年第20期。

地势有偏缺,不如以偏就偏,减少因改造地势而产生的施工量,切不可以个人喜好随意堆山凿池,而应"入奥疏源,就低凿水,搜土开其穴麓,培山接以房廊"(《园冶·山林地》)。袁枚的"随园"阐发了这种因地造园的原则:"茨墙剪阖,易檐改涂。随其高,为置江楼;随其下,为置溪亭;随其夹涧,为之桥;随其湍流,为之舟;随其地之隆中而欹侧也,为缀峰岫;随其蓊郁而旷也,为设宦窔。或扶而起之,或挤而止之,皆随其丰杀繁瘠,就势取景,而莫之夭阏者,故仍名曰'随园',同其音,易其义。"(《小仓山房诗文集·随园记》)

"巧于因借"体现了生态节制观,是指建造园林要根据地基的高低、体形的端正来设计,遇到树木阻隔就修剪树枝,遇到泉水就引注石上,不过分改变自然原有的样子,这既是对自然景观的保留与尊重,也是对建造成本的节约。借景也是如此,它是借目力所及之物以弥补园林实景之不足。"'借'者:园虽别内外,得景则无拘远近,晴峦耸秀,绀宇凌空;极目所至,俗则屏之,嘉则收之,不分町疃,尽为烟景。"(《园冶·兴造论》)如果说"因"是"借"的基础,那么"借"是对"因"的一种延伸,二者都是对自然的一种尊重,前者是对自然原貌的尊重,后者是在补充自然原貌的不足。"借,就完全不需对自然有什么实质性的动作,它只是需要一种审美的视界,一种审美的心态,只要有这种视界、这种心态,有限的园林就可能产生无限的景观,不说别的借,就是光借天空的云霞、水中的倒影,就能美不胜收了。"①从生态节制的角度看,"借"能充分利用周边环境的自然景观,扩大园林的审美空间,提升园林景观的意境,这在某种程度上节省了园林实有景观的建设成本。

而在古典园林的建筑附件上,造园者也讲究生态节制与节约。比如在选石上,"询山之远近。石无山价,费只人工",并说:"石非草木,采后复生,人重利名,近无图远。"(《园冶·选石》)石头并非草木,它是不可再生资源,因而石料的开采一定要适度,并且要就地取用石材,这样可以减少搬运过程中的费用。又如在废弃建筑材料的处理上,中国古典园林强调变废为宝。"废瓦片也有行时,当湖石削铺,波纹汹涌;破方砖可留大用,绕梅花磨斗,冰裂纷纭。"(《园冶·铺地》)在这里,造园者巧妙利用废瓦片创造出园林的意境:湖石铺地创造出汹涌的波纹,而碎砖绕梅花装饰,则产生冰纹意境,这既装饰美化了园林地面,又节约了建园成本。还如在园林绿化方面,《园冶》强调使用本土植物造景,一方水土养一方植物景观,本土植物适应本地气候与土壤,成活率高,这不仅降低了植物的生长维护费用,也免去了运输费用。

---

① 陈望衡:《〈园冶〉的环境美学思想》,《中国园林》2013 年第 2 期。

因而,在遇古木阻碍园墙的建造时,不应砍伐树木,而应使建筑与古木互相让步,删枝以适应檐垣。"多年树木,碍筑檐垣,让一步可以立根,斫数桠不妨封顶。斯谓雕栋飞楹构易,荫槐挺玉成难"。(《园冶·相地》)

在中国当下都市化的进程中,许多城市为追求经济效益而放弃生态效益,中国古典园林的造园理念和生态节制观为当下的城市建设提供了有益启示:城市规划应该因地制宜,保护当地环境;城市景观的设计应该巧妙得体,坚持经济效益与生态效益的统一。

第三节　中国古代自然审美模式

中国古代先民以农业为主,基本靠天吃饭,在长期的生产劳动与自然接触中,他们形成了独特的自然审美模式,这种审美模式不是将自然视为一个独立于己的审美客体,而是将之视为形而上学的"道",由这一模式所建构的审美对象并非自然世界中的单个事物,而是自然山水的"灵趣"或"真古";他们审视自然并非要认识其地理构造,而是为了"游目畅神",陶冶性情,获得审美愉悦。在生态危机日益严重的今天,这种自然审美模式可为生态审美教育提供理论借鉴。

一、"以玄对山水"的体悟模式

"以玄对山水"见之于孙绰的《庾亮碑文》:"公雅好所托,常在尘垢之外,虽柔心应世,蠖屈其迹,而方寸湛然,固以玄对山水。"(《世说新语·容止》)在这里,孙绰准确扼要地总结了六朝士人的自然审美模式:审美主体在面对自然山水时应该以玄远之心去鉴赏,从自然山水中悟出"道"。孙绰是东晋玄言诗人,融贯玄释,在他看来,审美主体悟出山水之"道"有两个过程:一是"具物同荣,资生咸畅"[1],即审美主体面对自然山水时,感到物我同一,消除了人生的得失荣辱;二是"往复推移,新故相换"[2],即审美主体在四季轮回中感悟到人世代谢的变化以及悲喜存在的相对状态。从这里可以看出,"以玄对山水"的自然审美模式得以产生必须具备两个条件:其一,要有"玄远之心",即必须排除尘世的烦恼与成见,用老子的话说就是"涤除玄

---

[1] 严可均辑《全上古三代秦汉三国六朝文·全晋文》,河北教育出版社,1997,第636—637页。

[2] 同上。

鉴";其二,审美主体面对的自然山水必须有可供安顿的形质,即山水"质有而趣灵"(宗炳《画山水序》)。"山水的形质,烘托出了远处的无。这并不是空无的无,而是作为宇宙根源的生机生意,在漠漠中作若隐若现地跃动。而山水远处的无,又反转来烘托出山水的形质,乃是与宇宙相通相感的一体化机制。"①也就是说,审美主体能在山水感性形式的欣赏中获得心灵的超脱,悟得自然之道与人生至理,做到"奇趣感心,虚飚流芳"(郗超《答傅郎诗》)。

而从"以玄对山水"的审美旨归来看,它旨在"宣理"。孙绰《漏刻铭》曰:"数以气征,理以象宣。……近取诸物,远赞自然。"即无论是近处物象,还是远处自然,均是宣理化情之载体,所谓"屡借山水,以化其郁结"(《三月三日兰亭诗序》),"理苟皆是,何累于情"(《答许询诗》)。也就是说,"以玄对山水"的自然审美旨归,不再局限于先秦与秦汉时期的道德比附,而是以山水作为宣示玄佛思想或人生哲理,化解审美主体情感郁结的审美对象。魏晋以前,中国古人在"天人感应"思想的影响下,将自然山水看作"天意"或"人事"的征兆,而不是将其作为审美对象关注。到魏晋时期,随着人的觉醒与文的自觉,自然山水才进入人们的审美视域,文人士大夫审视自然或追寻山水,主要是为了审美的需要。在魏晋南北朝士人看来,寄情于山水,越名教而任自然,在大自然中自然而然地生活,使自己与天地同化,是人生至高至美的境界。正因此,李泽厚、刘纲纪在《中国美学史》中指出:"以玄对山水是中国古代对自然山水美的观赏的一个重要进展。它比儒家以自然山水为道德精神的象征,或道家对自然生命所表现出来的合目的而无目的自由的愉悦感受深入了一步。"②

"以玄对山水"审美发生的前提是审美主体的玄远之心,即审美主体忘记了世俗的烦扰,以虚静之心面对自然山水,与山水化而相忘。这种自然审美模式直接启发了南朝宗炳的"澄怀味象"理论。"圣人含道应物,贤者澄怀味象。至于山水,质有而趣灵。是以轩辕、尧、孔、广成、大隗、许由、孤竹之流,必有崆峒、具茨、藐姑、箕首、大蒙之游焉,又称仁智之乐焉。夫圣人以神法道,而贤者通;山水以形媚道,而仁者乐。不亦几乎?"(宗炳《画山水序》)在这里,"澄怀"是"味象"的前提,所谓"澄怀"就是要求审美主体去除私心杂念,以超功利的心态来观照审美对象,这里的"象"不仅指具体可感的自然山水等物象,也指蕴涵着"道"的象征性意象等。"象"是"道"的形式与

①　徐国超:《审美教育的生态之维——生态本体论视域下的美育理论研究》,博士学位论文,苏州大学,2009,第40页。
②　李泽厚、刘纲纪:《中国美学史(第2卷)》,中国社会科学出版社,1987,第506页。

载体,"道"是"象"的灵魂与生命。要想实现以"象"观"道",审美主体必须"澄怀",如此才能凭审美直觉体味出世间万象之中的"神明",或把握自然运行的本质与规律。

由上见出,无论是"以玄对山水"的自然审美模式,还是"澄怀味象"的自然审美模式,均要求审美主体具备"虚静"的审美心胸和形而上的理论预设,它与中国古代的道、玄等哲学思想有千丝万缕的关系,其审美的最终旨归是悟道。这种深层次的自然审美模式,迥异于西方人对自然外在形式的欣赏。罗纳德·赫伯恩在《美学的论据和理论:基于哲学的理解和误解》一文中探讨了美学和自然欣赏这一问题,他认为,对于自然审美经验的丰富多样性的可能构成要素,"存在着'如何'对它们运用、平衡和协调的'理解'问题","认知的元素有很多方面:历史方面、科学方面和生态方面。在审美经验中这些元素将与表达的质量和正式的质量融合在一起。认知元素本身可以产生新的感情质量。……为了进一步发展这个积累,我们需要更清楚地拼出一些我们可以合成的元素和因素,并最后形成一个审美对象"。① 在罗纳德·赫伯恩看来,自然是各种科学认知元素的无机组合,审美主体只需将各种科学认知综合起来即可,他们更多地关注自然的科学性与客观性,是一种即兴的、浅层次的审美。"我们投身大自然,如此的审美活动也只具有部分的感知力、部分的创造力,只是被动接受和纯形式的。这是即兴的,不含任何重要的维度。"②由此可见,"以玄对山水"的自然审美模式以"道""玄""佛"为理论预设与旨归,具有西方自然审美所不具有的深度。

二、"仰观俯察"的游目模式

仰观俯察是指审美主体站在一个稳定的基点上,上下察看,把握周边整体环境风貌的自然审美模式,古人称之为"游目""流观"等。如"登城望郊甸,游目历朝寺"(西晋潘岳《在怀县作》);"游目四野外,逍遥独延伫"(西晋张华《情诗》);"游情宇宙,流目八纮"(李善注:冯衍《显志赋序》);"属耳听莺鸣,流目玩倏鱼"(西晋张华《答何劭》)。程相占先生认为,"仰观俯察的自然审美方式,是一种'体知'的感知方式,对自然万物的观照,总是身临其境'上下察之',从而感知自然界的整体性和深奥性"③。其所谓的"体知"强调的是一种亲历性与在场感。

① 〔美〕伯林特主编《环境与艺术:环境美学的多维视角》,刘悦笛等译,重庆出版社,2007,第34页。
② 同上。
③ 程相占:《中国环境美学思想研究》,河南人民出版社,2009,第24—25页。

　　"仰观俯察"的自然审美范式在中国古典文学中不胜枚举。战国宋玉"仰视山巅""俯视崝嵘"(《高唐赋》)。汉苏武诗:"俯观江汉流,仰视浮云翔。"(《诗四首》)东汉班固云:"仰悟东井之精,俯协河图之灵。"(《西都赋》)魏文帝诗:"俯视清水波,仰看明月光。"曹子建诗:"俯降千仞,仰登天阻。"何敬祖诗:"仰视垣上草,俯察阶下露。"嵇康诗:"俯仰自得,游心太玄。"(《赠秀才入军》)潘安仁诗:"仰睎归云,俯镜泉流。"(《怀旧赋》)谢灵运诗:"俯视乔木杪,仰聆大壑淙。"(《于南山往北山经湖中瞻眺》)宗白华先生举了一些关于诗歌创作的例子:"左太冲的名句'振衣千仞冈,濯足万里流',也是俯仰宇宙的气概。诗人虽不必直用俯仰字样,而他的意境是俯仰自得,游目骋怀的。诗人、画家最爱登山临水。'欲穷千里目,更上一层楼',是唐诗人王之涣名句。所以杜甫尤爱用'俯'字以表现他的'乾坤万里眼,时序百年心'。他的名句如:'游目俯大江''层台俯风渚''扶杖俯沙渚''四顾俯层巅''展席俯长流''傲睨俯峭壁''此邦俯要冲''江缆俯鸳鸯''缘江路熟俯青郊''俯视但一气,焉能辨皇州'等,用'俯'字不下十数处。'俯'不但联系上下远近,且有笼罩一切的气度。"①

　　除诗歌外,王羲之的散文《兰亭集序》中的"仰观宇宙之大,俯察品类之盛"也体现了仰观俯察的审美观照模式。在这里,"观属于宏观,察属于微察,观之察之,是一种宏观与微观贯通的天地,宏观可取气势、驾驭关系,微观可得性情,把握质性;宏观求宇宙之大,微观求品类之盛;宏观达万物之表,微观入万物之里"②。中国古人对"仰观俯察"自然审美范式的推崇与中国整体混成的思维方式有着密切的关系。"观物取象的过程是一个圆融会通的过程,是游走的,是即远即近、即高即深、往而复返、尽收眼底的可融通的审视方式。这是中华文化观照宇宙的独特方式,更是中华文化的特质。"③这也与古书记载的伏羲氏"仰则观象于天,俯则观法于地"有着内在的文化关联,从某种意义上说,这种自然审美范式体现了中华民族而非个体审美观照的特点,是民族审美话语结构的一种映现。韩林德先生在《境生象外》一书中指出:"华夏民族对天地自然美和艺术美的审美观照,大体上都是持仰观俯察、远望近察的'流观'方式。……事实上,仰观俯察、远望近察这一'流观'方式,已经成为我们民族观照世界的一个模式(定势),已经自然而然地支配着我们民族审美活动的开展,也就是说,不但在对天地自然和艺

　　①　宗白华:《艺境》,北京大学出版社,1986,第228页。
　　②　董欣宾、郑奇:《中国绘画对偶范畴论》,江苏美术出版社,1990,第56页。
　　③　程相占:《中国环境美学思想研究》,河南人民出版社,2009,第25—26页。

术美的观赏中持这一观照方式,而且在日常生活中,对人对物的审视,也大抵持这一观照方式。"①如"伯仁仪容弘伟,善于俯仰应答"(《世说新语·言语》刘注引邓粲《晋纪》),"(山)涛雅素恢达,度量宏远,心存事外,而与时俯仰"(《世说新语·贤媛》刘注引《晋阳秋》)。这里的"俯"与"仰"或表现人物善于周旋应对,或比喻人物能与时俱进,而蕴含其中的,则是指受民族仰观俯察观照模式影响下的个体能游刃有余处理人事关系的变化。不仅如此,这一观照模式还影响到绘画空间的构图。宗白华先生说:"画家的眼睛不是从固定角度集中了一个透视的焦点,而是流动着飘瞥上下四方,一目千里,把握全境的阴阳开阖,高下起伏的节奏。"②也就是说,中国画家所营构的空间不是几何学的焦点透视空间,而是一个随着视点的"俯仰往环"而不断变化景致的艺术空间。譬如中国国画所强调的"三远"理论就是从仰视、俯视和平视的角度来透视自然山水,营造突兀明了、重叠隐晦、冲淡缥缈的多重艺术空间。

"游目"是为了"游心"。宗白华先生说:"中国诗人、画家确是用'俯仰自得'的精神来欣赏宇宙,而跃入大自然的节奏里去'游心太玄'。"③其终极目的是从自然山水的感性形式中悟到生命的律动,进入与"道"相通的境界,即达到庄子在《人间世》中所说的"且夫乘物以游心,托不得已以养中,至矣"。当然,仰观俯察自然山水所带来的审美感受是有层次的。白居易在《草堂记》中将之分为三个层次:"乐天既来为主,仰观山,俯听泉,旁睨竹树云石,自辰及酉,应接不暇。俄而物诱气随,外适内和,一宿体宁,再宿心恬,三宿后颓然,嗒然,不知其然而然。"不难理解,所谓的"体宁"阶段,就是一般的感性愉悦;"心恬"阶段就是"内心的宁静",内在心灵与山水林木的形式相契相通;最高阶段就是"不知其然而然"的"游心"之乐。这三个层次的快乐有一个循序渐进的深化过程,即从"悦耳悦目"到"悦心悦意",再到"悦神悦志"的过程。"悦神悦志"的过程就是"对宇宙事物做一种根源性的把握,从而达致一种和谐、恬淡、无限及自然的境界"④。其审美状态就是"万物同其节奏"和"上下与天地同流"的天人合一境界。

仰观俯察的自然审美模式之所以必要,是因为自然环境具有无框架的特征,它决定了我们不能像欣赏绘画作品那样采取有距离的审美静观。斋

---

① 韩林德:《境生象外》,生活·读书·新知三联书店,1995,第113—114页。
② 宗白华:《美学散步》,上海人民出版社,1981,第97页。
③ 同上书,第98页。
④ 陈鼓应:《老庄新论》,上海古籍出版社,1992,第27页。

藤百合子在《美学和艺术的环境方向》这篇文章中说:"限定一种环境,使它成为与以纯艺术为中心的美学相适合的客体,即使可能,也会使环境因丧失包围我们整个身体的这个根本特征而失去它自身的所有特色。"①环境如影随形地包围着我们,我们无法与之割裂开,故只有采用与自然环境的无框架特征相适应的"仰观俯察"方式。仰观俯察的自然审美模式让我们体味到了"乘物以游心"的自由感,同时也感受到了自然山水的整一性与和谐性。正如程相占先生所说:"仰观俯察'观于天地'的审美方式,就是观照生机勃勃的自然,观照群动不息的万象,从中感受美,并获得宇宙永恒、天地无垠、生命循环长存的审美理解,从而进入与自然之道融合一体的精神绝对自由的审美境界。"②

三、"心凝形释"的冥合模式

"心凝形释,与万化冥合"见之于柳宗元的《始得西山宴游记》:"引觞满酌,颓然就醉,不知日之入。苍然暮色,自远而至,至无所见,而犹不欲归。心凝形释,与万化冥合。"所谓"心凝形释",是指审美主体在自然山水的鉴赏中忘记了"我"的存在,已与自然万物融合为一个整体了。这种自然审美模式,我们可以称之为"冥合模式"。它是一种高层次的审美感兴活动,"不是具体而细腻的情感体验,而是融合情感、精神、想象等为一体的形而上的审美体验,这种审美体验已经超越了主客体二元对立原则,它是在更高层次上的终极的审美体验"③。在这种自然审美鉴赏中,"我"凝神贯注,忘怀了世俗得失,"悠悠乎与灏气俱,而莫得其涯;洋洋乎与造物者游,而不知其所穷。"(《始得西山宴游记》)"我"已变得不再是"我",山水也已不再是山水,审美主体与审美客体之间的距离已经消失,主客之间的差别已经泯灭。叶朗先生认为:"这种心理状态,一般称之为'神合感'。这种感兴,也是'物我交融''物我同一',也是'我'与世界的沟通。但这里的'物'或'世界',不是一个孤立的事物,或一片有限的风景,而是整个宇宙。也就是说,在这种感兴活动中,人感到自己和整个宇宙合为一体了。"④

冥合模式体现了"人与自然为友"的思想。在这种审美境界中,人与自

---

① 〔美〕伯林特主编《环境与艺术:环境美学的多维视角》,刘悦笛等译,重庆出版社,2007,第204页。
② 程相占:《中国环境美学思想研究》,河南人民出版社,2009,第28页。
③ 同上书,第72页。
④ 叶朗:《柳宗元的三个美学命题》,《民主与科学》1992年第4期。

然是平等的生命个体。"物各自然,不知所以然而然,则形虽弥异,其然弥同也。"①自然万物各有自己的"性分",是自在自足的生命个体,有着自己独立的生命价值,虽然外在形态各异,但"自然之性"是相通的。"自然之性"是万物平等流贯的基础,"万物万形,同于自得,其得一也"(郭象《齐物论》注)。正因为人与自然万物建立在同性同构的基础上,互相之间才能产生情感与精神的交流。朱光潜先生也因此总结说:"人在观察外界事物时,设身处在事物的境地,把原来没有生命的东西看成有生命的东西,仿佛它也有感觉、思想、情感、意志和活动,同时,人自己也受到对事物的这种错觉的影响,多少和事物发生同情和共鸣。"②譬如柳宗元的《愚溪诗序》:"以愚辞歌愚溪,则茫然而不违,昏然而同归,超鸿蒙,混希夷,寂寥而莫我知也。"文章以"愚"为线索,肯定自然界溪、丘、泉、沟、堂、亭的生命价值与存在意义,赋予它们以耿介性格,从而将自己的愚和溪、丘、泉、沟、堂、亭的愚融为一体,于是,溪流成为诗人的知己与亲人,诗人在茫茫然、昏昏然中进入了虚寂静谧的境界,在寂寥无声中忘却了自己的烦恼,与万物化一。

柳宗元提出"凝神形释"的审美模式与他深受佛学思想的影响有关。在佛学义理中,"汝即梵",即"你"就是"自然",主客泯然无别,"心"与"自然"是完全融汇在一起的,如同"春在于花,全花是春,花在于春,全春是花"③。需要指出的是,佛禅的"本心"与"自然"是完全印合的,但在传达自然之美时,仍呈现出"心"之自然。也就是说,"心"和"自然"在佛禅义理中是不可分割的统一体,"证悟得自然,就是证悟了本心"④。无论自然是作为主体还是作为客体,在佛理的观照下,审美主体与审美客体之间呈现出的都是一种圆融互摄的完美,已分不出何为主体,何为客体,取而代之的是浑然圆融的境界。柳宗元在《禅堂》一诗中用禅语叙说了对佛学的理解:"涉有本非取,照空不待析。万籁俱缘生,窅然喧中寂。心境本同如,鸟飞无遗迹。"涉及"有"并非有意去取得,因为"有"是因缘和合而生,本性自空,无可执着;观照于全也不用去解析,因为证悟体空,也不于此有执着。"万籁俱缘生,窅然喧中寂"句通过对声音的分析进一步证明了"空无即实相,实相即空"之理,声音是因缘和合而生,故而喧闹中也有寂静。总之,心与物境本同一而无区别,正像鸟飞不留任何痕迹。因此,人只有不为外物所累,不执着于特定的目标,才能获得真正的精神自由。在这首诗中,柳宗元塑造了一个浑然忘

① 郭庆藩:《庄子集释》,王孝鱼注解,中华书局,2012,第55页。
② 朱光潜:《西方美学史》,人民文学出版社,1979,第597页。
③ 紫柏真可:《紫柏老人集·〈石门文字禅〉序》,曹越主编,北京图书出版社,2005,第318页。
④ 王树海:《禅魄诗魂——佛禅与唐宋诗风的变迁》,知识出版社,2000,引言部分第3页。

机、委运任化的禅者形象,同时也揭示了自然审美所能达到的精神境界与高度。在"冥合"的自然审美模式中,观游者将自我融入自然山水中,由"以我观物"转变为"以物观物",视天地为自我的一部分,在万物齐一的境界中,与天地万物真正实现了沟通与融合。"冥合"自然审美模式将自然山水人格化,使自然由生命意义的物性上升至精神意义的灵性,这样人与自然互为主体,就有交流的基础与平台。中国古代园林强调"一花一石,位置得宜,主人神情已见乎此矣"①,就是人视自然为知己的情感印证。

　　而从审美过程的角度看,"冥合"模式是一个由外到内、由浅入深、逐渐向上升华的审美体验过程。"冥合"模式起始于对自然山水形式的感性直观,激起审美主体的身心快感,再而激发人的想象与联想,引发审美主体的审美判断,唤醒审美主体的审美体验,悦心悦意,最后启发审美主体进入审美之悟。"审美之悟也是对宇宙的本体论之悟,主体在与自然的拥抱与契合中感应着自然母体脉搏的律动。"②体验心物的内在冥合,获得悦神悦志的审美感受。从审美过程看,"冥合"模式是"味象""观气"等模式的最终旨归;而从审美心理的变化来看,它经历了从悦耳悦目到悦心悦意,再到悦神悦志的情感变化。如释慧远的《游庐山》:"崇岩吐气清,幽岫栖神迹。希声奏群籁,响出山溜滴。有客独冥游,径然忘所适。挥手抚云门,灵关安足辟。留心叩玄扃,感至理弗隔。孰是腾九霄,不奋冲天翮。妙同趣自均,一悟超三益。"崇岩幽岫与山间天籁之音刺激游客的耳目,让其产生赏心悦目的审美感受,游客在叩听山间足音之际,忘情融物,感悟自然之至理,进入"忘所适"的冥游境界。

　　类似的环境审美体验在袁枚的诗文中比较多,如《水西亭夜坐》中写道:"明月爱流水,一轮池上明。水亦爱明月,金波彻底清。爱水兼爱月,有客坐于亭。其时万籁寂,秋花呈微馨。荷珠不甚惜,风来一齐倾。露零萤光湿,屟响蛩语停。感此玄化理,形骸付空冥。"在这里,明月、流水、秋花、荷珠、萤光、蛩语等视觉与听觉意象,构成一个空冥清幽的境界。诗人端坐于西亭边,看见晶莹的露珠随风破碎,萧瑟的秋花四处飘荡,不由得感同身受,移情于物,在凝神观照中,诗人不自觉地忘却自我,与物融合在一起,在无限又有限的时空中与自然的声气相通,最后,诗人仿佛聆听到自然的天籁之音:花开的声音,蝗虫的私语,萤火虫的低鸣……自然的神秘性、神圣性在这一刻得以凸显,于是,诗人产生了与自然同化,"形骸付空冥"的幻象。又如方苞

① 李渔:《闲情偶寄》,杜书瀛评注,中华书局,2012,第206页。
② 胡家祥:《审美学》,北京大学出版社,2000,第231页。

在《游雁荡山记》中说:"又凡山川之明媚者,能使游者欣然而乐;而兹山岩深壁削,仰而观俯而视者,严恭静正之心,不觉其自动,盖至此则万感绝,百虑冥,而吾之本心乃与天地之精神一相接焉。"这虽是一篇游记,但方苞阐发了自然美育的意义:明媚的山川景致能使游人欣然而乐;峭壁的岩石能使人产生平正之心。而自然美育的至高境界则是审美主体忘却世俗顾虑,与天地合一,万物同化。

由是观之,"心凝形释"的冥合模式不再局限于具体而现实的"仰观俯察""漫漫而游"等自然审美模式,而是以自然山水为手段,旨在唤醒人类的生态审美本性,将人与自然紧密融合在一起,并在主客双泯、物我同一的境界中,与"道"合一,从而达到一种超越感官愉悦的深邃审美体验。因此,"心凝形释"的冥合模式能超越"味象""观气"的审美过程,进入超验的、本体的自然审美境界,使"与道为友"成为可能,这是中国自然美育思想对西方环境美学的最大超越与理论启示。

四、"漫漫而游"的参与模式

"审美参与"是环境美学家阿诺德·伯林特提出的环境审美范式,他认为,人类与自然环境是密不可分的。"大环境观认为环境不与我们所谓的人类相分离,我们同环境结为一体,构成其发展中不可或缺的一部分。传统美学无法完全领会这一点,因为它宣称审美时主体必须有敏锐的感知力和静观的态度。这种态度有益于观赏者,却不被自然承认,因为自然之外并无一物,一切都包含其中。"①既然自然之外无一物,我们与环境如此亲密地融合在一起,那么我们该如何观照自然呢? 为此,阿诺德·伯林特提出了"结合美学"(aesthetics engagement)的命题,我们把它翻译成"参与美学",是指眼、耳、鼻、舌、身积极参与自然审美的过程。"审美参与"要求人们全身心地投入审美活动中,与环境建立一种积极协调的、连续互动的关系。"当自己的身体与环境深深地融为一体时,那种虽然短暂却活活生生的感觉,这正是审美的参与,而环境体验恰好能鲜明、突出地证明它。"②

"审美参与"之所以必要,是因为传统的静观美学与景观欣赏模式对自然欣赏来说是不充分的,有人类中心主义倾向。"从审美而言,环境体验实在太丰富了。它融合了最独特的地域和最深刻的意蕴,而且它提供

---

① 〔美〕伯林特:《环境美学》,张敏、周雨译,湖南科学技术出版社,2006,第12页。
② 同上书,第28页。

了源源不断的机会让我们扩大感知力,发现世界的同时也发现人类自身。"①"我们对体验的理解不应该仅仅局限于视觉而应与身体感官联系起来。……知觉个体并不是通过思考观察世界而是积极地参与到体验的过程中去。"②由此看出,环境不是一个可以静观的对象,对环境的体验必须调动多种感官。因为"我们不光用眼睛看这个活生生的世界,而且随之运动,施加影响并且回应。我们熟悉一个地方不光靠色彩、质地和形状,而且靠呼吸、气味、皮肤、肌肉运动和关节姿势,靠风中、水中和路上的各种声音。环境的方位、体量、容积、深度等属性,不光被眼睛,而且被运动着的身体来感知"③。所以,作为环境一部分的人类无法与环境拉开距离而静观,而必须亲自参与环境的动态运行过程。这种"参与"是全身心地投入其中,动态地、全方位去体验和感受:"我们必须用所有那些方式经验我们背景的环境,通过看、嗅、触摸诸如此类的方式。然而,我们必须不是将其作为不显著的背景来经验,而是作为引人注目的前景来经验。"④

　　"审美参与"虽由西方环境美学家提出,但中国古人在审美实践中早已应用。最为经典的表述是柳宗元在《始得西山宴游记》中提出的"施施而行,漫漫而游":"自余为僇人,居是州,恒惴栗。其隙也,则施施而行,漫漫而游。"⑤柳宗元在被贬永州后,心情抑郁,于是借游山玩水来排解恐惧与愁怨。"施施而行,漫漫而游"从环境美学的角度看,是一种"审美参与"的模式。这种游览山水的方式是漫无目的的,既没有事先规划行程的目的地,也没有勘查地形地貌,是率性、适性而为的。众所周知,人们纵游于自然山水,最先接触的无疑是自然山水之形、色、声、容,自然山水的这些感性形式刺激人的不是单一的视觉,而是耳、鼻、舌、身等多种感官的综合,甚或是超越多种感官的精神体验。如柳宗元在《再至界围岩水帘遂宿岩下》一诗中描述:"发春念长违,中夏欣再睹。是时植物秀,杳若临玄圃。歊阳讶垂冰,白日惊雷雨。笙簧潭际起,鹳鹤云间舞。古苔凝青枝,阴草湿翠羽。蔽空素彩列,激浪寒光聚。的砾沉珠渊,錝鸣捐佩浦。幽岩画屏倚,新月玉钩吐。夜凉星满川,忽疑眠洞府。"这里描述了界围岩昼夜自然景色的变化,既有白天的惊雷闪电,也有晚上的如钩新月;有远方的鹳鹤云间舞,也有近处的古苔凝青

①　〔美〕伯林特:《环境美学》,张敏、周雨译,湖南科学技术出版社,2006,第29页。
②　〔美〕伯林特:《生活在景观中——走向一种环境美学》,陈盼译,湖南科学技术出版社,2006,第9页。
③　〔美〕伯林特:《环境美学》,张敏、周雨译,湖南科学技术出版社,2006,第19页。
④　〔加〕卡尔松:《环境美学——自然、艺术与建筑的鉴赏》,杨平译,四川人民出版社,2006,第77页。
⑤　柳宗元:《柳宗元集(第29卷)》,吴文治等点校,中华书局,1979,第762页。

枝;有空中飘浮的彩色云朵,也有河流的汹涌波浪;有动态的景色变化,也有静态的山川轮廓……从作者对界围岩水帘之美的描绘可以看出,作者的五官六感都参与了审美,不仅如此,这多种感官审美的综合激发了作者心理情感的变化,让作者对界围岩景观产生了依恋之情。

这种深层的环境审美体验在柳宗元的山水游记多有体现,如在《石渠记》中:"风摇其巅,韵动崖谷。视之既静,其听始远。"这里不仅强调了视觉、听觉与触觉的审美体验,而且描述了全身感觉器官综合协调所产生的深邃细腻的环境体验。阿诺德·伯林特在《环境美学》一书中阐述审美参与的作用:"在此,感性的体验扮演着重要的角色,它不是单独接受外来刺激的被动者,而是一个整合的感觉中枢,同样能接受和塑造感觉品质。感性体验不仅是神经或心理现象,而且让身体意识作为环境复合体的一部分作当下、直接的参与。这正是环境美学中审美的发生地。"①单一的感官与环境接触,其体验是不充分的,只有多种感官"联觉",深层的审美参与才成为可能。因为"美学的环境不仅由视觉形象组成,它还能被脚感觉到,存在于身体的肌肉动觉,树枝摇曳外套的触觉,皮肤被风和阳光抚摩的感觉,以及四面八方传来、吸引注意力的听觉等等"②。在柳宗元的山水游记中,我们能看到这些描述:如"有泉幽幽然,其鸣乍大乍细"(《石渠记》),忽大忽小的泉水声,这是听觉的感受;"逾石而往,有石泓……潭幅员减百尺,清深多鯈鱼"(《石渠记》),"石泓"与"鯈鱼"是眼睛看到的,是视觉的参与;"纷红骇绿,蓊葧香气"(《袁家渴记》),这显然是嗅觉的参与;"坐潭上,四面竹树环合,寂寥无人,凄神寒骨,悄怆幽邃"(《至小丘西小石潭记》),这显然是联觉所带来的心理感受。

这种深层的审美参与感受,古代诗文中多有描述。曾巩的《醒心亭记》中说:"或醉且劳矣,则必即醒心而望,以见夫群山相环,云烟之相滋,旷野之无穷,草树众而泉石嘉,使目新乎其所睹,耳新乎其所闻,则其心洒然而醒,更欲久而忘归也。"环绕的群山,浩渺的云烟,无际的旷野,茂盛的草木,秀丽的泉石,让作者洒然而醒,流连忘返,作者身心的解放是在听觉、视觉、触觉等多种感官的共同参与下而产生的。又如李格非在《洛阳名园记》中这样描绘洛水:"盖洛水自西汹涌奔激而东。天津桥者,垒石为之,直力滷其怒而纳之于洪下。洪下皆大石,底与水争,喷薄成霜雪,声闻数十里。予尝穷冬月夜登是亭,听洛水声,久之,觉清冽侵人肌骨,不可留,乃去。"奔腾激越的

---

① 〔美〕伯林特:《环境美学》,张敏、周雨译,湖南科学技术出版社,2006,第16页。
② 同上书,第27页。

洛水声、皎洁冷清的月光刺激人的听觉与视觉,调动起人的触觉等感官,进而转化为人的心理感受,让人产生"不可留,乃去"的意愿。由此看出,"审美参与"并非单一的感官审美,而是一种全方位、多感官的沉浸式审美,它不是身体的浅表参与,而是全身心融入。"只有全身心地投入到环境的审美参与中,由感官的审美愉悦在环境的召唤与启发下,逐渐深入体验及欣赏环境之气韵,此刻所产生的心灵悸动才更具有审美情趣,令人回味无穷。"①

　　艺术家的"审美参与"在艺术创作中也很常见,譬如郭熙的"身即山川而取之"就突出了这一点。"身即山川"中,"即"意为靠近、融入,整个句意为:画家创作要亲临自然山水,聆听自然山水的声音,切身感受自然山川的美景,进入与自然山水融为一体的审美境界。中国古代画家的这种审美观照方式与西方风景画家的对境取景是不一样的:中国古代画家追求形神合一的境界,审美主体与审美客体是合而为一的,其意在表现山水的生气,以此折射出自身灵魂的境界;而西方画家在取景时,审美主体与审美客体是分离的,其追求的是形似,意在模仿自然。正因此,中国古代山水画论中都强调了亲历自然,融入山川的重要性。李澄叟在《画山水诀》中提出,"画山水者,需要遍历广观,然后方知著笔去处";董其昌在《画禅室论画·画旨》中指出,"然亦有学得处,读万卷书,行万里路,胸中脱去尘浊,自然丘壑内营,成立鄞鄂,随手写出,皆为山水传神";清代石涛在《画语录·山川章第八》中提出,"搜尽奇峰打草稿也,山川与予神遇而迹化也"。以上强调的都是画家要"参与"到自然中去饱游饫看,全身心、直接地感知、体验环境。

　　在"漫漫而游"中何以积极地进行"审美参与"呢? 首先,审美主体必须有闲适自由的心境,如叶适所说:"随地而胜,随胜而赏,无不得所求,具区虽大,不暇观也。"(《湖州胜赏楼记》)这种漫游式"审美参与"是没有事先规划的,是随性而为,因地因景的变化而改变观赏路踪,并且这种审美观照也不带任何功利目的,是为欣赏而欣赏。又如苏轼的"莫听穿林打叶声,何妨吟啸且徐行"(《定风波》),流露出的是作者豁达自在、安然自若的审美心态。其次,审美主体的观照应该是全方位、多层次的。如看山,不仅要近看,还要远;不仅要正面看,还要侧面、背面看;不仅要早晨看,还要傍晚看;不仅要秋冬季看,还要春夏季看。仅用视觉看还不够,还必须调动其他感官,做到如柳宗元所说的"目谋""耳谋""神谋"与"心谋"相结合。"清冷之状与目谋,瀯瀯之声与耳谋,悠然而虚者与神谋,渊然而静者与心谋。"(《钴鉧潭西小丘记》)这里的"目谋"与"耳谋"是指观游者的感官体验,它注重的是自然

————————

① 程相占:《中国环境美学思想研究》,河南人民出版社,2009,第51页。

山水的感性形式;而"神谋"与"心谋"则指观游者的精神体验,它专注于自然山水的生气与意蕴。又如柳宗元的《袁家渴记》:"有小山出水中,山皆美石,上生青丛,冬夏常蔚然。其旁多岩洞,其下多白砾,其树多枫柟石楠,楩楮樟柚,草则兰芷。又有异卉,类合欢而蔓生,轇轕水石。每风自四山而下,振动大木,掩苒众草,纷红骇绿,蓊葧香气,冲涛旋濑,退贮溪谷,摇飏葳蕤,与时推移。"这里既有对花草树木一年四季样态的视觉描绘,又有溪流水声的听觉感受,还有水石触觉与野花的嗅觉,展现的是一个立体的、全方位的审美感知过程。

五、"天然图画"的艺术参照模式

自然美与艺术美孰高孰低在美学界聚讼纷纭。黑格尔说:"艺术美高于自然。因为艺术美是由心灵产生和再生的美,心灵和它的产品比自然和它的现象高多少,艺术美也就比自然美高多少。"[1]车尔尼雪夫斯基持相反观点:"真正的最高的美正是人在现实世界中所遇到的美,而不是艺术所创造的美。"[2]前者注目于艺术的内在心灵旨趣,后者着眼于自然的外在形态。其实,艺术美与自然美各有优长,不存在品位之别。自然美在丰富性与生动性方面优于艺术美,而艺术美比自然美更纯粹、更完善。在自然审美中,我们常常以艺术为参照来评价自然美,比如"江山如画"是先在地以画为参照来品鉴江山之美的。以艺术为参照的自然审美模式"并不拒绝将传统艺术审美的整体结构应用在自然世界之上。事实上,它将这种结构几乎直接地应用在自然世界之上,除了按照自然环境的性质稍作调整"[3]。换句话说,这种鉴赏模式以平面二维的"风景画"为参照来感知三维立体的自然景观,这样虽然简化了自然的丰富性,但"有助于加深'自然的柔和色彩,以及眼睛能观察、艺术能讲授或科学能证明的最常规的景色'的印象。同时景观本身的定位通常加强了景观的'规整性'。而且,现代观光者也渴望'在最饱满的色彩和完整全景中的完美图画'"[4]。

"天然图画"见之于计成的《园冶·屋宇》:"奇亭巧榭,构分红紫之丛;层阁重楼,回出云霄之上;隐现无穷之态,招摇不尽之春。槛外行云,镜中流水,洗山色之不去,送鹤声之自来。境仿瀛壶,天然图画,意尽林泉之癖,乐

① 〔德〕黑格尔:《美学(第1卷)》,朱光潜译,商务印书馆,1979,第4页。
② 〔俄〕车尔尼雪夫斯基:《生活与美学》,周扬译,人民文学出版社,1959,第11页。
③ 〔加〕卡尔松:《自然与景观》,陈李波译,湖南科学技术出版社,2006,第34页。
④ 〔加〕卡尔松:《环境美学——自然、艺术与建筑的鉴赏》,杨平译,四川人民出版社,2006,第73页。

余园圃之间。"①在计成看来,造园者要巧妙地利用自然的阴晴变化、地形物貌,创造出"天然图画"般的园林景观,起到"虽有人作,宛自天开"的效果。不难理解,造园者在造园前是以艺术图画为参照进行设计施工的,其目的是让观者在尺幅之内尽享林泉之癖,乐园圃之美,在不知不觉中接受自然的洗涤与化育。以艺术为审美参照的自然审美模式在古代诗文中不胜枚举。宋代诗人刘敞在其诗《微雨登城二首》中说:"雨映寒空半有无,重楼闲上倚城隅。浅深山色高低树,一片江南水墨图。"②在这里,诗人将烟雨迷蒙的天空作为背景,以高低不同的树木作为主景,将山城雨后的景致比喻为一幅水墨画,自然审美体验与艺术的审美鉴赏在此融合起来,互为激发,相得益彰。"江城如画里,山晚望晴空。两水夹明镜,双桥落彩虹。"(李白《秋登宣城谢朓北楼》)李白站在谢朓北楼上,将苍茫的山色、如洗的碧空、潋滟的湖水、梦幻的虹桥等三维的自然景观简约为"风景画",按照"景观模式"来鉴赏,这种模式虽然忽略了自然景观的其他经验,但凸显了自然环境的形式特征与视觉价值。

以艺术为参照的自然审美模式在中国古典诗文中也较为常见,如宋代文人邓牧在《雪窦游志》中描述了这种鉴赏感受:"越信宿,遂缘小溪,益出山左,涉溪水,四山回环,遥望白蛇蜿蜒下赴大壑,盖涧水尔。桑畦麦陇,高下联络,田家隐翳竹树,樵童牧竖相征逐,真行画图中!"在这里,诗人描述了蜿蜒的溪流、上下连接的麦陇、隐隐约约的农家小舍以及追逐嬉笑的孩子们,这些景致结合在一起,仿佛构成了一幅趣韵生动的水墨山水画,作者行走于自然山水之中,又如同在画中游,自然山水产生的美感与艺术美感在这里互相贯通,画卷间接地为诗人提供了欣赏自然山水的视角和方式,并提示诗人如何以艺术模式去欣赏自然山水。又如柳宗元的《石涧记》:"其水之大,倍石渠三之一,亘石为底,达于两涯。若床若堂,若陈筵席,若限阃奥。水平布其上,流若织文,响若操琴。揭跣而往,折竹箭,扫陈叶,排腐木,可罗胡床十八九居之。交络之流,触激之音,皆在床下。"③这里的"流若织文,响若操琴"以视觉艺术和听觉艺术为参照,将涧水的流纹比喻为织物的纹路,将涧水的触激之音比喻为琴声。再看徐霞客的游记:"上下左右,皆危崖缀影,而澄川漾碧于前,远峰环翠于外;隔川茶埠,村庐缭绕,烟树堤花,若献影镜中;而川中凫舫贾帆,鱼罾渡艇,出没波纹间,棹影跃浮岚,橹声摇半壁,恍

---

① 陈植:《园冶注释》,中国建筑工业出版社,1988,第79页。
② 缪钺等:《宋诗鉴赏辞典》,上海辞书出版社,1987,第182页。
③ 柳宗元:《柳宗元集(第29卷)》,吴文治等点校,中华书局,1979,第771页。

然如坐画屏之上也。"①在这里,徐霞客将远峰近崖、碧水村落的视觉感受和橹桨声的听觉感受相结合,描绘了一处景致错落、声色相谐的自然美景,从"恍然如坐画屏之上也"这句话可看出,作者是以画屏为参照来欣赏周围的自然景观的。

在艺术与自然环境的界限日渐消失的大地艺术中,以艺术画卷为参照来塑造环境美的例子较为常见。如罗伯特·史密森利用湖边的泥土、岩石创造了《螺旋防波堤》,整个作品的形状像蛇缓缓爬入红色的湖水中一般,起到惊醒人类改善生态环境的作用。为此,美国学者阿诺德·伯林特明确提出:"连续性和身体的投入成为艺术的新的动态特征,使艺术从静态转变为一种富于生命力的、积极的角色。"②他认为,以艺术为参照的自然审美欣赏有助于推动环境审美欣赏。"(如画性的环境欣赏模式)仅仅将注意力放在环境中那些如图画般的属性——感性外观与形式构图,便可使得任何环境的审美体验变得容易起来。"③这一点在中国清代李渔的《闲情偶寄》中有所体现:"凡置此窗之屋,进步宜深,使坐客观山之地去窗稍远,则窗之外廓为画,画之内廓为山,山与画连,无分彼此,见者不问而知为天然之画矣。"在这里,画中的山与自然中的山融而为一,无分彼此,观者将窗外的美景视作图画,又将所画之山看作真实的自然之山。即观者一方面以艺术图画为参照来审视窗前的景色;另一方面又发挥艺术想象来把握图画中山水的整体气韵。"在我们看来,环境欣赏的艺术模式可以使环境审美与艺术审美相互渗透,并且相互促进,环境欣赏的艺术模式要求人们发挥视觉或听觉以及想象力的最大作用,在真实而可接触的环境中,对环境欣赏产生巨大的推动力。"④

由此看出,艺术与自然是相辅相成的,二者并非割裂的,其审美模式也是互相渗透、互相影响的。正如阿诺德·伯林特所说:"它(审美参与)指欣赏者和艺术品之间建立起来的一种积极的感知结合,两者之间亲密地联系以至于在欣赏者和作品之间发展出一种连续性。"⑤"环境不仅是一种视觉体验,艺术并不是哪怕审美考察的唯一模式。但这是一种态度和方法,保持它的开放性决不应阻碍其他体验方式的发生。"⑥艺术欣赏的模式也适用于

① 徐弘祖:《徐霞客游记校注》,朱惠荣校注,云南人民出版社,1985,第826页。
② 〔美〕伯林特:《环境美学》,张敏、周雨译,湖南科学技术出版社,2006,第55页。
③ 〔加〕卡尔松:《自然与景观》,陈李波译,湖南科学技术出版社,2006,第2页。
④ 程相占:《中国环境美学思想研究》,河南人民出版社,2009,第54页。
⑤ 〔美〕伯林特:《环境美学》,张敏、周雨译,湖南科学技术出版社,2006,第106页。
⑥ 〔芬〕瑟帕玛:《环境之美》,武小西、张宜译,湖南科学技术出版社,2006,第58页。

自然欣赏的参与模式,并且二者互相印证,相得益彰。以艺术为参照来鉴赏自然之美对生态审美教育很有启发意义。其一,它综合了艺术审美教育与自然审美教育的优点,艺术审美教育培养人的道德德性,自然审美教育培养人的自然德性。其二,自然审美教育给艺术审美教育提供了方法论,正如瑟帕玛所说:"这并不是消极意义上的一种公式,而是提供了一种方法模型,是接受能力的扩展和想象力与感受的觉醒——这其实就是有关日常生活的各种有意义关系的审美教育。"①

第四节　西方美学中的生态审美教育资源

早期的西方哲学家学派林立,学说繁多,对自然表现出浓烈的研究兴趣,以至于他们习惯于将自己的哲学称为"自然哲学",在对自然本原的认识上,他们大都倾向于将之视为一个相互联系、彼此转化的整体。"自然是功能的总和,其中每一事物根据自身目的发挥功能。超出自己的自然功能就是 hubris(自以为是),这会导致无序(chaos)。在自然界和社会中都和谐一致地实现每一事物处于其自然位置的自然属性,才是正当的。在自然的有限范围内,不同生命的形式和环境之间相互积极作用就组成 cosmos,也就是作为有限的和谐整体的宇宙。"②正是在这种整体论自然观的影响下,西方形成了朴素的自然审美观与教育观。

一、西方古代自然主义教育的"和谐"育人观

在西方,最早对"自然"做哲学思考的是米利都学派。他们一致认为,宇宙万物是由单一的物质性本原构成的。泰勒斯从感性经验中总结出,水是世界的本原;阿那克西曼德认为"无限者"是世界的本原,这个"无限者"既非物质,也非精神,而是不生不灭、无边无际的"无定形",其内部对立性因素的结合或离散决定着万物的生灭;受阿那克西曼德影响,阿那克西美尼认为"气"是世界的本原,"气"浓聚或稀散是世界万物变化的原因。从米利都学派三位哲学家对世界本原的探究可以看出,他们没有以超自然的观点来解释宇宙万物,而是从自然本身去说明自然万物的生成与发展,不仅如此,他

---

① 〔芬〕瑟帕玛:《环境之美》,武小西、张宜译,湖南科学技术出版社,2006,第 58 页。
② 〔挪威〕希尔贝克、伊耶:《西方哲学史——从古希腊到二十世纪(上)》,童世骏等译,上海译文出版社,2012,第 101 页。

们还分析了自然万物生成、变化、运动的原因,体现了唯物论与辩证法的统一。但需要指出的是,米利都学派的观点虽然以朴素的自然科学去解释宇宙世界,但他们的思维观念是一元的、整体的,在他们看来,世界万物虽然多种多样,但是都由单一的本原水、无定形或火构成;世界万物虽然面目各异、互不相同,但却是一个充满内在活力与秩序的整体。

如果说米利都学派体现了唯物主义哲学的萌芽的话,那么毕达哥拉斯学派则是古希腊第一个唯心主义学派,说它是唯心主义学派,是因为该学派不是从有形的事物去探求世界的本原,而是以"数"这种抽象、无形的事物属性作为万物的本原。毕达哥拉斯学派认为"数"是神秘的存在,"一"乃"众神之母",万事万物均由其派生。"从数目产生出点;从点产生出线;从线产生出平面;从平面产生出立体;从立体产生出感觉所及的一切物体,产生出四种元素:水、火、土、空气。这四种元素以各种不同的方式互相转化,于是创造出有生命的、精神的、球形的世界。"①毕达哥拉斯学派在万物本原问题上颠倒了数与物的关系,有唯心主义倾向,但在辩证法问题上继承了米利都学派的思想,提出"对立是存在物的始基"②,并由此诞生了它的"和谐论"哲学思想:自然界的一切现象和规律都必须服从"数的和谐"。他们认为,音乐是和谐的音调,是对天体运动的模仿。"它的原型是从天体间得到的和声。这些进行着远距离运行的天体,不仅是自然体系中的主要实在,即隐藏于自然表面现象之后的真正宇宙,同时也最好地体现了数学规律。"③自然界如此,社会生活中也要遵循"和谐"原则,毕达哥拉斯学派认为:"美德乃是一种和谐,正如健康、完善和神一样。所以一切都是和谐的。友谊就是一种和谐的平等。"④

正因为古希腊哲学一开始就探讨自然本原,倡导"和谐论",西方教育也是从自然教育、和谐教育立论的。譬如古希腊唯物主义哲学家德谟克利特以"艺术是对自然的模仿"为逻辑起点,倡导艺术教育。在教育过程中,德谟克利特重视人内在精神境界的提升,将正当的美感教育作为教育的重中之重,并主张艺术教育从儿童阶段开始实施,既重视儿童艺术技巧的掌握,也关注儿童精神品质的培养。受德谟克利特影响,柏拉图非常重视幼儿的艺术教育,"因为在年幼的时候,性格正在形成,任何印象都留下深刻的影

---

① 北京大学哲学系外国哲学史教研室编译《古希腊罗马哲学》,商务印书馆,1962,第34页。
② 同上书,第38页。
③ 〔德〕库恩:《美学史(上卷)》,夏乾丰译,上海译文出版社,1988,第19页。
④ 北京大学哲学系外国哲学史教研室编译《古希腊罗马哲学》,商务印书馆,1962,第36页。

响"①。不仅如此,柏拉图还推崇自然美教育,他指出:"我们不是应该寻找一些有本领的艺术家,把自然的优美方面描绘出来,使我们的青年像住在风和日暖的地带一样,四围一切都对健康有益,天天耳濡目染于优美的作品,像从一种清幽境界呼吸一阵清风,来呼吸它们的好影响,使他们不知不觉地从小就培养起对美的爱好,并且培养起融美于心灵的习惯吗?"②

亚里士多德是古希腊自然主义教育的集大成者,其自然主义教育思想建立在"灵魂论"基础上,他将灵魂分为三种:植物灵魂(营养灵魂)、动物灵魂(感觉灵魂)和人类灵魂(理性灵魂)。在亚里士多德看来,这三种灵魂是有等级与先后发展顺序的:植物灵魂最低,最先发展;人类灵魂最高,最后发展;动物灵魂当然居中了。"在人类灵魂中,达到了营养灵魂、感觉灵魂和理性灵魂三者的统一。"③亚里士多德据此推论:人的成长过程也是灵魂的发展过程。因而,亚里士多德建议,7岁之前的儿童要补充营养,注重体格教育;7至14岁的儿童应加强感觉训练,注重情商与习惯的培养;而到了14岁之后,则应该加强青少年理性的智能教育与思辨的哲学教育。在亚里士多德看来,"教育的目的及作用有如一般的艺术,原来就在效法自然,并对自然的任何遗漏加以殷勤的补缀而已"④。亚里士多德的自然主义教育思想虽带有唯心主义倾向,但其尊重人的身心发展规律,给后来的教育家以诸多启示。

中世纪的西方在神权的统治下,人们相信上帝,因为上帝给人以希望与光明,它是美的化身,也是真理之光。奥古斯丁认为仁爱是人的本性,也是最大的德性。在托马斯看来,所有的德性行为都被自然法所规定,人的善性内在于人的理性本身,每一个人都有一种根据理性行为的本性倾向。中世纪的审美教育就是让人在对上帝的信仰中爱他人、爱自己,甚而爱仇人,即处理好自己与社会、自己与他人以及内在身心的和谐关系。前已论述,在古希腊哲学中,自然是活生生的神圣存在,但在基督教哲学中,自然是僵死的,"自然不但没有神性,而且是上帝为人类所创造的可供其任意利用的死东西"⑤。即便如此,自然因为分享了上帝之美,它依然是美的、和谐的:动物具有明显的数的相等性,其身体两侧是对称的;植物按照其种子所特有的时间节奏生长着。尽管中世纪的西方对自然美的认识还很幼稚,但为近代机械论自然观开辟了道路,促进了自然科学的萌芽与发展。

① 〔古希腊〕柏拉图:《文艺对话集》,朱光潜译,人民文学出版社,1980,第22页。
② 同上书,第62页。
③ 李立国:《古代希腊教育》,教育科学出版社,2010,第218页。
④ 〔古希腊〕亚里士多德:《政治学》,吴寿彭译,商务印书馆,1997,第405页。
⑤ 张志伟:《西方哲学十五讲》,北京大学出版社,2004,第149页。

二、西方近代自然主义教育的审美教育思想

16世纪后,随着西方科技革命和宗教运动的兴起,机械论自然观成了时代精神的体现,朴素唯物主义和有机论自然观慢慢被瓦解和边缘化了。机械论自然观在美国生态女性主义者麦茜特看来是"自然之死"的根由。她说:"关于宇宙的万物有灵论和有机论观念的废除,构成了自然的死亡——这是'科学革命'最深刻的影响。因为自然现在被看成是死气沉沉、毫无主动精神的粒子组成的,全由外力而不是内在力量推动的系统,故此,机械论的框架本身也使对自然的操纵合法化。"①机械论自然观将自然科学方法上升到哲学方法论高度诚然促进了科学的发展,但同时也将人与社会机械化了。人心机械化了,人的完整性就被割裂了;社会被机械化了,社会就变成了可从外部操纵的、惰性的存在。英国哲学家霍布斯说:"政治实体由平等的原子式的存在所组成,它根据由共同的担忧而成的契约而统一到一起,并被来自上面的有力的君主所控制。"②自此,自然不再是往昔充满生机活力与神秘之美的生命有机体,而成为与科学、技艺或物理相对应的概念,沦为自然物的集合体。社会也变得越来越荒谬,"全控社会可能直接或间接地具有各种形式,完成因生活而出现的各种功能,从食品到娱乐,从性爱到友谊,从出生到死亡,表现出无可比拟的统计精度和扼杀一切反叛的狂热。许多为我们所用并令我们骄傲的美好事物,在全控社会中都归入陋习和怪形的范畴"③。但是,在自然被简化、自然美被遮蔽的时代,仍有少数美学家和教育家将自然作为审美教育的手段。

"近代教育之父"夸美纽斯在《大教学论·教学法解析》中构建了自然主义教育体系,其基本思想是"自然适应性原理",即从自然中寻找教育规律,从自然的和谐中追求人的和谐发展。他的"自然类比"法虽有点牵强附会,但在某种程度上揭示了现代教育的客观规律,闪耀着自然主义与民主主义之风。夸美纽斯认为,"教导的确切的规则只能从自然借取"④,这正如同船的运动需模仿鱼的游姿,管乐器的制造需模仿动物的发声器官一样。夸美纽斯倡导直观的教学法,他认为,一切知识来源于感官,知识的解析应该

---

① 〔美〕麦茜特:《自然之死:妇女、生态和科学革命》,吴国盛等译,吉林人民出版社,1999,第212页。
② 同上书,第229—230页。
③ 〔法〕莫斯科维奇:《还自然之魅——对生态运动的思考》,庄晨燕、邱寅晨译,生活·读书·新知三联书店,2005,第106—107页。
④ 〔捷〕夸美纽斯:《大教学论·教学法解析》,任钟印译,人民教育出版社,2006,第93页。

以实际事物或模型、图画的形式呈现在认识主体面前。为此,他编写了《世界图解》这本书,详尽描画了神、宇宙、天空、大地、岩石、蔬菜等几百种有形事物。在教育理论上,夸美纽斯推崇"泛智论"教育,他认为,各种学科知识是相互联系的,教育者应该引导学生去探求各种隐藏在知识内部的普遍原理。夸美纽斯勾画了泛智学校的轮廓,并提出了分班教学的思想,具体分为门前班、入门班、内厅班、哲学班、逻辑班、政治班和神学班,班内又分学习小组。小组学习可以培养学生的合作参与精神,开启了现代教育的民主之风。如果说"自然适应性原理"是在效法内在自然的话,那么他号召人们走进大自然,欣赏大自然的美,就含有自然审美教育的意味了。

在德国狂飙突进的启蒙主义运动中,歌德将自然分成可接近的和不可接近的两个部分。不可接近的自然对歌德来说是指超自然,他主张默默地尊敬它;而可接近的自然是我们可视的实体自然,它是艺术创作的源头与基础。歌德主张艺术创作应到可接近的自然中去寻找灵感,并按照自然的规律来进行操作,用唐代画家张璪的话说就是"外师造化,中得心源"。在歌德的美学中,"自然"是最核心的词汇,他热爱自然,并在创作中模仿自然,自然而然地抒发情感。他曾这样感慨:"我深深了解,自然往往展示出一种可望而不可即的魅力。"①歌德对德国当时的教育状况颇为不满,批评它总是"要把可爱的青年人训练得过早地驯良起来,把一切自然,一切独创性,一切野蛮劲都驱散掉,结果只剩下一派庸俗市民气味"②。在他看来,应当把对自然生命的审美感受融入教育过程,自然之美如生命之光,它使人的存在更加本真、明朗,充满朝气和生意,欣赏自然便是对爱与生命的召唤。他渴望自然与生命同体:"当他纵身于宇宙生命的大海时,他的小我扩张而为大我,他自己就是自然,就是世界,与物为一体。"③不难见出,歌德的审美教育思想虽然未曾出现"生态"之类的表述,但无疑是与生态本体相暗合的,尤其是审美教育对自然本性的重塑作用,自然审美教育对生态人格的培养作用等,对我们今天深入探讨生态审美教育的内涵、开拓审美教育的视野、更新审美教育观念、提升审美教育水平都具有非常积极的意义。

三、卢梭: 西方自然主义教育理论的构建者

自然主义教育思想历经亚里士多德"灵魂论"的萌芽,夸美纽斯对自然

---

① 〔德〕艾克曼:《歌德谈话录》,吴象婴等译,上海社会科学院出版社,2001,第271页。
② 同上书,第272页。
③ 宗白华:《美学与意境》,人民出版社,1987,第71页。

主义的客观化引证与类比,到法国启蒙主义时期,卢梭对自然主义教育的哲学基础、培养目标、教育原则与教育内容有了清晰的认识。

卢梭的自然教育思想建立在他的自然主义哲学基础上。在卢梭看来,自由是大自然赋予人的本性,教育的理想状态是尊重人的本性,让人返璞归真,恢复人本然的自由状态。而在文明社会,由于制度的束缚,人处于一种被奴役的状态。那么什么才能让人摆脱奴役桎梏,实现自由呢? 卢梭认为是社会契约论,"社会条约以保全缔约者为目的"①,在社会契约下,人人让渡一点权利给国家或社会,同时他也就获得了自由的空间。卢梭认为,良心是人天生的自然情感,它是一种比理智等因素更加原始、古老的存在。"在我们的灵魂深处生来就有一种正义和道德的原则;……我把这个原则称为良心。"②良心是对事物做出客观、恰当的善恶评判的标准,在良心的感召与指引下,人才能抵制住世俗的欲念与诱惑,获得道德上的完善与幸福。自然主义教育正是建立在"人性本善"的基础上,其教育原则是确保人的善良本性,为人性的自然发展创造条件,使其免遭摧残与破坏。卢梭的自然主义教育思想的另一个哲学依据是自然宗教。他认为,自然宗教与传统宗教的区别在于它的自由性,自然宗教坚信人生来就具有天赋的自由意志,人按照自由意志行事是执行上帝的旨意,也是对自然原则的遵守。因为上帝的旨意是符合大自然原则的,上帝之美与大自然之美同辉同耀。那么作为上帝之子的人,其真实、自然的情感与朴素、天真的大自然最具有亲和关系,因为美的典型存在于大自然中。在卢梭看来,对大自然之美的鉴赏,审美主体的鉴赏力与审美感受能力也是自然的、与生俱来的,只是在文明社会中,人的自然本性受人类所谓"社会性"的压制,人的审美本性被遮蔽了。自然审美教育的功用就在于激发受教者被文明社会所蒙蔽的自然审美本性,让他以原初性审美本能审视大自然。

卢梭根据教育施动者的不同,将教育分成三种类型:自然的教育、人的教育和事物的教育。"我们的才能和器官的内在发展,是自然的教育;别人教我们如何利用这种发展,是人的教育;我们对影响我们的事物获得良好的经验,是事物的教育。"③在这三种教育中,只有"人的教育"能被控制,如果它与其他两种教育相统一,则有利于人的发展,反之,就不是成功的教育。不过在卢梭看来,这三种教育都应该以自然教育为旨归。自然教育不是以

① 〔法〕卢梭:《社会契约论(第2版)》,何兆武译,商务印书馆,1982,第46页。
② 〔法〕卢梭:《爱弥儿(下卷)》,李平沤译,商务印书馆,1978,第456页。
③ 任钟印主编《西方近代教育论著选》,人民教育出版社,2001,第116页。

自然为手段,而是以自然为类比,在教育过程中尊重孩子的自由天性和善良本性,按照孩子身心发展的规律来实施教育。"在人生的秩序中,童年有它的地位:应当把成人看作成人,把孩子看作孩子"①,而不能将孩子培养成年纪轻轻的博士和老态龙钟的儿童。

卢梭根据儿童的身心发展规律,将儿童的自然主义教育分为四个阶段:婴儿期、儿童期、少年期与青年期。在婴儿期(0 至 2 岁左右),卢梭侧重于孩童的身体健康,为了强健孩子未来的体格,卢梭从睡眠、洗澡、饮食等方面对婴儿的哺育进行了科学指导,强调四个准则:让孩子自然生长;必要时给予适当帮助;不依从孩子的胡乱想法;仔细辨别儿童欲望的真伪。这四个准则的要义在于给孩子以真正的自由,让他们养成控制欲望的习惯。鉴于儿童期(2 至 12 岁)是孩子自我意识觉醒的时期,这一阶段的教育应力戒刺激孩子的欲望,让他养成傲慢的习性,"你为了不让他们受到大自然给予他们的一些痛苦,结果反而给他们制造了许多它不让他们遭遇的灾难"②;在教学上切忌抽象的理论输灌,而应训练学生的感性思维,让他们积累感觉经验,因为这一时期是"理智睡眠时期",空洞的观念解析与枯燥的语言学习会让学生产生厌学情绪。在少年期(12 至 15 岁),孩子的体能与智能快速发展,则应加强智能和劳动教育。智能的教育要从好奇心的培养开始,"不过,为了培养他的好奇心,就不能那么急急忙忙地去满足他的好奇心"③,而应该培养他独立发现、独立思考的能力,必要时老师给予适当的引导。卢梭认为,在人类所有谋生的职业中,手工劳动是最接近自然状态的,它不仅可让学生活动筋骨,还能训练学生的实践能力,深化对知识的理解。青年期至成年,在卢梭看来最主要的任务是道德教育,道德教育也是意志教育、想象教育与知识教育的旨归,道德教育首先要唤醒孩子的良心,因为良心根植于我们灵魂深处,人天生性善,天生具有秉持正义与道德的原则;其次,在这一时期要培养孩子善良的情感与怜悯心,防止他的情感变得麻木不仁;再次,要引导孩子学习历史,培养他们正确的历史观与价值观,以形成勇敢正直的品行。由此可见,卢梭的自然主义教育是以儿童的天性以及每个阶段的身心特点为依据的,遵循了循序渐进原则。

《爱弥儿》是卢梭系统论述其自然主义教育思想的巨著,卢梭以爱弥儿为假想的教育对象,通过其受教育的过程来诠释他的审美理念与教育思想。

① 〔法〕卢梭:《爱弥儿(上卷)》,李平沤译,商务印书馆,1978,第 82 页。
② 同上书,第 94—95 页。
③ 同上书,第 239 页。

在《爱弥儿》的开篇,他就用尖刻的语言指责道:"出自造物主之手的东西,都是好的,而一到了人的手里,就全变坏了。他要强使一种土地滋生另一种土地上的东西,强使一种树木结出另一种树木的果实;他将气候、风雨、季节搞得混乱不清;他残害他的狗、他的马和他的奴仆;他扰乱一切,毁伤一切东西的本来面目;他喜爱丑陋和奇形怪状的东西;他不愿意事物天然的那个样子,甚至对人也是如此,必须把人像练马场的马加以训练;必须把人像花园中的树木那样,照他喜爱的样子弄得歪歪扭扭。"①在这里,卢梭对资本主义社会体制所带来的社会习俗、文化偏见以及教育方式进行了控诉,认为它们都是戕害人性的枷锁。卢梭对儿童的教育尤为关注,认为儿童的天真和纯洁应当受到保护,让儿童过适合儿童天性的生活是教育的要义。教育要培养"自然人",这种"自然人"不是野蛮人,而是内在自然与社会需求合一、自由意志与内心欲望相和谐的人,是脱离了文化的桎梏而自由地发展的完人。在《爱弥儿》中,卢梭将爱弥儿带到离大自然最近的农村中,培养他对自然的直观感受能力,爱弥儿的大部分课程都是在自然界中进行的。由此可见,卢梭的自然教育理念将知识和智力训练、道德教育与审美教育相结合,蕴含自然审美教育的智慧,这种教育方式建立在自然主义哲学基础上,既体现了自然教育的自由性原则,也体现了美育的实践性原则。

卢梭不仅以自然主义观念培养儿童的意志力与想象力,让他们成为心智健全的人,而且以自然为手段,培养学生的审美力与审美观。在卢梭看来,自然是天地美的典型,以之为审美对象可以激发人天真朴素的自然情感,使人对事物做出客观、恰当的善恶评判,将人类导向善的境界。在美育方法上,卢梭以感觉经验论为理论基础,主张"直观教育"的方法,让学生在亲身感受大自然与观察世界的过程中,恢复触觉、视觉、听觉、味觉和嗅觉能力,从而发展审美想象力。更为独到的是,卢梭的自然美育手段渗入了幸福知识的教育与博爱的道德教育,"真正有益于我们幸福的知识,为数是很少的,但是只有这样的知识才值得一个聪明的人去寻求,从而也才值得一个孩子去寻求"②。卢梭所说的博爱是一种内在的道德自律,它建立在内心情感的善良本性上,而且博爱还是一种正义,"只要把自爱之心扩大到爱别人,我们就可以把自爱变为美德,这种美德,在任何一个人的心中都是可以找得到它的根底的。⋯⋯爱人类,在我们看来就是爱正义"③。在卢梭看来,作为

---

① 〔法〕卢梭:《爱弥儿(上卷)》,李平沤译,商务印书馆,1978,第6页。
② 同上书,第236页。
③ 同上书,第392页。

个体的人只有超越狭隘的自我,才能将个人利益扩充到人类利益共同体,世界才美好。卢梭的自然教育思想虽然在主观上是为了培养一个心智健全、勤于劳动、博爱人类的人,但因其以自然为手段,在客观上达到了生态审美教育的效果,即致力于培养内心和谐的生态人。

与亚里士多德的主观唯心论育人观和夸美纽斯客观自然论教育思想相比,卢梭所倡导的自然主义教育虽带有人性先验论的不足,但其教育思想体现了教育功利性和审美超越性的理想融合。从功利性的角度看,卢梭倡导的自然教育既重视学生体质的锻炼,又关注学生实用知识和基本生存技能的培养;从审美的角度看,卢梭的自然教育建立在感性经验与审美情感的培养上,主张以自然之美来丰富人性、改造社会。总之,卢梭的"自然人"培养方案与课程体系的改革对突破西方根深蒂固的"人类中心主义"倾向,对今天生态审美教育的实施具有十分重要的指导作用。

四、杜威:艺术审美教育中的生态联结

杜威是20世纪美国著名的哲学家、教育家和心理学家,其著作《艺术即经验》突破了传统的主客二分方法,将经验界定为主体与客体、感性与理性合一的存在状态,全面论述了经验与自然、艺术与生活、艺术与教育的关系。

在传统的哲学中,经验是指人们对客观事物的一种感性认识,与"理性"相对,被视为一种心理上或主观上的事件,它是人们认识真理过程中的障碍。在这种二元论哲学中,"经验"与"自然"两个概念是对立的。而在杜威那里,经验是自然的产物,"每一个经验都是一个活的生物与他生活在其中的世界的某个方面相互作用的结果。"[1]即经验不是割裂人与自然的帷幕,而是体现人与自然相互依赖、彼此联系的纽带,通过经验,人们能介入自然、深入认识自然。杜威认为,人的审美感性与动物感性是有必然联系的,他说:"为了把握审美经验的源泉,有必要求助于处于人的水平之下的动物的生活。"[2]杜威还认为,经验具有交互性特点,经验不能自发地获得,而只能在人与自然的交往实践中获得。按照杜威对经验与自然关系的看法,人作为自然中的一员,会不可避免地与自然发生关系或作用,正是在人与自然的交互作用中,人和环境都变化和进步了:人性越来越丰富,环境越来越新奇。因而,对人来说,保护自然环境是天职。

在杜威看来,掌控自然的要求是极其危险的,他建议人类对自然持平和

---

① 〔美〕杜威:《艺术即经验》,高建平译,商务印书馆,2005,第46页。
② 同上书,第18页。

中庸的态度,既不要屈服于自然,也不要傲慢地对待自然,要与自然和谐相处。他说,人"通过与世界交流中形成的习惯(habit),我们住进(in-habit)世界。它成了一个家园,而家园又是我们每一个经验的一部分"①。在自然审美方式上,杜威批判了传统的视听感官的静态审美,将触觉、味觉与嗅觉等带有直接性的感觉包容在审美的感觉之内。他说:"感觉素质,触觉、味觉也和视觉、听觉的素质一样,都具有审美素质。但它们不是在孤立中而是在彼此联系中才具有审美素质的;它们是彼此作用,而不是单独的、分离的素质。"②这直接启发了环境美学家阿诺德·伯林特"参与美学"思想的创构。

杜威认为,艺术是一个完美的经验,而这种经验就是"活的生物"在某种能量的推动下与环境相互作用的结果。他说:"有机体与周围环境的相互作用,是所有经验的直接或间接的源泉,从环境中形成阻碍、抵抗、促进、均衡,当这些以合适的方式与有机体的能量相遇时,就形成了形式。"③而艺术的任务就是恢复审美经验与日常经验的联系。杜威关于日常经验与审美经验延续关系的探讨,打破了文化艺术的精英性和神秘性,将艺术推向了日常生活审美化与普通大众。

审美经验与日常经验虽具有延续性,但审美经验又具有内在的完整性。所谓"完整性"既包括连续性,也包含统一性,杜威将这种完整性的经验称为"一个经验"(an experience)。他说:"在每一个完整的经验中,由于有动态的组织,所以有形式。我将这种组织称之为动态的,是因为它要花时间来完成,是因为它是一个生长过程:有开端,有发展,有完成。"④艺术是"活生生的人"的"完整的经验",是杜威对于"艺术即经验"的中心界说。在他看来,审美经验的完整组织性与艺术结构的内在统一性是极为相似的,因为从时间的向度上看,这个完整的经验以现在为核心,将过去与将来交融在一起,也使人与自然的进化史恰当地融合在一起。正因为杜威把经验界定为人作为有机体生命的一种生机勃勃的生存状态,所以不断的变动和完结终止不会产生美的经验,而只有变动与终止、分与合、发展与和谐的结合才能产生美的经验。所谓"需要—阻力—平衡"才是审美经验的基本模式。他说:"我们所实际生活的世界,是一个不断运动与达到顶峰、分与合等相结合的世界。正因为如此,人的经验可以具有美。"⑤这种分与合的结合,实际上隐

① 〔美〕杜威:《艺术即经验》,高建平译,商务印书馆,2005,第112—113页。
② 同上书,第43页。
③ 同上书,第163页。
④ 同上书,第60页。
⑤ 伍蠡甫编《现代西方文论选》,上海译文出版社,1983,第225页。

含了人与周围环境由不平衡到平衡的转换过程。他说:"生命不断失去与周围环境的平衡,又不断重新建立平衡,如此反复不已,从失调转向协调的一刹那,正是生命最剧烈的一刹那"①。这也就是美的一刹那。由此可见,杜威的美论是一种主体与环境由不平衡到平衡的过程中所产生的强烈的、同时也是完整的审美经验,即生命的体验。

完整的经验是各部分有机统一的整体,而艺术是一个融合各种审美形式、统一各种事物的"完美"经验。在杜威看来,艺术还是动态经验的统一,它既包含着规则、确切的和一致的东西,也包含着动荡的、新奇的与不规则的东西。杜威的这一论断告诉我们,艺术的生成是复杂的,它有赖于综合式经验与体验,而自然作为艺术的本源,融合着规律与新颖、秩序与偶然、历史与生活,因而,艺术的最高境界是自然。"在艺术中,我们发现了:自然的力量和自然的运行在经验里面达到了最完备,因而是最高度的结合……当自然过程的结局、它的最后终点,愈占有主导的地位和愈显著地被享受着的时候,艺术的'美'的程度就愈高。"②

杜威特别强调了艺术的生态审美教育功能。他认为艺术的教育作用是达到经验的圆满状态,具体说来,艺术可以寓教于乐,发挥潜移默化的教育作用。艺术教育过程不仅包含着圆满经验的形成,而且可以激发学生的想象。艺术激发的想象是一种重要的交流方式,它可以帮助人确立生态价值观念。前已论述,艺术作品本身是"内容与形式的直接混合",而这种混合体现了人与环境的和谐平衡的审美要求。"由于形式与质料在经验中结合的最终原因是一个活的生物与自然和人的世界在受和做中的密切的相互作用关系,区分质料与形式的理论的最终根源就在于忽视这种关系。"③这里的"受"(undergo)是指环境给予人的刺激与影响,而"做"(do)则指人对环境的作用,而这些都是经验的重要组成部分。

众所周知,科学在发展过程中不断地使人与自然割裂,最终影响到人与社会的和谐统一。在杜威看来,艺术在社会和谐方面的协调作用远比科学大,因为艺术将生活、历史、社会、环境等因素结合为完满的审美形态,以润物无声的方式影响着受教者。"这些公共活动方式中的每一个都将实践、社会和教育因素结合为一个具有审美形态的综合整体。它们以最使人印象深刻的方式将一些社会价值引入到经验之中。"④也就是说,艺术作为一种经

① 伍蠡甫编《现代西方文论选》,上海译文出版社,1983,第226页。
② 〔美〕杜威:《经验与自然》,傅统先译,江苏教育出版社,2005,第5页。
③ 〔美〕杜威:《艺术即经验》,高建平译,商务印书馆,2005,第146页。
④ 同上书,第364页。

验来自自然,但能起到润滑社会、协调人与社会关系的作用。

正是从艺术即经验的基本界说出发,杜威对科技革命以来的僵化教育模式(如将学生课桌固定、使学生座位整齐排列、上课死记硬背等)提出了挑战,在他看来,教育是一种有意义经验的获得,好的教育是让学生获得经验的可持续性发展。因而教师在教学过程中要积极地鼓励学生参与创造。因为经验是一个动态的融合过程,不是静态的。作为经验的知识也不是一成不变的,学生不可能通过静态的复制获得知识。再从学生可持续性发展的向度上看,学生将来面对的不是一个静止的社会,学习也不是一劳永逸的事情。因而从艺术教学的课程体系上来看,教师应该将艺术与生活、艺术与文化、艺术与科技紧密结合,创造一种将音乐、美术、戏剧、舞蹈等课程融会贯通,将感知与体验、创造与表现融为一体的课程体系。杜威倡导的教育模式与课程体系虽从艺术教育开始生发,但也适用于学校其他学科的教育,可看作"生态式教育模式"的理论支撑。

五、"多元智能"中的生态式教育智慧

"多元智能"理论即 MI(Multiple Intelligences)由美国教育学家霍华德·加德纳提出,他依据智能的含义"在一个或多个文化背景中被认为是有价值的、解决问题或制造产品的能力"①,将人的智能分为 7 种类型:音乐智能、身体动觉智能、逻辑数学智能、语言智能、空间智能、人际智能和自我认知智能。在加德纳看来,每一种智能都有自身规定性,都具有可辨别的核心运作方式,比如音乐智能对音高具有敏感性,语言智能对发音和声韵具有敏感性。其次,智能具有相对的独立性,一个人具有很高的语言智能,并不意味着他有很高的其他智能。对每一个人而言,他的智能不是单一的,而是多种智能的组合。"正是通过这些智能的不同组合,创造出了人类能力的多样性,也许就是'整体大于部分相加之和'的原因吧!"②由此看出,人与人的能力差异在于智能的不同组合。认识到这一点,我们对人才培养就有了新的认识:一个人的各项智能若能得到充分发展,他将是一个贯通而求洞识的智慧人、通达而识整体的全才。

针对现代教育的公共性劣势,加德纳建议因材施教,以 7 种不同的方式切入班级教学,让学生有多元的选择空间,发展多元智能。7 种切入方式具体包括叙述切入点、逻辑切入点、量化切入点、基本原理或存在切入点、审美

---

① 〔美〕加德纳:《多元智能》,沈致隆译,新华出版社,1999,第 90 页。
② 〔美〕加德纳:《多元智能新视野》,沈致隆译,中国人民大学出版社,2012,第 25 页。

途径、经验途径和协作途径。以"达尔文的进化论"教学为例,叙述切入点是对进化论相关概念的阐述与讲解;逻辑切入点是针对地球环境拥挤与资源枯竭的现实类推出进化论的必然性;量化切入点是对某一区域生物存在数目的量化分析;存在切入点是追寻物种起源和进化的理由与目的;审美途径当然是用艺术的方法激发学生的审美联想,引导学生研究物种变化的审美形态;经验途径是鼓励学生在实验室繁殖培育某一种生物,观察它们的物种突变,或在计算机上模拟生物的繁殖;协作途径是采用小组合作的形式,让学生集体研究进化论的某一相关课题,在研究或辩论的过程中让学生的知识视域发生交叉碰撞,产生新的思想。由此可见,采用以上7种方式切入教学改变了传统单一的填鸭式教学,给学生打开了多扇思维的窗户,有利于集成创新思维的培养。

根据智能的发展阶段,加德纳建议学龄前儿童的教育与常识理解相结合。比如,书面写作必须与口头语言技巧相连;音乐符号系统必须与儿童对音乐的直觉或图解式认识相关联;科学概念必须与他们关于物质世界的常识和对它的理解相关联。到了童年中期(8至14岁),为了儿童成年后能找到适合自己的职业,加德纳建议进行一定程度的专门化训练。"在儿童学习掌握重要读写能力的同时,他们也应该有机会在少数领域内,获取相当水平或一般程度的技能,如一种艺术形式、一种运动项目、一两个科目的知识。"①而在对14至20岁的青少年的教育中,应该重视孩子的综合性知识学习,鼓励他们进行较广范围的探索,并把课堂上所学的知识应用到课堂以外的地方。加德纳对儿童与青少年学习范围与目标的设计尊重孩子的身心发展规律,是对卢梭自然主义教育思想的继承与发展。

加德纳的"多元智能"理论对传统的教育模式无疑产生了重大冲击。既然7种智能都具有同样的价值,那么它们就应该得到同等的重视。不言而喻,我们应该摒弃单一的标准化测试手段,倡导多元的素质教育以及多元评估测试,让每一种智能都获得充分发展。标准化测试只能考察出学生的语言智能和数理逻辑智能,对空间智能、身体动觉智能、人际智能就无能为力了。加德纳建议对语言智能和数理逻辑智能之外的5种智能采用情景化或实践运作测试方式,比如对一个人空间智能的测试可以让其在不熟悉的河流中航行;对身体动觉智能的测试可以观察其对新的舞蹈或体育动作的摹仿与记忆;对人际智能的评估可以观察其如何在艰难的谈判中获得满意的

---

① 〔美〕加德纳:《多元智能新视野》,沈致隆译,中国人民大学出版社,2012,第136页。

协议。① 应该说,加德纳的测试建议体现了对每一种智能的尊重以及智能成绩评估的公正性。

如何使各种智能得到充分发展并使彼此之间优化组合,达到"1+1>2"的效果是加德纳所关注的重要议题。他指出,艺术是各种智能都能导向的结果,也就是说,"表现每一种形式的智能的符号都能(但不一定必须)按照美学的方式排列"②。比如语言智能可以用来发布法律条文,也可用来写诗歌小说;空间智能可以被航海水手应用,也能被雕塑家应用。而艺术是各种智能的极致发挥境界,它能使各种智能得到充分开发,并发挥协调作用。正因"多元智能"理论的启发,美国哲学家纳尔逊·古德曼在哈佛大学开启了"零点项目"的艺术教育方法、"艺术推进"的评估法等,西方学者对艺术教育的重视正是基于艺术智能协调左右半脑的功能,"促使失去平衡的左右大脑半球恢复平衡"③。现代脑科学表明,大脑左右半球有不同的分工:"右半球对空间进行综合,左半球对时间进行分析;右半球着重视觉的相似性,左半球着重概念的相似性;右半球对知觉形象的轮廓进行加工,左半球则对精细部分进行加工;右半球把感觉信息纳入印象,左半球则把感觉信息纳入语言描述;右半球善于做完形性综合,左半球则善于对语言进行分析。"④这就意味着,艺术教育的推行能促使人类的"多元智能"得到和谐发展。

第五节　西方现代艺术设计的生态探索

西方生态设计思想的确立不是一蹴而就的,而是经历了工艺美术运动、新艺术运动和包豪斯设计师的共同努力。工艺美术运动时期,手工艺与工业化的矛盾表现在大众服务理念与生态诉求价值取舍上,以莫里斯为代表的手工行会采用了二者兼顾的折中路线;为了使工艺产品适应机器大生产的要求,西欧的新艺术运动主将们吸取东方民族的生态审美智慧,主张师法内在的自然;包豪斯设计师们在吸纳德意志制造联盟的设计实践经验之后,实现了技术与艺术的统一,形成了节约能源的简约风格。

---

① 〔美〕加德纳:《多元智能新视野》,沈致隆译,中国人民大学出版社,2012,第184—185页。

② 同上书,第154页。

③ 曾繁仁:《现代美育理论》,河南人民出版社,2006,第111页。

④ 韩济生:《神经科学管理》,北京医科大学出版社,1999,第938页。

一、英国工艺美术运动的生态诉求

产业革命使英国成为世界级强国,但也带来了严重的环境污染、道德信仰危机等问题。针对自然环境污染,拉斯金忧心忡忡地说,再这样下去,"庄稼只有长在房顶上,而交通只有靠在房顶上建高架桥,或者在工厂下面开通道。烟雾已经遮蔽了太阳,大家只有靠煤气照明。英格兰的每一亩土地上都有机器的轰鸣声,所以我们将无立足之地,即使站在那里也会被吹成碎片"①。而面对优美的郊区农舍,他则表现得格外钟情。"这个农舍依山傍水,大约是查理时代的产物,屋子上有竖格的窗子,屋门外是一个低矮的拱状门廊;围绕着农舍的是一个三角形的小花园。我们可以想象一家人,他们过去常常坐在这个小花园里度过他们的夏日时光,听潺潺的流水透过石楠的篱笆轻轻地传过来,看绵羊在远处的丘陵上沐浴在阳光中。"②在这里,拉斯金通过对优美农舍的描述,表达了自己对工业文明的厌恶以及对中世纪乡村生活的向往。

在工艺美术运动的思想家看来,自然是一种神秘力量与精神境界,人与自然的关系等同于人与上帝的关系。因此,在他们看来,对手工艺美术品的鉴赏与把玩,能恢复人的宗教伦理,培养人的神学德性。"中世纪的传统文化不仅是整体的,彼此相连的,而且还是道德的、信仰的,这一点使得人们很容易对艺术的崇高形式达成理解与共鸣,当人们感受到有机的自然、艺术和信仰等多种因素综合成一个整体时,也会感受到生活的美好与人生的幸福。"③为了践行自己的设计理想,莫里斯的红屋从外到内都体现了"师法自然"的设计主张。

从建筑外形看,红屋墙面不加粉饰,利用红色砖瓦本身的自然属性;屋顶采用了哥特式塔楼,直插苍穹。在平面布局上,红屋设计成 L 形,房间之外,延伸有药园与植物园,两园之内,草木茂盛,红屋掩映在绿树与花丛中,显得朴素自然,浑然天成。而从红屋的内部设计看,壁纸、窗帘、桌帘与其他装饰图案之间交相辉映,木桌、化妆台、床和椅子、铜制烛台、壁炉等家具与室内整体色调、花纹相得益彰,整个室内装饰给人以和谐统一的舒适感。由是观之,红屋的整体设计并非几个装饰要素的简单叠加,而是一种内在渗透与互融,体现了自然性与功能性的统一。

---

① John Ruskin, "*A joy forever*" and the Two Paths (London: George Allon & Sons, 1907), p.306.
② 〔英〕拉斯金:《拉斯金读书随笔》,王青松等译,上海三联书店,1999,第 238 页。
③ 同上书,第 99 页。

最能体现莫里斯"自然主义"风格的作品是他房间的墙纸、壁毯和织锦的图案设计。走进莫里斯设计的房间,我们仿佛能触摸到摇曳摆动的枝叶,嗅到茉莉的花香,观察出石榴果表面的黄斑、胭脂虫的纹理,揪起藤蔓闪亮的葡萄串……整个房间洋溢着自然的气息。作者在设计这些作品时,遵循动植物本来的样态,"应物象形"。莫里斯认为,"图案应当表现那种植物形式的生命力和生长趋势,甚至在一个线条结束的地方也能让人看出来如果给它余地就能够继续生长的充足能量。"①在《莨苕叶》作品中,作者用S形曲线表现莨苕叶的生长与攀爬,体现了植物枝叶的柔韧性,洋溢着自然生命的张力和从多样走向统一的和谐美感。在《葡萄叶》中,叶脉清晰可见,S形茎线分布在干茎母线两侧,形成无数小分岔,每片叶子上的分岔按比例由大到小分布在叶片上,既符合自然法则,又均匀和谐。莫里斯处理自然的艺术手法来自他对自然的洞察,来自他对自然的热爱。他在《生活的次要艺术》中写道:"在这些作品中,对自然的热爱在一切形式中都是核心和灵魂。"②

英国工艺美术运动倡导师法自然,还在于工业机械化生产造成了人的异化:人与社会、人与自身、人与劳动产品的分离。"在这种情况之下,需要与工作以及兴趣与满足之间的宽广的关系已完全发展了,每个人都失去了他的独立自足性而对其他人物发生无数的依存关系。他自己所需要的东西或是完全不是他自己工作的产品,或是只有极小一部分是他自己工作的产品;不仅如此,他的每种活动并不是活的,不是各人有各人的方式,而是日渐采取按照一般常规的机械方式。"③工艺美术运动强调"师法自然",意在以自然的完整性来修复人性的分裂。其次则是为了培养人的社会德性。自然与艺术同本同根,是人类本来意义上的家园,也是和谐之源。工艺美术运动的宗旨在于造福人民,使人民生活得更美好,而自然与艺术能"给人以美,培养人们对事物的兴趣,愉悦人们的闲暇,防止他们由于厌烦而对休憩也产生反感,以此给人的幸福增添光彩,并且在人们的工作中给予他希望和喜悦"④。在工艺美术运动思想家们看来,对手工艺术的坚守与推崇是一种良好的社会德性,优美的工艺品凝聚了本民族的文化,也表达了对基督神灵的敬畏,它不仅给使用者带来方便,更能净化他们的心灵,提升人们的精神生活品质。

---

① 河西编著《艺术的故事——莫里斯和他的顶尖设计》,华东师范大学出版社,1999,第56页。
② 同上书,第86页。
③ 〔德〕黑格尔:《美学(第1卷)》,朱光潜译,商务印书馆,1979,第331页。
④ 迟轲:《西方美术理论文选(下册)》,江苏教育出版社,2005,第344页。

在 19 世纪末 20 世纪初的资本主义社会转型期,工艺美术运动的设计者们处于迷茫、徘徊的不定中。艺术设计到底是该为平民考虑,还是为贵族服务,两种观点针锋相对:一种观点认为设计应该为大多数民众服务;而另一种则认为设计应该为少数权贵服务。前者显然具有理想主义的民主色彩,后者则是传统设计思想的延续。纵览工艺美术运动前的设计史,艺术大多是为权贵服务的,建筑或工艺品的象征意义往往压倒功能意义。如 17 世纪的巴洛克建筑,立面波谲云诡,气势磅礴,室内设计富丽堂皇,壁画天花璀璨缤纷,它是贵族财富的一种炫耀;18 世纪的洛可可风格是皇室趣味的体现,是纯粹的宫廷艺术。无论是巴洛克风格还是洛可可风格,都是一种贵族艺术,是少数权贵身份的象征。

工艺美术运动思想家们认为,工艺美术应该为人民所享受,为人民服务。拉斯金说:"以往的美术都被贵族利己主义所控制,其范围从来没有扩大过,从来不去使群众得到快乐,去有利于他们。……与其生产豪华的产品,倒不如做些实实在在的产品为好。"①因此,他主张艺术家、设计师创造出更多能被广大平民百姓接受和享用的艺术作品和产品。莫里斯在《为人民的艺术》中指出:"我不希冀那种只为少数人的教育的自由,同样也不追求为少数人服务的艺术,与其让这种为少数人服务的艺术存在,倒不如把它扫除掉来得好。如果艺术只为少数人服务,那艺术跟我有什么关系。"②由此可见,工艺美术运动产生于思想家们的"良心发现",他们将广大平民视为工艺品的消费主体,体现了他们以艺术和设计来改造社会的责任感。

这种为多数人服务的设计理念体现了西方现代平民主义思想。从生产与消费的角度看,大众是工艺品的消费对象,也是工艺品生产的目的和动力。正是广大民众对工艺品的消费需求决定和刺激着工艺美术品的生产。如果脱离了民众的消费需求,工艺品的生产就失去了终极目的和意义。另一方面,工艺品也生产着新的消费者。扶持和生产优秀的艺术品往往能"创造"出高品位、高境界的艺术大众,而任由低劣庸俗的艺术品泛滥则可能"创造"出趣味庸俗的艺术民众。不难理解,工艺美术运动的思想家们提出艺术为多数人服务,不但满足了平民百姓的日常生活需要,而且在某种程度上提升了广大民众的精神品质。

在西方传统艺术理论中,艺术有大小之分。所谓"大艺术"是指绘画雕

---

① 〔英〕拉斯金:《拉斯金读书随笔》,王青松等译,上海三联书店,1999,第 79 页。
② 王受之:《世界现代设计史》,中国青年出版社,2002,第 228 页。

刻等纯艺术,而小艺术则是工艺美术。从这种分野可以看出西方社会对纯艺术的推崇和对手工艺术的贬抑。在工艺美术运动前期,"大艺术家"们沉迷于纯艺术的殿堂,不屑从事日常工艺品的设计工作,而"小艺术家"们却因缺乏必要的文化修养,而使工艺产品的风格越来越粗鄙、庸俗。为了实现艺术与技术的统一,莫里斯提出取消大小艺术之分。莫里斯认为,手工艺术风格芜杂,并不是因为其成就不如"大艺术",而是因为它的发展一直处于一种混沌、不系统的状态。而"大艺术"虽由造诣深厚的艺术家塑造,但也不能离开实用艺术。若"大艺术"长期远离大众,久而久之必会失去人们的尊重,而退步为一种富丽但又毫无意义的装饰品。因此,艺术种类无雅俗高低之分,艺术的范畴不仅包含绘画与雕刻,也应包括贴近人们日常生活的手工艺术。手工艺术不仅反映了人类对美的本能追求,体现出人类的创造性天赋,而且能美化人们的生活,实现艺术的社会功能。莫里斯对大小艺术分野的弥合,使纯艺术家们走出画室,尝试工艺美术的设计创作,而手工艺术家因有纯艺术家的理论指导,工艺水准日益走向精湛。

莫里斯一方面反对机械化生产,倡导手工艺运动,另一方面又强调艺术为大众服务,这在手工艺实践操作中总是矛盾的。采用手工制作,劳动效率低;拒绝使用机器生产的廉价原材料,必然导致工艺品生产成本高。这样一来,手工艺品的销售价格远非普通民众所能承受,而实际上,莫里斯行会设计的产品成了富人们的专属奢侈品。如莫里斯设计的红房子得不到普遍的流行,最后只能作为一个富人的私人爱好。莫里斯设计的书籍封面缠枝花草的造型过分具体与繁复,无法批量生产,最终也只能沦落为少数收藏家的藏品。这与他的初衷——"艺术是为人民所创造,又为人民服务"的平民主义思想无疑是矛盾的。

德尼·于斯曼在论及工业产品的设计原则时指出:"使用的手段和材料的经济(最低限度的成本),至少不损害相应制成品的功能价值和质量,这是实用美的起码条件。"[①]这里包含了工业生产的两个原则:其一是要降低生产成本;其二是产品设计要尽可能简洁,以突出其功能。只有这样,生产厂家才能以较小的经济成本满足广大民众的生活所需。也就是说,价格是决定产品能否惠及广大民众的关键,要想降低产品价格,对厂家而言,就是要求产品原料低廉,生产工序简单。而莫里斯提倡师法自然,过分地追求艺术效果,这必然增加生产成本。比如制作印有具象莨苕叶的棉毯花纹比制作印有抽象几何图案的棉毯工序要复杂得多,具象的莨苕叶形态多样、色彩斑

① 〔法〕于斯曼:《美学》,栾栋等译,远流出版事业公司,1999,第86页。

斓、纹路复杂,用手工制作工序多、耗时长,而抽象几何图案的棉毯花纹,用抽象的线条与规则的几何形状即可表现,机器批量生产起来,印制成本低廉得多。因此,莫里斯抵制机械化生产,既想师法自然,又想服务大众的设计思想在现实中是无法实施的,其最终以失败而解散是情理之中的事。这引发了莫里斯对社会制度和技术美学等问题的思考。为此,莫里斯广泛参加各种政治团体,比如全国自由联盟协会,他甚而参与到工人抗衡资产阶级的运动中。莫里斯参加这些社会团体,一方面是为了保护那些具有民族风格、历史意义和艺术价值的工艺品和建筑物;另一方面是为了利用社团与协会来宣扬自己的工艺美术思想和社会主义精神。

作为工艺美术运动的领袖,莫里斯在推行自己设计思想遇到困惑与阻力时,转而采取折中主义设计路线,即将工艺品家具分成两类:一类为"豪华家具",这类家具装饰得堂皇而精美,是专门为社会富有阶层服务的;另一类是"普通家具",这类家具形式简洁,装饰成分少,是为普通民众使用的,它主要体现在室内装饰、染色玻璃、家具、纺织品、地毯等家庭用品的设计上。"普通家具"结构标准单一,能批量化生产,生产成本低,真正实现了"艺术为人民服务"的设计理念。

工艺美术运动后期的阿什比在实践上继承和发展了拉斯金、莫里斯等人的设计思想,并将其融入自己理想的社会,力图将民主、平等的政治经济制度与简朴的生活、快乐的劳动、大众的艺术完美地结合起来。他将自己的手工艺协会迁至偏远的乡村坎普顿,最终抵不过工业机器生产的冲击而破产,为此,他晚年吸取了教训,"倡导一种艺术的简约之风,呼吁艺术向简单实用的方向发展,使艺术更易于被大众接受"[1]。这种简约实用之风为现代主义艺术设计所继承。

二、新艺术运动对内在自然的师法

新艺术运动承接了工艺美术运动的余绪,主张师法自然,但与工艺美术运动过分追求真实的自然主义不同的是,它主张以抽象的线条来表现动植物的生长发展过程,寻找自然造物最深刻的本质根源。最为典型的特征是将自然花草树木抽象为简单的线条,以线条的流动性来表现自然生命的运动形式和创造过程。这与中国传统书画的线条艺术无疑具有异曲同工之妙,威尔·杜兰说:"中国画不求浓烈的色彩,只求韵律和精确的线条。……

---

[1] Elizabeth Cumming and Wendy Kaplan, *The Arts and Crafts Movement* (London: Thames & Hudson Ltd, 1991), p.7.

中国的绘画几乎完全基于精确和优美的线条。"①诸如中国古代绘画的"十八描"与各种皴法就是用抽象的线条表现了自然的生机;中国书法浓淡相生、枯润相谐、粗纤有度的线条表现了自然生命的节律,营造出繁花似锦、有声有色的奇妙意境。宗白华先生说:"中国书法,是节奏化了的自然,表达着深一层的生命形象的构思,成为反映生命的艺术。"②在中国传统的艺术里,线条是一种"有意味的形式",一种情感的符号,能表达出自然的万千气象与勃勃生意,体现出农本民族特有的生命观念和审美情趣。

西方艺术诚然也有"线"性特点,但线条并没有从图画之"形"中解放出来,线条在作品完成之后被色彩、块面所淹没。线条只是西方绘画塑造形体的一种手段,离开了形,线条就失去了意义。而在中国书法艺术中,线条则是呈现自然神韵、贯通宇宙、表现万象之美的形式。陈龙海说:"中国书法用线条建构的空间世界和时间流程中是以生命为美,以生气盎然的对象为美的东方审美观的具体化。"③当然,西方艺术家也认识到了线条蕴藏的意义,但"人们叹赏拉斐尔的素描,并非叹赏几条线本身,并不是他的大胆的省略与精神的解剖,而是这巨人的悲号与失望的热情"④。无论西方人对线条的比例与素描的结构是多么地强调,西方的"线条语汇"都很难传达出物象的神韵与意趣。

19世纪末20世纪初,随着中西交流的日益频繁,新艺术运动吸取中国古代"线"性艺术的经验,这诚然有对工业文明的反叛,因为以线条表现自然界的生命与活力,能培养人们对自然的热爱之情和敬畏之心。唯美主义者王尔德曾这样描述新艺术风格对于自然素材的想象:"应该让草原上所有的花儿,都以它们的枝蔓环绕你们的枕头,让你们巨大森林中的每一片小叶,都把它们的形状提供作图案,让那野玫瑰、野蔷薇卷曲的枝条,永远活在雕刻的拱门、窗户和大理石上。"⑤另一方面,以线条简化动植物构图也是为了适应工业化生产的要求。比如,将重叠枝展的树叶与蜿蜒曲折的藤蔓抽象为简单的线条,可以减少生产的工序,降低产品的生产成本。

在创作实践上,英国新艺术运动的代表人物比亚兹莱的插画就体现

---

① 〔美〕杜兰:《世界文明史·东方遗产(下)》,东方出版社,1999,第898页。
② 宗白华:《艺境》,北京大学出版社,1986,第36页。
③ 陈龙海:《中国线性艺术论》,华中师范大学出版社,2005,第89页。
④ 〔法〕葛赛尔:《罗丹艺术论》,傅雷译,中国社会科学出版社,1999,第97页。
⑤ 〔爱尔兰〕王尔德:《王尔德唯美主义作品选》,汪剑钊编译,云南人民出版社,2011,第279页。

了新艺术运动对东方线条艺术特色的吸纳,如图书《亚瑟王之死》的封面只有黑白两色,但在黑白方寸之间,比亚兹莱以疏密有间的线条描绘了百合花的勃勃生机:平行盛放的百合花蕊竞相怒放,叶脉纵横交错,杂乱中的平衡体现了自然的和谐;花瓣头部的卷曲或浓或淡,或聚或散,如同中国书法中的刚柔相济,开合缓急。在新艺术运动的思想家看来,优良的艺术设计品质来源于对自然本性的领悟以及对自然逻辑的观察与表征。赫克托·吉玛德说:"自然这部巨著是我们所有灵感的最终源泉,我们要在这部巨著中寻找出根本原则,限定它的内容,并按照人们的需求精心地运用它。"①吉玛德所擅长的地铁风格就是以极度抽象而简单的线条,来细密地表现自然之物的内在属性与特征。如巴黎地铁入口的顶棚部分被有意地处理为贝壳和海螺的形状,杂以草本植物和海洋生物造型,为了避免单调,细小金属部件被软化成藤蔓缠绕状,竖直支撑和横梁等部件被装饰成树干状。经过这样设计,地铁入口看上去就像是一个藤蔓缠绕树干的自然凉棚,有机地融入了都市林荫道。

新艺术运动除了借鉴中国古代的"线"性艺术之外,还借鉴了伊斯兰艺术的阿拉伯图案。阿拉伯图案常以花卉、几何图案和书法艺术为装饰主题,以"无限延展"的方式重复,覆盖于装饰平面中。"在阿拉伯纹案中,书法纹无比的繁复,最能体现伊斯兰艺术的特点,无论是库法体、纳斯赫体,还是三分体、马格里布体、迪瓦尼体等各种变体,它们都以富有装饰性的曲线变化为特征,在有限的空间内创造出无限的图案,它们往往与几何纹、植物纹交叉重叠使用,浑然一体,相得益彰。"②

伊斯兰艺术图案的第二个特点则是流动感。在伊斯兰文化看来,运动是物质的存在形态,艺术是从审美的纬面表现了自然万物的运动状态。艺术的运动是世界万物更新和持续发展的表征,如果运动停止了,既意味着生命的终结,也意味着艺术的呆滞。那么如何在有限的二维平面表现无限的运动呢?一是上文提到的密集与繁复,让画面布满平匀纵横、无边无际的线条与色彩;二是以流动的线条来表现,在有限的空间里给人视觉的动势,让人的视觉从画面之内延伸至画面之外。诸如伊斯兰壁毯构图密繁、不留空隙,屑小的纹样点缀其间,就形成了一种强烈的动感。

伊斯兰图案繁复而流动的特征深刻地影响着"新艺术"作品。新艺术运动在欧洲各地虽有着不同的表现形式,但都采取自然主义的形式,特别是以

---

① 高兵强:《新艺术运动》,上海辞书出版社,2010,第124页。
② 郭西萌:《伊斯兰艺术》,河北教育出版社,2003,第168页。

自然界的有机形态来对抗机械工业化的设计风格,最为极端、最具理想主义的是地中海沿岸的西班牙地区,尤以西班牙新艺术运动领袖高迪的建筑作品为典型。高迪视建筑为有机的生态系统,其建筑作品遵循生命运动的规律,处处让人感受到生命的律动。如图2-3所示,卡萨·米拉公寓与四周千姿百态的群山相呼应,整体外观形如起伏的海浪,设计之初,因其装饰过满过密,报纸上以各种诨名攻击这座建筑,比如蠕虫、黄蜂巢等等。该公寓立面墙体凹凸不平,墙面布满海洋生物图案,好似波光粼粼的海面;屋檐和屋脊错落有致,如同蛇身扭转,屋顶下骨骼状的阳台饰以海草般的铸铁花饰;墙柱像麻花一样扭结,状如人体脊椎;室内桌椅符合人体尺度,流线型楼梯扶手、状若浮云的天花等给人一种视觉上的和谐,好像都是从公寓里“如植物般生长”出来一般。如图2-4所示,高迪设计的圣家族教堂是一座宏伟的天主教堂,其整体设计以大自然的物象诸如洞穴、山脉、树木、花草、动物为灵感,体现新艺术运动的自然主义设计风格。整个建筑立面如同充满

图2-3　卡萨·米拉公寓

图2-4　高迪设计的圣家族教堂

生命力的树木。"你们想知道我在哪里找到样本的吗？一棵挺拔的树，它托着主干而主干又托着支干、支干又托着叶子。自从上帝这个艺术家把它们创造出来，每一个独立的部分都和谐而蓬勃地生长。"①

　　比利时新艺术运动领袖凡·德·威尔德是一位嫁接新艺术理念与现代艺术思潮的过渡性人物，他虽然奉承"如无必要，切勿增添装饰"的理念，但其招贴画动感强烈，由粗细不一的流畅线条组成的树叶充满了跳跃不定的流动感，花朵状如燃烧的火焰。如图2-5所示，在《蛋白》这张招贴画里，字体方楷工整，而字体的

图2-5　招贴画《蛋白》

① 〔美〕菲茨杰拉德：《浮想联翩：新艺术运动风格》，赵立丹译，天津科技翻译出版公司，2002，第273页。

周围采用了抽象的流动线条,以突出公司的名称,静与动形成强烈的对比。字体下面的图案如回旋变化的圆涡形纹,跌宕起伏,色彩璀璨而又充满青春活力,体现了自然生命的运动形式和无休无止的创造过程。

三、包豪斯设计的生态价值向度

现代主义设计历经工艺美术运动、新艺术运动及装饰艺术运动的酝酿与准备,至德意志制造联盟时期臻于成熟。包豪斯①贯彻德意志制造联盟以"教育和宣传"来提高德国设计水平的方针。在艺术设计中,它注重发挥新材料和新结构的技术性能和美学性能,实现技术与艺术的统一;在设计宗旨与目标上,它倡导功能主义,使现代设计由理想主义走向现实主义。

格罗皮乌斯在《德绍的包豪斯——包豪斯的生产原理》一文中对"技术与艺术统一"思想做了完整的表述:"只有不断地接触先进的技术,接触多种多样的新材料,接触新的建筑方法,个人在进行创作的时候才有可能在物品与历史之间建立起真实的联系,并且从中形成对待设计的一种全新的态度,……遵循物品的自身法则,遵循时代的特质,进行有机的设计,避免罗曼蒂克的美化与技巧,为一切日常用品创造出标准类型,这是社会的必要需求。"②比如,现代工业产品简洁流畅的风格无不得益于化工提供的聚酯材料和模压技术,但仅凭科技并不能给人类带来美的享受,工业产品还须具有恰当的审美趣味与较高的艺术品位。为了实现艺术与技术的统一,包豪斯将建筑作为实践的切入点,因为建筑作为一门实用艺术能整合不同学科与艺术门类,体现技术与艺术的交流和融合。建筑不仅需要新技术、新材料、新方法,还需要把建筑与历史、时代、艺术很好地结合起来,这也正是包豪斯注重艺术与技术相统一的明证。"设计一座大型建筑或设计一把简单椅子的过程,其区别只是在程度上,而不是在原则上。"③由此可见,在包豪斯主将们看来,"技术与艺术的统一"不仅是方法,而且是必须遵循的原则。

工业革命后,尽管人们对机械生产的态度褒贬不一,但在设计领域,功能原则仍然不断地为人们所强调。"功能主义"作为设计概念最先由意大利建筑师 A.萨托里斯提出,后在路易斯·萨利文的阐发下延伸出功能主义原则。"无论何时,无论何地,形式都遵循功能——规律就是这样。功能不变,

---

① 德国包豪斯学校(Staatliches Bauhaus)的简称,其创始人为德国建筑师瓦尔特·格罗皮乌斯。也指包豪斯学派。

② 〔英〕卡梅尔-亚瑟:《包豪斯》,颜芳译,中国轻工业出版社,2002,第 215 页。

③ 〔英〕柯林斯:《现代建筑设计思想的演变》,英若聪译,中国建筑工业出版社,2003,第268 页。

形式也不变。……任何一种理智活动、心灵活动和精神活动的基本规律在于,生命在其表现中被认知,形式永远遵循功能。"①功能主义者认为,产品形式来源于功能结构,形式必须服从功能。这正如同作为饮具的玻璃杯,其在形式上必须保证底部没有洞,杯口光滑,不伤及嘴唇等。又如建筑,不仅需要拥有典雅华贵的外表,满足人们审美上的愉悦,而且更应具有完备的结构功能,满足居住的实际需要。

为了将形式与功能、审美与实用统一起来,格罗皮乌斯对"功能"做了广义的阐释,囊括了设计需要考虑的方方面面,即效用、审美、精神与经济等考量指标。"我从20世纪20年代初期就一直把功能主义思想作为唯一的直接的小路,它能把我们引向未来。但是在头脑简单的人看来,这条道路的确又直又窄,直接通向死胡同。功能主义真实的多重含义和它的心理方面概念(像我们在包豪斯创新的那样)已被人们遗忘。它被误认为是纯功利主义的态度,缺乏给予生活第一刺激和美的任何想象力。……按包豪斯的概念,功能主义还包括了对生理和人体的考虑使其发挥功能。"②那么"功能"与"形式"孰轻孰重? 格罗皮乌斯指出,功能第一,形式第二。他说:"物体是由它的性质决定的,如果它的形象适合于它的功能,人们就能一目了然地认识它的本质。一件物体的所有方面都应当同它的目的形象配合。"③也就是说,在现代设计中,"形式因素"(装饰成分)必须与功能及其他因素结合在一起,并以功能因素为基础。

最能体现包豪斯功能主义的是包豪斯校舍,它是一个综合性建筑群,整个校区按照各部分的功能需要和相互关系确定彼此的位置与体型。主要功能分区包括教学房、生活房以及职业学校(与包豪斯学校公用的一个建筑)用房。为了适应生产和生活的需要,包豪斯建筑用房采用联通与可调节性设计方案。剧场和食堂作为连接宿舍和车间的部分,既分割又联通,需要的时候可以合成一个大空间,供学生排练与表演之用。学生宿舍外墙设置悬臂梁阳台,阳台并列对举,给学生提供了一个交流感情的场所。包豪斯校舍的底部架空,可供人车通行。

包豪斯的第三任校长密斯说:"在今天的建筑中使用以往时代的形式无疑是没有出路的。……必须满足我们时代的现实主义的和功能主义的需要。""形式绝不是我们工作的目的,它只是结果。……好的功能就是美的形

① 范圣玺、陈健:《中外艺术设计史》,中国建筑工业出版社,2008,第54页。
② 章利国:《现代设计美学(增订本)》,清华大学出版社,2008,第241页。
③ 〔英〕卡梅尔-亚瑟:《包豪斯》,颜芳译,中国轻工业出版社,2002,第236页。

式。"①包豪斯倡导的"功能主义"顺应科技进步与社会发展的潮流,纠正了传统艺术设计重形式而忽视产品内在功能的偏向,使设计界对"功能"与"形式"之间的关系有一个清醒的理性认识,以此确立了真正意义上的现代主义设计风格,"功能主义"符合现代世界对产品形式、产品性能以及产品造价等的要求。

西方美学多次提到"简洁",德国艺术史家温克尔曼以"高贵的单纯"评价古希腊艺术成就;法国古典主义以"简洁"反拨巴洛克与洛可可艺术的繁缛,倡导庄重典雅、单纯理智的艺术风格;在现代设计风格的探索道路上,简洁有一个循序渐进的过程。工艺美术运动时期,莫里斯强调"师法自然",其工艺品的纹样大多是具象的自然花草;新艺术运动时期,自然花草的纹样被抽象为简单的线条;在德意志制造联盟中,线条进一步抽象为规则的几何形。概而言之,"装饰"在设计的现代化进程中是一步一步地被简约化的。"少就是多"是对现代设计理念最经典的表述,它由包豪斯的第三任校长密斯提出。这里的"少",一是指简化构件,减少屏障,最大限度地扩大容积或空间,二是指净化形式,减少没必要的附加装饰。由此可见,"少"是指装饰精简,"多"是指"功能"多或审美享受多。在密斯看来,首先,装饰对于现代文化而言是一种虚伪的造作,是没有必要存在的东西;其次,装饰浪费金钱和材料,损害人的健康。"现代装饰就是不装饰",只有那些"垃圾",那些花里胡哨的小玩意才会被肆无忌惮地装饰,而高级的装饰品则被设计得干净简洁、漂亮精致。

体现密斯简洁设计风格的作品有家具和建筑系列作品。家具如"巴塞罗那椅",它由弧形交叉状的不锈钢构架和真皮皮垫构合而成,双 X 型的椅腿,镀铬的钢管与柔软皮革的对比,明晰的色调,简洁而又不失细节。密斯设计的建筑单体大多是矩形方盒子,立面简约光洁,各个建筑单体之间高低错落,形成一种整体的和谐美。建筑的细部在密斯的设计中往往精简到不可再简的地步。如巴塞罗那德国馆,在形式处理上,主要靠钢铁、玻璃等新建筑材料表现其立面的光洁平直,以及材料本身的纹理和质感;在空间划分和建筑形式处理上,充分体现了密斯设计的结构逻辑性、空间自由分割与连通,并与建筑造型密切相关的特点;室内房间并不全然隔绝于室外,而是相互衔接与交错,产生一种封闭又开敞,或半封闭半开敞的"流通空间"。馆内小水池中的少女塑像是馆内的唯一装饰,吸引着观者的眼球,成为德国馆的视觉中心。巴塞罗那德国馆完美地表达了精炼、简洁的现代主义设计风格,

---

①　章利国:《现代设计美学(增订本)》,清华大学出版社,2008,第 131 页。

印证了密斯"少就是多"的名言。

法古斯工厂厂房由格罗皮乌斯与迈耶共同设计,充分体现了功能主义美学的应用。厂房分为三层楼,以钢筋混凝土为支撑构架,外墙与支柱脱开,形成大片连续轻质幕墙,幕墙与混凝土之间有规律地交替,形成一种虚与实、光与影的对比。厂房在设计上摒弃了一切样式化的因素,尽可能将简洁和纯粹做到极致,建筑的整体构图以烟囱为中心,其余的任何体量都力求安静、平和。在平面布局上,厂房依据鞋楦工作车间的需要,从内向外设计,先确定各车间的生产功能,再确定车间之间的相互关系,最后确定厂房的整体外观,由此形成的不对称构图体现了非对称的美感。厂房的四角没有角柱,支撑用的立柱减缩为狭长的钢带,充分发挥钢筋混凝土楼板的悬挑性能。整栋建筑表面光洁简单、清新紧凑,体现了现代主义设计的简约风格与理性主义设计原则。

简洁、明确、流畅的形式特征在包豪斯成员看来,是一种民主精神的表达,它为工业社会的杂乱环境提供一种良好的抑制和平衡杂乱的效果,也有利于他们在物品中重建"真理"和"诚实",反叛传统艺术理论把物品当"理式"或"现象"的观念。密斯"少就是多"的设计理念是平民主义设计立场的反映,它并不是简单地追求功能主义,而是"艺术与技术相统一"设计观念的深化或落实。

第三章　生态审美教育的特性

传统审美教育以艺术为手段，其教育目标在于净化、陶冶受教者的灵魂，使其学会欣赏美、热爱美，其审美范式是主客疏离、以视听感官为主的"静观美学"的教育；而生态审美教育因为引入"自然之美"的美育手段，是一种身体感官全部介入的"参与美学"的教育。它与传统审美教育一样也是情感教育，但它坚持科学认知与伦理道德的统一、自然内在价值与外在价值的统一，最终使受教者成为生态责任的承担者。

第一节　情感教育：审美、认知与 伦理实践的统一

生态审美教育与传统审美教育同样是情感教育，但其"审美情感"并非指向审美本身，而是培养人对自然的敬畏之心；从审美情感的对象看，传统审美教育是为了培养人对艺术的喜爱之情，而生态审美教育的审美情感指向自然、艺术、社会与自我。

一、生态审美教育是一种特殊的情感教育

一般说来，情感可分为三种：一种是以情感体验与精神需求为目的的审美情感，一种是以道德行为与道德义务为目的的道德情感，还有一种是为追求真理认知而服务的认识情感。那么生态审美教育与传统审美教育在"情感教育"上有何不同呢？

一方面，在传统的审美教育中，审美主体对审美对象采取一种非功利、无利害的观照态度。比如人们喜欢观赏齐白石所画的"虾"，并不是因为虾好吃、能卖钱，而是因为虾的形式美蕴含有一种勃发的生命力。另一方面，传统的审美教育是为了满足审美主体自身情感的需要。比如，在亚里士多德的悲剧理论中，悲剧的作用是"借引起吝悯与恐惧"，来使这种情感得以

Katharsis(净化):或通过悲剧的"净化"功能,让审美鉴赏者从痛苦、焦虑的情绪中解脱出来;或通过悲剧的"宣泄"功能,让审美鉴赏者从过分强烈的情绪波涛中复归平静;或通过艺术的"陶冶"功用,让审美鉴赏者的灵魂得以升华。① 无论"净化""宣泄"还是"陶冶",都是指艺术美育作用于"情感"教育本身,并不明确指向伦理道德和科学认知。

正因为传统审美教育的"情感"维度摆脱了直接功利主义和科学认知的束缚,"自由性"就成了传统审美教育的理论出发点。因为艺术美的关键在于"表现的自由","艺术美并不是自然本身,而只是以质料上完全不同于被摹仿事物的媒介对自然的摹仿"②。也就是说,艺术之所以美,是因为在艺术摹仿活动中有表现的自由。不难理解,以艺术教育为手段的审美情感也相应是一种自由的情感或游戏性的情感。诚然,这种自由的情感可将人蛰伏的潜能唤醒,从而激发人的创造力。然而在教育实施中,传统的审美教育慢慢沦为了艺术知识的灌输和专业技能的培养。鉴于此,21世纪初,以滕守尧为代表的一批学人提出生态式艺术教育的主张,这种艺术审美教育理念将各种艺术门类课程、人文社科课程甚而自然科学课程互相打通,建立起艺术与生活、艺术与文化、艺术与历史之间的密切联系,让艺术鉴赏者在感知与体验、反思与评价中获得一种生态智慧。这种教育模式在某种程度上恢复了学生的审美感受,培养了学生的自由个性与生态人格,开发了学生的创造力,但它以"艺术教育"为中心,忽视了自然审美教育的作用。

生态审美教育则不同,作为一种情感教育,它一方面培养人与自然的友好感情,正如卡尔·荣格在自传中写道:当自己生活在村野的石屋中时,"我是在自己真实的生命中,最深沉地感到我是我自己。……有时候,我感到自己似乎在大地上铺展开来,进入了万物中,在每一棵树里,在浪花飞溅里,在白云里,在来往奔走的动物里,在季节的变换中生活着。在这几十年中,塔里的每一件东西都变得有自己的形体,每一件东西都跟我产生了某种联系……就是包围着我的寂静,似乎也都是我能听到的东西,我算是'跟自然取得了一点和谐'。"③另一方面,生态审美教育还导向科学认知与伦理实践。比如在美育课堂上,老师试着铲起一把泥土和落叶层,并把它们放在白布上,让学生像生物学家那样观察。"这团微不足道的泥土所包含的有关地球结构的有序性和丰富性特别是地球历史的信息,要远远多于其他(无生命

---

① 马新国编:《西方文论史(修订版)》,高等教育出版社,2002,第37—39页。

② 〔德〕席勒:《席勒美学文集》,张玉能编译,人民出版社,2011,第90页。

③ Carl G. Jung, *Memories*, *Dreams*, *Reflections* (New York: Vintage Books, 1963), pp.225-226.

的)星球的整个表面所包含的同类信息。这团泥土是一个微型的荒野世界；如果我们把存在于其中的有机体选为严肃的生物学研究对象，那我们就是皓首穷经也难以揭开其中的所有秘密。生存于其中的每一物种都是在最残酷的生存斗争条件下历经数百万年进化的产物，每一有机体都是一个巨大的基因信息储存库。"①在生态审美教育者看来，自然界的荒野如同一部记载自然进化的史书，每一个物种或岩层都积淀着数亿年的生物进化过程。以自然界的荒野为审美对象或带领学生经常光顾荒野能让学生了解到大自然的科学知识，领悟到大自然的认知价值与生命价值。现在许多公园将标牌由原先的"小草青青，脚下留情"改为"小草微微笑，请你绕一绕"，这就意味着对小草生命的尊重，体现了一种生态平等意识，同时也是对所有观赏者进行生态审美教育。当然，生态审美教育并非让人们牢记生硬的自然伦理原则，而是让人们对自然万物充满同情与敬畏。走进大自然，人们在真实地触摸与感受自然生命的过程中，会不自觉地唤醒生态审美本性，树立起生态自我意识。

从审美情感的对象上看，传统审美教育是为了激起人们对"美的艺术"的情感，通过艺术形象的感染达到"宣泄"或"净化"人之情感之目的。而生态审美教育之情感指向自然、社会与自身，其目的是为了唤醒人的生态本性，激发人们审美地对待自然、社会与自我。正如曾繁仁先生所认为，生态审美教育首先是教育人们以审美的态度对待自然、热爱自然和保护自然；其次是教育人们以审美的态度对待他人，建立人与人之间平等友爱的和谐关系；再次是以"自然"或"艺术"的手段陶冶人，让人的身心和谐健康地发展。②

二、生态审美教育是一种尊重与敬畏生命的教育

传统审美教育将艺术视为唯一的教育手段，是因为在美学家和教育家们看来，艺术美比自然美更集中、更典型、更具有普遍性。"自然美只是属于心灵的那种美的反映，它所反映的只是一种不完全不完善的形态，而按照它的实体，这种形态原已包涵在心灵里。"③生态审美教育者不仅重视艺术的审美，在教育实践中采用生态式教学模式，而且给自然审美或环境审美以应有的位置。这是因为艺术审美有时包括了环境审美，比如建筑艺术、园林艺

---

① 〔美〕罗尔斯顿：《环境伦理学——大自然的价值以及人对大自然的义务》，杨通进译，中国社会科学出版社，2000，第 262 页。
② 曾繁仁：《试论生态审美教育》，《中国地质大学学报(社会科学版)》2011 年第 4 期。
③ 〔德〕黑格尔：《美学(第 1 卷)》，朱光潜译，商务印书馆，1979，第 5 页。

术虽是一种实体性的环境存在,但它毕竟是艺术的,我们对它的鉴赏必须如环境审美那样"参与式"地进行。反过来看,二维平面艺术有时也"可游",也需"参与",比如张择端的《清明上河图》采用"散点透视"构图,作品全卷长5米多,我们鉴赏这幅画时,需要挪动脚步,游动视线。从这个意义上说,环境与艺术是相通的,因而生态审美教育在教育实践中应注重艺术与环境、艺术与自然的连续性,关注生命的整体性与环链性,以此来消解"人类中心主义"立场,培养人类的谦逊之心与对自然的敬畏之心。"我所知道对付人类那种常常流露出来的自高自大、自以为是的心理的唯一方式就是提醒我们自己:地球这颗小小的行星在宇宙中仅是沧海之一粟;而在这颗小行星的生命过程中,人类只不过是一个转瞬即逝的过客。还要提醒我们自己:在宇宙的其他角落也许还存在着比我们优越得多的某种生物,它们优越于我们可能像我们优越于水母一样。"①因此,生态审美教育让学生敬畏每个想生存下去的生命,如同敬畏人类生命一样。敬畏生命在这里既是一种态度,更是一种品质,它让我们对自己的行为负责,不让我们随意地、粗暴地、毫不内疚地杀死每一个生命。

在传统的伦理学中,伦理只局限于人际关系中,人对动植物具有生杀予夺的大权。生态中心主义者则以人与动物智商同质为理由,主张在任何情况下都不应该捕杀动物。英国著名小说家托马斯·哈代甚至主张应该将《圣经》中的"金规则"——"你愿意别人怎么样待你,你也要怎么待别人"运用到其他物种特别是动物身上。当代环境理论家阿尔伯特·施韦泽甚至指出:"一个人,只有当他把植物和动物的生命看得与人的生命同样神圣的时候,他才是有道德的。"②很显然,生态中心主义者虽然纠偏了传统伦理观的"人类中心主义",但实际上否定了人类正常的吃穿住行等权利,这在实践上是有害的。比如,面对肆虐的SARS病毒,我们该怎么办,难道让病毒杀死人类吗? 因此,生态审美教育者持生态伦理观,主张人与万物在地球上平等地占有一个位置,地球上的任何生物包括病毒不能危及人类的生存,同时,人类行为也以不伤及自然的完整、稳定与平衡为道德底线。这正如利奥波德在《沙乡年鉴》中所说:"当一个事物有助于保护生物共同体的和谐、稳定和美丽的时候,它就是正确的,当它走向反面时,就是错误的。"③在生态伦理中,尊重物种的种族生命甚于物种的个体生命,生态伦理并非反对任何意

① Bertrand Russell, *How to Avoid Foolish Opinions*,转引自陈望衡:《环境美学》,武汉大学出版社,2007,第414页。
② 〔法〕施韦泽:《敬畏生命》,陈泽环译,上海社会科学院出版社,1996,第25页。
③ 〔美〕利奥波德:《沙乡年鉴》,侯文蕙译,吉林人民出版社,1997,第213页。

义的杀生,而是要求杀生必须有利于地区生态平衡的稳定;其次,生态伦理遵循中枢神经系统的原则,即在捕杀动物时,尽量减少它们的痛苦,给它们以精神上的尊严。例如,在用动物做实验和研究时,应该尽量选择那些感觉能力比较弱的动物。美国有一家制药公司曾提出一项申请,要求用黑猩猩来对一种乙肝疫苗进行试验,因为黑猩猩的身体功能和结构相似于人类,其作为试验对象可提高数据的可信度。如从传统伦理学的角度来看,这当然是最好不过的了,但如果从生态伦理的角度来看,黑猩猩是高智能的社会性动物,其对痛苦的感受亦相似于人类,则应取消这项申请。

第二节　价值教育:内在价值与外在价值的统一

在传统哲学的视野中,人与自然是对立分离的两种截然不同的存在,自然本身无价值可言,自然对人类而言,只有被利用的价值。而在马克思主义哲学中,自然并不是孤立于人之外的存在,而是人的产物,反过来看,人也是自然的产物,总之,人与自然是互为一体性的存在。"自然界的人的本质只有对社会的人来说才是存在的……社会是人同自然界的完成了的本质的统一,是自然界的真正复活,是人的实现了的自然主义和自然界的实现了的人道主义。"[①]以此立论,从价值学的角度看,自然对人而言,就不仅具有外在价值,而且具有与人一样的内在价值。

一、自然价值的认知与"荒野哲学"的产生

价值是自然进化的产物,自然不仅生成了价值评价的客体,而且孕育了价值评价的主体。价值作为一种哲学范畴,体现了评价客体属性与评价主体需要之间的一种效用关系。纵观人类对自然价值的认知史,大致经历了一个从荒原、资源到家园的漫长演进过程[②]。在人类文明诞生之初,中国古代道家将"自然"作为世界的本源,"自然"是一种无定型的"混沌"之气;在西方哲学家柏拉图的"理式"说中,"自然"由"理式"所派生,是对"理式"的摹仿;在中世纪哲学家普罗丁眼里,自然万物均由"太一"流溢出来,大自然

---

① 〔德〕马克思:《1844年经济学哲学手稿》,中共中央马克思、恩格斯、列宁、斯大林著作编译局译,人民出版社,2000,第83页。

② 赵红梅:《美学走向荒野——论罗尔斯顿环境美学思想》,中国社会科学出版社,2009,第75—76页。

是一个远离"太一"的鸿蒙之地。由此可见,在古代人的自然价值观里,自然
是神秘的、封闭的、自洽的理念世界,这个世界与人世隔绝,是无价值可言
的。近代以来,随着科学的发展与神学的式微,自然成了人类的控制对象,
无论是培根的经验论自然价值观、笛卡尔的唯理论自然价值观,还是拉美特
利的机械论自然价值观,都将自然视为一个可以认知的对象,自然在他们看
来是可以利用的资源,他们主张用科学实验的方法去探索自然的奥秘,以满
足人类生存与发展的需要。在德国古典哲学中,康德、黑格尔与费尔巴哈将
辩证法带进自然哲学的分析中,阐发了自然有机论。康德认为,从人到最低
等生物,它们对自然造化的作用并不是无关紧要的,缺少哪一个都会损害彼
此之间的整体美;黑格尔认为,大自然并不是一个杂乱无章的世界,而是一
个既纷繁复杂又相对统一的有机体。但需要指出的是,康德、黑格尔的自然
有机论思想虽然蕴含生态整体主义,但不可避免地带有唯心主义色彩,在他
们看来,自然界是精神活动的产物,人才是整个宇宙的中心。

随着科学技术的进步,自然的资源价值被发现,人类开始肆无忌惮地开
发利用自然,这就是学界所批判的对自然进行"竭泽而渔""杀鸡取卵"式掠
夺。"自然资源论"无疑是"人类中心主义"的反映,在生态美学家看来,"人
类中心主义"是以人类的利益为中心的价值观,根据其对自然的态度,可分
为强式人类中心主义与弱式人类中心主义。强式人类中心主义认为,人是
理性动物,其余一切非理性的存在物都是人类的工具或情感投射物,没有人
的在场,价值无从谈起;弱式人类中心主义主张对人的感性偏好进行节制,
反对人类对大自然的掠夺式开发,承认自然具有内在的价值。当今蔓延世
界各地的环保主义者就是弱式人类中心主义的代言人,他们保护环境的根
本目的是为了子孙后代的利益。比如治理大气污染是为了让人类呼吸新鲜
的空气;植树造林是为了改善人类的生存环境,给人类提供更多的木材;保
护野生动物是因为物种灭绝会影响生态系统的稳定性,危及人类的生存;严
控二氧化碳的排放是因为温室效应会带来全球气温的回升,影响人类的生
存空间。由此可见,弱式人类中心主义的种种环境治理之策,也是以人的利
益和生存为中心的。总之,无论是强式人类中心主义还是弱式人类中心主
义,都以人的利益和需要为评判自然价值的前提,自然在他们眼里都是资
源,区别只在于,前者姑息纵容人们最大限度地开发自然,而后者主张人们
理性地开发,以保证人类的可持续发展。

事实证明,"自然资源论"促进了人类科技与经济的高速发展,但同时也
消除了人类对自然的神秘感与敬畏感,使人类陷入精神无家可归的境地。
正因为人类中心主义自然价值观给人类带来了生态危机与精神危机,20世

纪后半叶,非人类中心主义自然价值观应运而生。非人类中心主义自然价值观坚持生态整体主义,强调人与自然的同一性。持非人类中心主义自然价值观的学说有以辛格为代表的"动物解放主义"、以施韦泽为代表的"敬畏生命"伦理学、以泰勒为代表的"尊重自然界"伦理学、以利奥波德为代表的"大地伦理学"、以奈斯为代表的"深层生态学"和以罗尔斯顿为代表的"荒野哲学""自然价值论"等。其中尤以罗尔斯顿的"自然价值论"最为充分,罗尔斯顿将自然价值分为十种,概而言之,可分为工具价值、内在价值与系统价值。所谓工具价值是指大自然对人类具有经济、消遣、审美与科学研究的功用,这是人类中心主义"资源"论者谈论最多,也最能为大家所接受的观点。所谓内在价值是指大自然本身所具有的,无须外部参照与评价、客观存在的价值。比如自然中的每一个有机体都有追求自身完善的内在目的性。"生命机体有它们自身的标准,虽然它们必须适应它们的生态位……它们有一种技术,一种诀窍。每一个生物机体有它的类的善;它维护它自己的类,把它当作一个好的类。"①所谓系统价值是指大自然具有维持生物多样性与统一性的性能。"生态学是在宏观层次上编织了一个统一的生命之网,而电子显微镜和 X 射线分光仪则揭示了生命在微观结构上的统一。"②在罗尔斯顿看来,正是大自然物种的多样性与统一性造就了人类复杂而统一的心智,从这个意义上说,大自然是人类的精神家园。"依恋自然、回归自然是人的天性。人们回到自然这位母亲的怀抱可以得到最大的亲情、温情和抚慰。大自然以其无比的魅力把人的注意力全部吸引,她将人的心灵中种种实际的牵累统统驱赶出去,而让人的心灵获得最大的自由和愉快。"③从文化启示的意义上看,大自然多种生物机体在矛盾斗争中互补共生,共同创造出一派盎然生机的世界,这种融矛盾性于和谐性中的物种生存法则对今天的生态文明建设具有借鉴意义。

二、生态审美教育坚持自然外在价值与内在价值的统一

在以"人类中心主义"为主导的价值体系中,所有价值都是建立在人与对象的物质关系基础上的,自然对人只有外在的工具价值而没有内在的价值。自然工具论者否认自然的内在价值,实际上就是我们前面所论述的,将"自然"视为一种资源。在康德的批判理性哲学中,大自然是一种无理性的

① 〔美〕罗尔斯顿:《基因、创世记和上帝——价值及其在自然史和人类史中的起源》,范岱年、陈养惠译,湖南科学技术出版社,2003,第 45 页。
② 〔美〕罗尔斯顿:《哲学走向荒野》,刘耳、叶平译,吉林人民出版社,2000,第 140 页。
③ 陈望衡:《交游风月——山水美学谈》,武汉大学出版社,2006,序言。

"物","大自然中的无理性者,它们不依靠人的意志而独立存在,所以它们至多具有作为工具或手段的价值。"①即便生态中心主义者霍尔姆斯·罗尔斯顿也未反对自然的工具价值,他所说的自然具有的经济价值、消遣价值、科学价值与审美价值指的就是自然的工具价值。比如自然界霉菌中的青霉素微不足道,弗莱明却发现它具有天然的抗菌能力,能医治人体身上的炎症;我们人类每天食用的小麦来源于野生小麦与山羊草的一次偶然杂交。从自然生态系统的"共生性"看,自然界的每一物种都不是无用的、多余的,"这些个体生命都以各自的方式贡献于环境的总体质量,从而贡献于对人类生命的支撑。"②

生态伦理学家认为自然具有"内在价值",以雷根为代表的"动物解放主义"者认为,动物与人一样都具有天赋的内在价值,它们都能感受苦、乐;以阿尔贝特·施韦泽为代表的伦理学家认为,凡是有生命的存在物都有意志,都有内在价值,都应该受到尊重;以泰勒为代表的环境伦理学家认为,任何物种都有类的"善"与"好",每一个生物个体在生长发展过程中都以自己的方式追求"好",这就是内在价值的体现。在荒野哲学家罗尔斯顿看来,自然不仅具有工具价值,而且还有内在价值。"荒野乃是人类经验最重要的'源',而人类体验是被我们视作具有内在价值的。认识到这一点后,我们就不愿止于认为荒野有工具价值了——作为产生生命的源,荒野本身就有其内在的价值。"③他举例说,野生动物能捕猎和嚎叫、寻到适合自己的生存环境、找到异性同类交配、养育自己的后代,植物能够生长、繁殖、修复自己的创伤和抗拒死亡,就是自然"内在价值"的体现。

罗尔斯顿对自然内在价值的肯定,引起了中国当代许多学者的研究兴趣。王海明认为,核定价值主体是否具有内在价值,关键是看其是否具有分辨好坏利害与趋利避害的能力,因而他得出结论:生物具有内在价值,而非生物则没有内在价值。④ 余谋昌在《自然内在价值的哲学论证》一文中肯定了生命与自然界的生存目的性、主体性与主动性,以及生命与自然界的"价值能力"和生存智慧等,充分论证了罗尔斯顿的自然内在价值论。⑤ 蔡萍、金延认为,自然内在价值论存在伦理关怀的误置与价值评价的缺位,有悖人类理性的取舍,在实践中会带来"厌世主义"与"反人类主义",为了人类的

---

① 周辅成:《西方伦理学名著选辑(下)》,商务印书馆,1987,第371页。
② 〔美〕罗尔斯顿:《哲学走向荒野》,刘耳、叶平译,吉林人民出版社,2000,第125—126页。
③ 同上书,第213页。
④ 王海明:《自然内在价值论》,《中国人民大学学报》2002年第6期。
⑤ 余谋昌:《自然内在价值的哲学论证》,《伦理学研究》2004年第4期。

长远与整体的利益,应该坚持主—客—主思维模式来重新考量人与自然的价值关系。① 赵玲、王现伟认为,无论自然内在价值的客观依据还是主观意图都是建立在主客二分的思维模式之上,对自然内在价值的认知应该以现象学的方法进行分析,即自然既非人类的工具与手段,也非具有评价环境能力的价值主体,其意义在于其以整体性存在给人提供生存的基础。② 郁乐认为,自然是否具有内在价值,应以"合目的性"为依据,自然在人类眼中具有"无目的"的"合目的性",这种"合目的性"只是自然的运作方式而已,并非自然的自为目的,因而自然的内在价值只能理解为自然向人生成的价值。③ 由以上纷纭的聚讼见出,怀疑论者始终抓住"价值"的内涵,即价值只能存在于人与物的需要关系中,否认自然的价值主体地位。而以余谋昌为代表的支持论者则坚持人与自然的同一性,从进化论的角度论证主体的层次性,即人与其他的生命形式都能成为主体,只是主体层次不一样罢了。

生态审美教育持"生态整体主义"立场,坚持自然界内在价值与外在价值的统一。"工具价值与内在价值统一于万物中。工具价值显现的是作为手段存在的一面,内在价值显现的是作为目的存在的一面。"④毋庸置疑,自然具有外在的经济价值、审美价值与科学价值,而且还具有内在的生命价值、多样性与统一性价值、稳定性与自发性价值等。无论是内在价值还是工具价值(外在价值),最后都要统归于系统价值,系统价值在某种程度上是内在价值与外在价值的转换器。例如,印度洋毛里求斯岛中的卡伐利亚树坚果被渡渡鸟所食,卡伐利亚树坚果实现了工具价值,毁灭了内在价值;当果核经渡渡鸟肠胃消化,掉入土壤腐殖质层,生长出一棵卡伐利亚树幼苗,坚果的工具价值又转换成了卡伐利亚树的内在价值。在生态审美教育者看来,地球上的人、生命和自然界是一个互相依存的生态系统,某一方的存在既有着自己生存的目的,同时也有利于他方的生存。又如一颗松树种子掉在地上,天长日久,利用地上的泥土、空气和水慢慢生长发芽,最后长成了一棵参天大树,这是它自身生长目的的实现(内在价值)。同时,它又利用太阳能把水和二氧化碳等资源转化为碳水化合物,释放出氧气,供其他的生物利用,成为他物生存的条件(外在价值)。总之,在地球的生态系统网络中,一

---

① 蔡萍、金延:《自然内在价值论的置疑与反思》,《求索》2008年第6期。
② 赵玲、王现伟:《关于自然内在价值的现象学思考与批判》,《社会科学战线》2012年第11期。
③ 郁乐:《什么是自然的内在价值——批判视野下自然的内在价值概念》,《华中科技大学学报(社会科学版)》2017年第3期。
④ 赵红梅:《美学走向荒野:论罗尔斯顿环境美学思想》,中国社会科学出版社,2009,第125页。

种生物的存在,既是它自身的目的,又是他物的手段。生态审美教育强调这一点,意在告诫人们,人类要尊重自然的生长规律,保护生态系统的稳定性、完整性和完美性。

第三节　伦理教育:由人际之爱延展到 人对自然万物的爱

众所周知,人与社会关系的处理除了需要法律手段外,还需要伦理道德的手段,前者是强制性的,后者则是教育性的,但法律手段的惩罚原则应以伦理道德的许可与认同为基础。同理,环境法学对破坏环境行为的处罚仍以生态伦理为基础。生态伦理兴起于 20 世纪 40 年代,以英国科学家奥·莱奥波尔德的《大地伦理学》为标志。

一、生态伦理维护生物共同体的完整、稳定和美丽

生态伦理是否存在? 这首先涉及人类是否应该关爱大自然这一问题,而答案无疑是肯定的,人类与自然须臾难离,自然是我们的生命之源,我们必须以道德的情感呵护自然。正因此,当代著名的生态哲学家霍尔姆斯·罗尔斯顿在《哲学走向荒野》一书中以"灰熊的灭绝减少人类的荒野体验"为例,呼吁建立一种将人类与其他物种视作同伴的生态伦理。"从这样的生态伦理的角度来看,人类的兴旺发达与生态系统及生态系统中其他自然物种的兴旺发达在多大程度上能分离开来呢? 我们需要的似乎是这样一种伦理:它是把人类与其他物种看作命运交织到一起的同伴。"①在传统的伦理学中,我们总是习惯于把人作为权利与价值的主体,如果涉及非人类领域,则将之视为人类的从属对象。比如我们经常提倡保护某些珍奇动物,主要是出于更重要的目的和手段,或把它们视为生态系统的有用组份,或是为了科学研究,或是为了孩子能观看这些动物。但是,如果我们对这些观点进行反思判断的话,发现其最后的辩辞还是站在"人类中心主义"立场上告诫人们不要毁灭美的生命形式;如果我们站在生态伦理的角度来看,就会觉得物种自身有一种生命的权利,它们应该继续生活下去。

根据科学家达尔文的进化论观点,人类的伦理预设最初是以自己的利益为中心的,然后像晕圈一样向周围扩散开来,由关注自我扩展到家庭部

---

① 〔美〕罗尔斯顿:《哲学走向荒野》,刘耳、叶平译,吉林人民出版社,2000,第 3 页。

落,然后波及民族与社会,最后"人的同情心变得更加敏感,而且扩展到更广的范围,扩展到所有种族的人,扩展到低能者、伤残者及社会上其他无用的成员;最终又扩展到比他低级的动物"①。不难理解,以此关怀下去,人类的伦理范围最终会扩展到植物、陆地景观、海上景观等自然生态系统。由此可见,生态伦理的提出是人类生态审美本性的自然复醒。20世纪中期,美国科学家奥尔多·利奥波德发表了《大地伦理学》,提出了这样的结论:"任何事物,只要它趋于保持生物共同体的完整、稳定和美丽,就是对的;否则,就是错的。"②在这里,利奥波德并非反对人类改造自然的行为,而是认为人类的改造行为必须以不破坏自然生态平衡为准则。"我们的改造活动得是合理的,是丰富了地球的生态系统的;我们得能够证明牺牲某些价值是为了更大的价值。因此,所谓'对',并非维持生态系统的现状,而是保持其美丽、稳定与完整。"③

毋庸置疑,生态(环境)伦理对人类的生存与发展的意义是非常巨大的。环境伦理学者李培超说:"环境伦理学的产生扩大了人的责任范围,人的责任范围的扩大,一方面表现在它最为普遍的意义上,要求人们承担起保护自然环境的责任。对于整个人类来说,自然环境是唯一的、共同生存的家园。在她面前,没有种族的界限,没有地域的隔阂,也没有时空的限制,更没有年龄、性别、身份等因素的规定,这种伦理责任是跨文化的、普遍的。另一方面表现为保护自然环境是没有尽头的永恒的义务,环境伦理要求人类在世代延续过程中必须要把这种保护环境的义务传递下去,不管沧海桑田、世事变迁,对自然环境的道德义务将是人类永不能推卸的责任和使命。所以环境伦理具有一种全球伦理、'人类'伦理的意义。"④

二、生态伦理对自然伦理、社会伦理的超越

按照我国学者刘湘溶先生的看法,参照人类改造自然的实践进程,伦理学的发展大致经历了从自然伦理到社会伦理再到生态伦理的演进过程。所谓自然伦理,是指人类在远古时期,因受制于自然的压迫而萌生的"自然崇拜"观念,对自然表现出温顺与谦卑,由此产生的敬天地、敬鬼神的宿命论。而社会伦理则奉行于人类文明初期至近代,人类战胜自然后,社会矛盾聚焦于社会分工与财富的分配等问题,社会伦理探讨公平、公正、权利、责任和义

① 〔美〕罗尔斯顿:《哲学走向荒野》,刘耳、叶平译,吉林人民出版社,2000,第34页。
② 〔美〕利奥波德:《沙乡年鉴》,侯文蕙译,吉林人民出版社,1997,第224页。
③ 〔美〕罗尔斯顿:《哲学走向荒野》,刘耳、叶平译,吉林人民出版社,2000,第30—31页。
④ 李培超:《环境伦理》,作家出版社,1998,第19—20页。

务,其主要功能在于调整各种复杂的社会关系。而生态伦理则诞生于自然对人类的报复以及人类的幡然悔悟背景之上,它旨在再次调整人与自然的关系,让人类担负起保护自然的责任。很显然,生态伦理是对自然伦理与社会伦理的超越,具体说来,表现在以下几个方面。

与自然伦理相比,生态伦理自觉地关爱包括人在内的一切生物的生命,甚而地球本身。原始人信奉万物有灵,是因为他们恐惧遭到自然的报复而不得不爱护自然。"他们认为耕地是亵渎神灵,翻耕土地意味着冒犯神秘力量,因而会给自己招来惨祸。"①在原始人看来,自然界到处有神灵,生活就是与自然神灵做斗争的过程,因而自然伦理带有被动尊崇、盲目顺应的成分。而生态伦理学是在人类认识生态规律的科学基础上,出于对人类命运的忧思而建立起来的,它主动、理性地关爱地球上的一切生物。"我们不仅与人,而且与一切存在于我们范围之内的生物发生了联系。关心它们的命运,在力所能及的范围内,避免伤害它们,在危难中救助它们。"②生态伦理不仅关爱地球上的生命,而且关爱地球本身,它将地球视为一个活的、有生命的机体。在生态伦理学家看来,无论是地球大气圈的形成、地球上的板块运动,还是地球对太阳能的吸收、地球上物质与能量的循环,均是生命活动的产物,人类离不开地球,地球也得依靠人类的生命来维持。

在道德的对象范围上,生态伦理将人与人之间的关怀扩充到人对自然万物的关怀,即接受道德关怀的对象不仅是人,还包括动物、植物甚至微生物。需要指出的是,人对自然万物的爱并非佛教和唯生态论者所主张的一律不杀生,而是尊重自然界的生态法则,维护生态系统的整体平衡。"出于环境伦理的立场,我们最为看重的不是某一动物的生命,而是这一物种的生命,而且也不只是这一物种的生命,而是这一物种的生命与其他物种生命的协调发展。"③据报道,19世纪中叶,澳大利亚农场主为了吃到美味的野兔肉,从外地引进了十几对野兔。由于野兔在澳大利亚本土没有天敌,疯狂地繁殖起来,不到十年,野兔成千上万,此时的澳大利亚人民出于爱护动物的善良本性,不杀兔。没想到又过几年,野兔成灾,啃完澳洲的草木,接着啃农作物,最终导致澳洲土壤退化,粮食减产,澳大利亚政府最后不得不利用生化武器灭兔才避免了生态灾难的蔓延。④　由此看出,为了生态系统的整体

---

① 〔法〕列维-布留尔:《原始思维》,丁由译,商务印书馆,1987,第31页。

② 〔法〕施韦泽:《敬畏生命》,陈泽环译,上海社会科学院出版社,1996,第7—8页。

③ 陈望衡:《环境美学》,武汉大学出版社,2007,第76页。

④ 锅巴美食:《澳大利亚野兔泛滥成灾,100亿只野兔放到中国能吃几年?》,新浪网,http://k.sina.com.cn/article_7037615586_1a3797de200100svuf.html,访问日期:2021年2月1日。

平衡,对某些物种或动物的繁衍进行适度控制是很有必要的,杀伐某些物种看似残忍,实是对整个自然权利的尊重。又如多年前湖北十堰地区的野猪数量激增,出现多起野猪伤人、与人争粮的事件,在这种情势下,当地政府不得不对野猪进行适度捕杀。对于植物生态系统的控制也是如此,早些年,我国为了解决家禽家畜饲料短缺的问题,从巴西引进凤眼莲,由于凤眼莲适应长江中下游地区温暖湿润的环境,疯狂地繁殖起来,以致弥漫于池塘与稻田,对我国中部水域环境造成了极大的危害,因而捕捞凤眼莲就成了环境保护的必要措施。当然,尽管动植物的个体生命未必一定要得到保护,但这并不意味着我们就可以滥杀与滥伐,我们的杀伐必须以不破坏本地区的生态平衡为限度。由此看出,生态伦理既反对消极服从自然律令、把自然当成丝毫不可触动的圣物加以对待的生态中心主义,也反对在处理自然关系问题上的人类中心主义,而是主张将深刻的人道主义与强烈的生态学意识相结合,坚持对人类之关怀和对生命与自然之关怀的统一。

公正是社会伦理学的范畴,在西方,古希腊的哲学家们将之视为一种个人德性与社会德性,把它作为判断人间是非曲直,确立社会良好秩序的基础。在中国,公正首先体现在自然伦理学中,诸如老子的"天地不仁,以万物为刍狗;圣人不仁,以百姓为刍狗。"(《老子·第五章》)意思是说,天地很公正,它对待万事万物就像对待刍狗一样,任凭万物自生自灭;圣人也是如此,他对待百姓也像刍狗一样,任凭人们自作自息。如果说自然伦理体现物与物之间的平等关系,社会公正体现人与人之间的公平关系,那么生态伦理则体现了人与环境之间的公正。公正的主体由物与物,到人与人,再拓展到人与自然的关系,这既是人类认识的深化,也是文明与道德的进步。自然环境中的每种生物都有自己的生态位,它们对自然生态系统的完整与稳定发挥着自己特定的作用,从价值与功能的角度来看,它们都是平等的,无所谓高低贵贱之分。然而传统文化认定人是自然万物之灵,这就在某种程度上否定了其他生物的相等生存权,体现了人类中心主义。与之相应的社会伦理干脆无视其他生物的存在,直接探讨人与人、人与社会的关系。从生态伦理的角度看,这种探讨是缺位的、不公正的。我们"不能因为其他生物不能形成权利意识而否定它们的存在权利,也不能因为人类没有形成关于生物的权利意识或没有意识到生物的存在权利而否定生物的存在权利"[①]。既然每种生物拥有平等的生存权利,那么当人与环境、环境与环境发生矛盾时,就应该将公正的权域扩展到自然环境中去,即将人与人之间的公正扩展到

---

① 刘湘溶编《生态文明论》,湖南教育出版社,1999,第205页。

人与环境之间的公正。人类作为自然大家庭中的一员，虽然不能主宰自然，但作为万物之灵却可以运用生态学规律与相关原理积极地顺应自然、享用自然。当然，人类在享用自然权利时必须以不危害自然生态平衡为底线，当人与环境的矛盾处于两难抉择的境地时，人必须做出让步。比如珍稀的野生动物伤害了人，我们不能以社会伦理为准则，将其击伤或击毙，而应该让它继续生存下去。没有无权利的义务，也没有无义务的权利，根据权利与义务相统一的原理，人类享有在优美自然环境中栖居的权利，同时也就有保护自然、维护生物多样性的义务。人既是自然的享有者，也是大自然的管理者。"所谓管理好自然就是管理好人类自己，建立起合理的社会制度，合理的行为模式，合理的价值观念等。"①

生态伦理教育是一种启蒙教育，它使处于不自觉、祛魅状态的社会人，慢慢转变为遵循自然法则和生命原理的生态人；它也是一种自律教育，它激励和唤醒人心中的宇宙律令，培养人的至善品质和生态道德。生态伦理问题发生于社会，涉及政治、经济、文化、精神等层面，因而，生态伦理教育的实施对象是全体社会成员，其教育目标在于为社会政治、经济、文化、精神等层面的建设和发展，提供伦理诉求和价值导向。

第四节　责任教育：从审美到生态责任的承担

人类作为生态环链中唯一有理性的动物，不能像动物那样只顾自己的生存，对自然万物不管不问。人类不仅要维护好自己的生存，而且更应该凭借自己的理性自觉维护生态环链的良好循环，承担起保护环境的生态责任。前已论述，自然美是一种生态系统的美，它不同于以艺术为中心的形式美。艺术美遭到破损是可以反复修补的，而生态系统的美一旦破坏却难以恢复。因此，保护自然生态环境成为人类不可推卸的责任。正如1972年世界第一次国际环境会议所指出的那样："只有一个地球，人类要对地球这颗小小的行星表示关怀。"

一、生态责任教育对传统美育理论出发点的颠覆

现代审美教育以艺术为手段，是因为艺术具有形象与理性、情感与认

---

① 刘湘溶编《生态文明论》，湖南教育出版社，1999，第211页。

知、审美与意识形态相统一的特点，与社会审美与自然审美相比，它具有相对的优越性。正因此，席勒将艺术作为审美教育的理想途径和唯一手段。他说："我将检验融合性的美对紧张的人所产生的影响以及振奋性的美对松弛的人所产生的影响，以便最后把两种对立的美消融在理想美的统一中，就像人性的那两种对立形式消融在理想的人的统一体中那样。"①这里所谓"融合性的美"是指艺术实现了形象把握与理性把握的统一、情感体验与逻辑认知的统一，更为重要的是，艺术给人以自由，它消融人的感性冲动与理性冲动的对立，使人性趋于和谐与完整。

　　由此形成了现代审美教育的理论出发点：着力于审美力的培养。康德指出："鉴赏是凭借完全无利害观念的快感和不快感对某一对象或其表现方法的一种判断力。"②"关于美的判断只要混杂有丝毫的利害在内，就会是很有偏心的，而不是纯粹的鉴赏判断了。"③也就是说，审美判断不同于以知性力与理性力为基础的情感判断，它只涉及主体的愉快或不愉快。所以传统审美教育的旨意在于使主体在艺术游戏的状态中忘却现实，净化或陶冶灵魂，最后导向人性的自由发展。诚如席勒在《美育书简》中所说："把美的问题放在自由的问题之前，我相信它的正确性不仅可以用我的爱好来辩解，而且也可以通过各种原理加以证明。"④在席勒看来，审美教育最基本的主旨就是要落实到"自由"之上。以"自由"为主旨无疑能消解人性的对立与冲突，恢复人的本真状态，但无可否认的是，处于艺术游戏状态中的人也会将生态"责任"的担当弃置不顾。

　　与现代审美教育相比，生态审美教育并不否认艺术在培养生态人格中的作用，其独特之处在于将自然引入审美教育之维，拓宽了审美教育的途径。艺术审美教育坚持审美无功利性，否认逻辑性概念的参与，而生态审美教育重视科学认知的作用，"对自然进行审美欣赏时，则必须知晓不同自然环境类型的性质、体系和构成要素这些相关知识"⑤。西方有学者声称：19世纪风景欣赏达到一个繁荣阶段是与科学进步有关的，尤其与地质学、生物学、地理学的进步有关。科学知识提升了人们对自然奥秘的认知，使人们认识到自然的秩序性、精密性、和谐性与整体性，这不仅激发了人们对自然的热爱之情与保护责任，而且让人们对自然之美的欣赏更全面、更科学。比如

---

① 〔德〕席勒：《美育书简》，徐恒醇译，中国文联出版公司，1984，第 94 页。
② 〔德〕康德：《判断力批判（上）》，宗白华译，商务印书馆，1964，第 47 页。
③ 〔德〕康德：《判断力批判》，邓晓芒译，人民出版社，2002，第 38 页。
④ 〔德〕席勒：《美育书简》，徐恒醇译，中国文联出版公司，1984，第 38 页。
⑤ 〔加〕卡尔松：《自然与景观》，陈李波译，湖南科学技术出版社，2006，第 34 页。

一个人面对一望无际、碧绿、疯长的水浮莲,如果没有科学知识背景,可能认为这是美景,但如果有了相应的科学知识,联想到水质的严重污染,就会认为这不是美,而且还会承担起治理河流污染的责任。试想,如果没有自然科学的发展,不借助显微镜,我们永远也欣赏不到细胞的结构和生命诞生之美。

现代审美教育使审美鉴赏者在游戏状态中"忘我",获得内心的自由与快感。生态审美教育却不停留于此,而是要让欣赏者在心中升腾起一种生态责任意识。生态审美教育是"为每一个人提供机会,以获得保护和促进环境的知识和价值观、责任感和技能,创造个人、群体和整个社会环境行为的新模式"①。也就是说,生态审美教育不是为了审美而审美,而是要使审美者从审美超功利性中超拔出来,建立起正确的行为准则,承担起相应的环境保护责任。生态责任不仅对自己的行为负责,而且还意味着不推卸历史遗留问题的责任。比如当下的无主垃圾可能是一个雇员还未出生,或一家企业还未建立时,由别人无所顾忌的倾倒造成的,而现在的经营者不能视而不见或推卸责任,而应联系相关企业或政府共同努力,采取相应措施来处理无主垃圾问题。

二、生态责任教育是一种唤醒教育

人类保护自然,一方面是因为自然具有丰富的审美价值,另一方面是因为人天生具有热爱自然的生态审美本性。"我们的人性并非在我们自身内部,而是在于我们与世界的对话中。我们的完整性是通过与作为我们的敌手兼伙伴的环境的互动而获得的,因而有赖于环境相应地也保有其完整性。"②无论是人的身体结构还是其精神道德,其完美的内在品性均来自大自然的丰富、美丽、完整与和谐。面对雄伟壮丽的高山或优美宁静的草地,一个具有审美判断力的人会不自觉地升腾起一种对自然的感激之情与道德义务。"大自然内在地就是一个神奇之地。当道德代理人与之相遇时,这样一种自然的神奇之地就会导出某些义务。"③因而,当优美的自然环境面临被破坏时,一个心智健全的人总会产生一种保护的冲动与责任。生态审美教育的目的就是要通过自然审美的手段唤醒人的生态审美本性,让人自觉担负起生态保护的责任。那么,何为人的"生态审美本性"? 我国学者曾繁仁先生认为,生态审美本性包括人的生态本源性、人的生态链环性和人的生

---

① 杨平:《环境美学的谱系》,南京出版社,2007,第295页。

② 〔美〕罗尔斯顿:《哲学走向荒野》,刘耳、叶平译,吉林人民出版社,2000,第92—93页。

③ 〔美〕罗尔斯顿:《环境伦理学——大自然的价值以及人对大自然的义务》,杨通进译,中国社会科学出版社,2000,第35页。

态自觉性。即人作为自然中的一员,其自身与自然具有一致性,天生具有保护自然的责任与意识。

生态责任是人类生态自觉性的一种唤醒,在工业社会,人的生态审美本性被科技与工具理性所蒙蔽,人们对大自然自身的价值与意义越来越麻木无知。在生态审美教育者看来,要唤醒人的生态审美本性,最直接有效的方法就是恢复人对自然的审美体验,即进行自然“复魅”,让人体验自然的神奇性、神圣性和潜在的审美性,唯此,才能激发人们对自然的感激之情,让人乐于承担和实施各种保护自然的责任。“在生物学和生态学的意义上,人只是这个世界的一部分;但他们也是这个世界中唯一能够用关于这个世界的理论来指导其行为的一部分。因此,人能够去理解那些可用来理解他们的事物;他们的困惑和责任都根源于此。……他们所研究的形而上学也许能引导他们获得一种与自然合一的体验,使他们以高度的责任感去关怀其他物种。”①还自然之魅,人们必须沉浸于自然审美之中,唯有沉浸与参与,人们才能真正地理解自然、崇敬自然。印度诗人泰戈尔在《新月集》中写道:“我在星光下独自走着的路上停留了一会,我看见黑沉沉的大地展开在我的面前,用她的手臂拥抱着无数的家庭,在那些家庭里有着摇篮和床铺,母亲们的心和夜晚的灯,还有年轻的生命,他们满心欢乐,却浑然不知这样的欢乐对于世界的价值。”泰戈尔正是于黑夜中踽踽独行于大地,他才能感受到大地给予人类的安居、温暖、生命与欢乐。即自然审美只有从远距离的静观走向动态的参与,审美主体才能在沉思中走向深度审美,从而引发对自然的敬畏之心。而对自然的热爱与敬畏会提升人的自然德性,促使自然审美与生态责任相结合。

尽管生态责任的担当也可以通过法律与道德的手段实现,但从教育的效果看,自然审美更易唤醒人们的生态审美本性与责任担当,这正如罗尔斯顿在《从美到责任:自然的美学与环境伦理学》中指出的:“哪里能使人产生悦人的审美体验,此地便更容易受到保护。”一个爱护花草树木的人大概不会随意去毁坏一片树林或草地。对于自然审美的深层教育功能,罗尔斯顿将之提高到宗教的高度。“攀登山峰、观看落日、抚摸岩层、穿越紫罗兰草地都会使人产生‘运动和精神贯穿于所有事物之中’的感觉。于是,荒野自然变成了某种类似于神圣的经文的存在物。”②正是基于这种认识,罗尔斯顿在《哲学走向荒野》一书中为自然的“宗教象征价值”辩护,将荒野的教育价值与大学教育同等对

---

① 〔美〕罗尔斯顿:《环境伦理学——大自然的价值以及人对大自然的义务》,杨通进译,中国社会科学出版社,2000,第96页。
② 同上书,第33页。

待。"在对我们进行价值教育上,荒野跟大学一样是必需的。"①

　　但需要指出的是,在自然审美中,由于人们审美偏好的存在,也会在一定程度上影响生态责任的承担。比如,有些城市为了让市民体验历史的深度,将高大古老的树种大批移植到城市中心,由于生长环境的变更,古木最终枯毁了。还有些城市为了打造城市名片,刻意地营造城市意象,单一种植某种花木,严重破坏了花木的生长环境。还有某些城市为了打造山水园林城,将北方的树种移到南方城市,或将南方的树种移到北方城市,最后造成了大面积的树种死亡,影响城市景观的建设。因此,我们只有超越对自然万物的审美偏好,才能真正保护自然生态的完整性。对优美自然的欣赏,我们当然应该有卡尔松所说的"如其所是"的肯定性态度。"按照这种观点,自然环境在不被人类所触及的范围之内具有重要的肯定美学特征:比如它是优美的,精巧的,紧凑的,统一的和整齐的,而不是丑陋的,粗鄙的,松散的,分裂的和凌乱的。简而言之,所有原始自然本质上在审美上是有价值的。自然界恰当的或正确的审美鉴赏基本上是肯定的,同时,否定的审美判断很少或没有位置。"②但对那些被污染的自然环境,我们则要持"批评美学"态度,即"审丑"。与审美相比,环境"审丑"可以激发人们保护环境的意识。比如美国诗人惠特曼的《红杉树之歌》尽管在理论观点上支持开发自然、发展西部的立场,但对于人类砍伐树木、破坏自然的行为持批判态度。他在诗中写道:"一支加利福尼亚的歌,一个预言和暗示,一种像空气般捉摸不着的思想,一支正在消隐和逝去的森林女神或树精的合唱曲,一个不祥而巨大的从大地和天空飒飒而至的声浪,稠密的红杉林中一株坚强而垂死的大树的声响。别了,我的弟兄们,别了,大地和太空! 别了,你这相邻的溪水,我这一生已经结束,我的大限已经降临。"这实际告诉我们,美国西部大开发让无数生灵毁于一旦,让自然付出了巨大代价。诗人惠特曼在这里是从"审丑"的视角教育人类要保护自然环境的。

第五节　参与美学的教育:感知
综合与审美应用

　　传统审美教育受黑格尔、康德哲学的影响,以艺术为手段,是一种与对

---

① 〔美〕罗尔斯顿:《哲学走向荒野》,刘耳、叶平译,中国社会科学出版社,2000,第150页。
② 〔加〕卡尔松:《环境美学——自然、艺术与建筑的鉴赏》,杨平译,四川人民出版社,2006,第109页。

象保持距离的"静观美学"的教育。而在生态本体论自然审美教育模式中，人与环境融为一个整体，自然审美教育是一种人体各感官都直接介入的"参与美学"的教育。

一、参与美学对传统静观美学的超越

在当代生态美学领域，"参与美学"最早由阿诺德·伯林特和约翰·卡尔松提出。它强调自然语境的多元维度，以及由此产生的多元感性体验。由于将自然环境看成诸多生物体、感官以及空间的一个没有缝隙的整体，这种参与美学召唤我们沉浸到自然环境之中，力图消除诸多传统束缚，比如主体和客体的二元对立，从而尽可能地缩短我们自身与自然之间的距离。① 简而言之，审美经验是鉴赏者对鉴赏对象的一种全身心的投入。美国美学家阿诺德·伯林特也对参与美学进行了较为深入的阐述。他从环境与建筑美学角度反思传统无利害美学观："首先，无利害的美学理论是不够的，我们需要一种参与美学。在环境中建筑得以扩展和实现。环境成为新的美学范例，这种新的美学就是参与美学。"②

这种参与美学的提出，源于对康德哲学的反思。在康德哲学中，人类世界是分裂的，被分为知识、道德与判断三个独立的王国。这种分裂早已引起人们的质疑。参与美学认为，当今哲学面对自身的困境，需要自我调整，乃至自我重构，这一点正变得较为紧迫。在其看来，从海德格尔的存在主义哲学、萨特与梅洛-庞蒂的存在主义现象学，再到后来的解释学、解构主义、后现代主义以及女性主义哲学，这些都是人们力图实现哲学重建的方式。与此相似，参与美学实际上也是一种重建哲学的努力。在康德哲学中，审美价值被排除在自然王国和道德王国之外。参与美学就此提出质疑，它认为审美价值是弥漫性的，并且自始至终都是在场。康德的这种理性秩序，尽管看起来完备齐整，但其审美经验往往陷于虚幻，其无利害的审美态度经常难以成功地阐释艺术，尤其是难以适应当代艺术的发展。我们需要一种参与美学，一种在审美中实现感知综合的美学。③ 参与美学所追求的是这样一种状态：审美价值在不同层次的弥漫性在场。这是一种复杂而完整的形态，是审美参与的形态。这种审美参与意味着一系列的审美投入。与非功利性

---

① 〔加〕卡尔松:《环境美学——自然、艺术与建筑的鉴赏》,杨平译,四川人民出版社,2006,第29页。
② 〔美〕伯林特:《环境美学》,张敏、周雨译,湖南科学技术出版社,2006,第154页。
③ 〔美〕伯林特:《美学再思考:激进的美学与艺术学论文》,肖双荣译,武汉大学出版社,2010,第1—2页。

审美相比,审美参与能够更好地抓住感知与认识,"建构与重构"①。参与美学甚至认为,"审美参与"这个概念比其他任何概念都更好地反映艺术与欣赏在事实上的结合。

这种参与美学观是一种建设性拓展,使当代艺术理论不再拘泥于18世纪的成规。通过认识艺术与审美的社会与人文影响,其自身价值、审美见解与影响力都得到提升与增强。这有助于提升艺术的重要性,有助于提高其对文明社会的人文影响。在伯林特这样的美学家眼中,参与美学促成的这种加强和提升,行之有效,且不会动摇审美的定位,也不会消弭审美的价值。

从词源学上追溯,参与美学中的"参与"一词,英语原文是 engagement,其词根是 engage,意思是"参与或牵涉其中"。进一步从词源上追溯,engage来源于古法语 engagier,中世纪后期传入英语,原始意义是"保证或誓言",进而包含"自己保证做某事"的含义。到16世纪,其词义发展为"进入某种关联"。17世纪,其含义演变成"参与某项活动",最终形成现代英语中的这种含义:"使自己参与、牵涉到或专注于某项活动,或使自己对某事负有责任。"而现代法语中的"engaga"一词依然有这样的含义:"(作家、艺术家或其作品)对某项事业肩负承诺或责任。"总体来看,"参与"一词的主要意思是:使自己参与或专注于某项事物,或使自己对此肩负某种承诺或责任。对于伯林特和卡尔松提出的"参与美学"而言,其中的"参与"就是要使自身融入作为审美对象的自然、环境或生态整体之中。更为重要的是,他们提出的参与美学力图破除无利害的静观美学观,使各种感觉经验投入这种包括自我在内的自然、环境与生态的整体之中。

参与美学力图摆脱传统美学的束缚,它首先面对的问题是二元对立的无利害的静观美学,要反思其不足与缺陷,尤其后者在面对现代艺术时的不足。根据无利害的美学原则,在审美欣赏中人们需要把艺术与实践目的区别开来,这是审美欣赏所需的态度。而现在人们需要超越这种观念,因为它已经滞后于现代艺术的发展。康德强调"无利害"观念的重要性,但事实上其缺陷往往会给审美鉴赏带来不利影响。从历史角度看,传统美学建立在17至18世纪的科学世界观的基础之上,这种世界观建立起一个符合规则的处于恒定状态的世界,事件之间存在合乎规律的因果关系,遵守绝对的空间和时间秩序。在这些观念被视为艺术欣赏的模范时,就会形成一种相似的场景。审美对象被纳入抽象的原理、概念与范畴体系。艺术对象从周

---

① 王宁:《世界主义及其于当代中国的意义》,《山东师范大学学报(人文社会科学版)》2012年第6期。

围环境中被孤立出来,被置于一个独立的非功利的审美王国。参与美学试图突破这种束缚,寻求一种能够将艺术和审美带进社会生活的审美参与,寻求一种在审美场域中实现感知综合的美学。

举例来说,无利害美学观在面对环境与建筑等艺术形式时总是面临困难。就当代建筑审美而言,人们不只把建筑看作建造的艺术,还看作一种构筑人类环境的艺术,环境可以被视为建筑美学的实现。无利害美学观要求人们摒弃所有实践目的考虑,并采取静观的态度与鉴赏对象保持分离,此时其审美鉴赏就显得捉襟见肘。与此相对,参与美学认为环境会引发一种不同的体验,这就是人的审美参与,这一点已在建筑中得以实践。环境作为建筑美学的实现,其视觉和形式并非主导,环境意味着感知者和对象之间的相互交流,同时包含实践、文化和历史的因素。① 在此,建筑和作为建筑美学实现的环境,都揭示出传统无利害美学的局限。建筑融合了实用和美,二者处于一种不可分割的综合体之中。可以说,建筑物及人们共同形成了一种创造性的相互关系。在现实生活中,人与建筑物相互呼应,建筑与人不可分离。

在参与美学看来,无利害的静观美学的历史贡献在于帮我们认识到审美体验的独特性。但在当代视野中,这种观念可能会形成一种误导,因为它主张审美体验不仅要与体验的其他领域相分离,而且要与作为感知者的人相分离。而 20 世纪以来产生的新艺术形式,如电影、大地艺术、互动艺术、表演艺术和多媒体艺术,与传统艺术相比,其美学诉求都超越了传统无利害美学观。在当今艺术和审美范围持续扩展的背景下,审美理论的发展需要适应这种变化,力求"会通"和"创新"②。

二、审美参与是身体各感官的直接介入

在反思传统无利害的静观美学的同时,参与美学希望将审美价值从旧有束缚中解放出来。在其看来,审美价值本来就是弥漫性的,是一种自始至终的在场,包括审美价值在不同层次或不同角度的弥漫性在场。20 世纪以来,随着艺术的多样性发展,美学也不可避免地需要进行建设性拓展,需要对艺术展开崭新的批评。为此,参与美学需要发掘超越传统理论束缚的多种途径,其中一个重要途径就涉及审美感知的完全综合。换言之,就是将身

---

① 〔美〕伯林特:《环境美学》,张敏、周雨译,湖南科学技术出版社,2006,第152—154页。
② 王岳川:《新世纪文论应会通中西守正创新》,《山东师范大学学报(人文社会科学版)》2012年第5期。

体的全部感知统摄于审美经验的领域内。从其自身发展来看,美学学科始终都不能脱离经验世界,"美学"这个名称就体现出美学学科与感官感知的关联。众所周知,希腊语的美学一词"aisthetikos"本身就是感官感知之意。但在美学的学科发展过程中出现了这样一种倾向,即将自身关注点集中于问题的理论化,专注于诸如艺术的本质或审美判断的标准等概念性问题。在参与美学看来,如果仅仅关注这些理论问题而完全忽视审美理论与其经验基础的联系,这些问题就会显得较为空泛,就像一种"空洞的逻辑蛛网"①。当代美学的发展需要对审美理论加以拓展,使之更具开放性与灵活性。面对20世纪纷繁复杂的艺术,人们需要一种更具包容性的审美理论。当代艺术种类丰富、灵活多变,欣赏者要达成审美目的,首先必须积极地参与其中,这样才能达成审美感知的完全综合。以环境审美为例,作为审美对象的建筑和城市设计并非静观的对象,它要求人的感知活动全方位参与其中。

在具体涉及自然或建筑的生态审美中,参与美学强调所有感觉的联合,以更具包容性的感知的联觉作为基础。在参与性审美中,我们与场所共处,成为场所的一部分。在有关建筑的审美情境中,人与建筑形成一个整体,具有感觉意识的身体参与到这个整体当中,进而实现对这一整体的综合感知。审美对象所涉及的位置、建筑物、材料、空间与审美感知紧密相连,形成一种审美感知的完全综合。建筑的审美并不仅限于建筑的外观与形式,人与建筑相互呼应,形成一种人与建筑的交感式相互关系。与此相似,在"天人合一"哲学思维影响下的中国传统建筑审美,也强调人与建筑的交互融合,将人、建筑与自然视为同命共生的有机整体。可见,在涉及自然、环境景观或建筑的审美情境中,参与美学将审美对象视为一种具有多元维度的语境,而积极的审美参与有助于形成一种包含更为广泛的多元性体验。这种审美情景是一种由审美对象与审美体验构成的综合性整体。

参与美学尝试重新界定环境的含义,强调人与环境的结合、自然与人的不可分离,这是其重要美学内涵。环境美学有这样一个基本认识:个人的生活背景对其生活内容及其性质有着重大影响。自然并非在人类世界之外,环境也不只是一块外围的土地。随着这种观念的强化,参与美学形成一种自我推动力,即尝试重新界定环境,确认其美学内涵。这种美学思考能帮助人们体悟人与环境之间不可分离的关系。伯林特用"互惠"这个核心词表

① 〔美〕伯林特:《美学再思考:激进的美学与艺术学论文》,肖双荣译,武汉大学出版社,2010,第2—7页。

达这种关联,并认为其性质属于一种终极力量,是世界发展的动力。参与美学从建筑审美入手阐述这种美学观点。在其看来,建筑融合了实用和美,二者处于一种不可分割的综合体之中。建筑物及其使用者共同形成了一种创造性的相互关系。在现实生活中,人与建筑物的相互呼应随处可见,建筑与人不可分离。遵循现象学的方法,一种关于建筑体验的现象学应该从场所分析开始,从人与建筑物交感式的相互关系开始。按照这种参与美学的理解,场所的形成离不开人的动态参与:人住进建筑里,人与建筑空间是不可剥离的;建筑之所以是建筑,也离不开人的参与;人住进建筑不是静态的呈现,而是一个动态的参与过程。这明显不同于笛卡尔哲学中的主客二分,这里的人与场所呈现出相互渗透与动态关联的关系。

在参与美学看来,如果我们力求最佳的环境审美体验,我们自然而然地会选择这种审美参与模式,而非孤立的无利害的静观审美模式。对环境审美与绘画、音乐、戏剧和雕塑艺术审美而言,无利害的美学观往往会使人们陷于传统的束缚,并阻碍其艺术力量的充分发扬。而通过参与美学的模式,这些艺术就会向一种全面性敞开,超越了通常的主客体之分,促使人们进入一种审美的情境,建立一种参与关系。这种关系使得艺术品和观赏者在一个整体中联合起来。在这种审美情境中,欣赏者进入描绘的景观中,进入雕塑充满魅力的氛围或者戏剧与电影所构筑的世界之中。通过审美参与,这些艺术形式得以充分展现其特性和力量。

在参与美学看来,审美参与模式强调自然语境的多元维度,以及我们的多元感性体验。由于将环境看成诸多生物体、感官以及空间构成的一个没有缝隙的整体,这种参与模式召唤我们完全沉浸到自然环境之中,努力消除主体和客体的分立,从而尽可能地缩短我们自身与自然之间的距离。就像环境哲学家利奥波德所说,人在思考自然时要努力使自己做到"像山一样思考"①,只有将自身融入大山的自然生态中,才能恰如其分地领会自然。只有设身处地融入自然,才能懂得自然界声音的内涵。

参与美学的理论话语较为关注建筑的审美鉴赏,因其最能体现人与环境的结合、共存与连续性体验。随着当代审美视域的拓展,建筑被视为建筑美学的实现,环境也常常被视为建筑美学的实现。由此,对建筑与景观的审美鉴赏会影响到环境景观的规划设计与构建。这里所体现的是一种主动性的审美参与,能够促成环境审美的文化影响与文化参与,这是一种积极的生态美学观。与此同时,生态美学所蕴含的生态责任意识也会促成参与美学

---

① 〔美〕利奥波德:《沙乡年鉴》,侯文蕙译,吉林人民出版社,1997,第121页。

的这种积极参与性。在这种主动性的审美参与中,其文化传导作用会将自身审美思考传导到社会文化层面,从而影响人们的文化活动与审美情趣。

三、参与美学是一种主动性应用美学

参与美学一直重视人对自然环境的能动性参与,总是将人视为自然环境或场所整体中的人,人与场所在一起,成为场所的一部分。参与美学不赞成以自我为起点来看待空间,或者把身体看作空间性原点。它将人的参与视为一种动态的力量,人在建筑中作为一种动态的力量发挥作用,并与其他构成要素相关联,人与建筑形成一个整体。就像伯林特所说:"人具有意识的身体参与到一种动态整体中去,这种整体被所有感官感知。"①具体而言,在可感知的环境中,审美参与者将各种复杂的感知综合起来,并将其转化为感知体验的各种概念。在参与美学看来,这些感知和概念可以充当指导,用来把握和塑造我们当下的世界。同样,约翰·卡尔松的参与美学观也注重积极的审美参与。他强调自然语境的多元维度以及我们对它的多元感性体验,环境被视为一个没有缝隙的整体,审美参与模式召唤我们沉浸到自然环境之中,努力消除传统的束缚并尽可能缩短自身与自然之间的距离。这是一种主动性的审美参与,是鉴赏者在鉴赏对象中一种全身心的投入。

事实上,参与美学在肯定人与环境全面融合的基础上强调积极的审美参与。这种审美参与是一种能动的参与,表现为一种动态的力量,这种力量与自然环境的其他要素相连,使自身融入动态的整体。它促使人们运用全身心的感知,获得一种深入、连续与多元的参与性审美体验,这是参与美学的重要美学意蕴。

芬兰环境美学家瑟帕玛将环境美学称为一种应用美学。在参与美学看来,这一点并不难理解,我们所说的应用美学会将自身美学准则贯彻到日常生活中,贯彻到具有实际目标的活动或事物中。在一定程度上,可以说很多美学都或多或少带有应用性,而环境美学就是其中之一。这种赞成将美学准则贯彻到日常生活中的观念,对参与美学起着引导作用,契合了参与美学注重审美参与和文化参与的特点。伯林特就曾经指出,参与美学有助于重建美学理论,能够产生巨大的社会与文化的实践性影响。在其看来,美学的重要意义存在于一切人类关系或行为中,审美终究不能脱离整体的社会利益及行为。譬如,环境美学不只是纯粹地探讨场所意识、建筑空间等问题,而是要涉及人如何面对环境空间、如何解决环境危机等问题。由于人的因

---

① 〔美〕伯林特:《环境美学》,张敏、周雨译,湖南科学技术出版社,2006,第156页。

素在这个系统中占据中心地位,所以环境美学将深刻影响我们如何理解人与人之间的关系以及社会伦理道德。换言之,美学并非逃离道德领域的一个乌有之乡,它将引导和实现伦理。可见,在参与美学视域中,美学包括环境美学的意义不局限于特定的空间,而是普遍存在于人类关系或行为中,由此能够对社会文化、伦理观念产生不可忽视的影响。

在参与美学视野中,传统无利害、静观美学通过分离与孤立来限制艺术,这降低了艺术的重要性,忽视了艺术对丰富和深化人类生活做出的巨大贡献。事实上,审美经验和审美价值对道德目标来说,具有非常重要的意义。参与美学认为,如果我们仔细辨别这种审美经验和价值所涉及的内容,就会发现它会促进相关道德目标的实现。同时,相对于传统静观美学,这种多元化的审美能够包容各种艺术以及文化现象中的创造性行为。而且,艺术本身所蕴含的强大文化功能也需要多元化与全方位的解读。实际上,人们往往不会过于关注传统与权威的束缚,人们较为注重艺术如何在社会与经验中发挥其作用。换言之,人们会注重艺术要实现什么,它如何拓展人的感知能力和理解能力。这种审美参与超越了艺术,进入我们的生活世界,进入自然环境、人工环境与社会群体。

参与美学这种注重经验基础的美学观极具包容性,它不仅拓展了我们与审美经验的联系,而且鼓励人们作为积极的参与者全身心地参与到审美活动之中。用伯林特的话说,参与美学是一种描述性而非规定性的理论。它同时反映出艺术家、表演者与欣赏者的活动,他们在审美经验中获得统一。它反映的是我们身处其中的真实世界,而不是虚无缥缈的幻象。

参与美学在反思传统无利害美学观的基础上,提出一种注重审美整体的生态美学观。这种参与美学为我们展现了一种极具包容性的审美参与模式。参与美学对传统无利害的静观美学的反思也与现代艺术的发展相适应。参与美学将自然环境的审美视为一种连续性与情境性的审美参与,认为这种审美是人与自然环境相融合的审美整体,这是一种整体论生态美学观,是其核心美学内涵。参与美学非常注重审美者自身对作为审美对象的自然环境的积极参与,强调审美者全身心地融入自然环境之中,并将审美体验与无法忽视的应用价值相结合,从而形成一种多元的具有包容性的审美体验。

与此同时,我们也看到,参与美学在自身理论阐述中也有一些问题需要进一步厘清与论证。首先是审美经验的要素的保留问题。参与模式试图消除我们自身与自然之间的距离,此时它可能会失去艺术审美经验的要素。因为在西方传统的艺术审美中,艺术审美是无利害性的,鉴赏者和鉴赏对象之间是有距离的。其次是如何保持严肃的审美鉴赏。作为对主客二元模式的突破,这种参与模式有可能混淆人们的审美辨别能力,使其难以区分肤浅的鉴赏与严肃的鉴赏。后者必须考虑到鉴赏对象及其真正本质,然而前者通常只是涉及对象偶然带给经验的东西。换言之,这种参与模式力图破除主客模式,但如果处理不当,相关审美经验就会面临一种主观蜕化的可能。① 再次是各种感官的审美参与问题。参与美学强调审美者对审美对象的全身心投入,完全祛除人与自然环境之间的距离与间隙。同时,它还要求自然审美过程中所有感觉的参与。对艺术审美尤其是对传统艺术的审美而言,视觉与听觉的审美参与较为适宜,而嗅觉、触觉与味觉的审美参与,有时会让人感到难以理解。伯林特试图从现代艺术的复杂性方面对此进行解释,近一个世纪以来,艺术不断超出其传统边界,比如偶发艺术、行为艺术需要审美主体各种感觉经验的参与。但如果审美对象是传统艺术,这种强调各种感觉经验共同参与的模式可能就难以实现。由此,我们如果尝试给这种审美参与模式进行定位,可以将其作为一种审美者自身的积极参与,一种包含感觉和知觉能力的积极参与。在此意义上,我们可以将其作为一种凭借现象学方法的生态存在论美学,②从而达成其所追求的一种极具包容性的审美感知的完全综合。

---

① 〔加〕卡尔松:《环境美学:自然、艺术与建筑的鉴赏》,杨平译,四川人民出版社,2006,第19—20页。
② 曾繁仁:《生态美学导论》,商务印书馆,2010,第544页。

第四章　生态审美教育的范畴

传统审美教育通过"优美""崇高""意境""气韵"等美学范畴，训练学生的审美感受力与创造力，提升学生的艺术素养与精神生活。而生态审美教育所凭借的是一系列与人的美好生存密切相关的美学范畴，它致力于培养学生的生态审美意识、生态伦理与生态责任感。下面择其要者加以阐释。

第一节　共　生　性

"共生"（symbiosis）一词来源于希腊语，最先是由德国真菌学家德贝里（Anton de Bary）在1879年提出的，是指不同种属生物之间存在着一种相互性、活体营养性联系，它们共存、共在、共荣与共利。"共生"是一个复杂的存在系统，它包括物种与物种之间的生态共生、人与人之间的互利共生和人与自然的和谐共生。

一、物种之间的共生

中国先民对物种之间的"共生"早有认识，所谓"夫和实生物，同则不继。以他平他谓之和，故能丰长而物归之。若以同裨同，尽乃弃矣"（《国语·郑语》）。在这里，"以同裨同"是指同类事物的累积，而"以他平他"则意味着事物的多样性统一。显然，中国古人在这里揭示了自然界的"共生"思想：在自然生态系统中，物种越多，食物链越复杂，自然系统就越稳定、越繁盛；反之，同一物种再多也不能维持生态系统的平衡与稳定。《中庸》曰："唯天下至诚，为能尽其性；能尽其性，则能尽人之性；能尽人之性，则能尽物之性；能尽物之性，则可以赞天地之化育；可以赞天地之化育，则可以与天地参矣。"即天地所生之物都有自己存在的权利，也有各自的价值，物与物之间是"并育而不相害，道并行而不相悖"的关系。自然界虽然有竞争，有选择，甚至有相残之事，但这并不妨碍其生态系统循环。美国科学院院士刘易斯也说过,地球上的生物"大多数不能单独培养。它们在密集的、相互依赖的群体中共同生活,彼此营养和维持对方的生存环境,通过一个复杂的化学信号系统调整着不同物种间数量的平衡"①。"地球是一个结构松散的球状物,其所有的有生命部分是以共生关系联系在一起的。"②地球也正是因不同物种间的相互作用和相互支持,才能维持其生命交替和延续的能力。

生态学研究资料表明,地球上的物种千千万,这些物种都不是单个的存在,而是存在于生态系统的网络中。"大部分生态系统都是那么复杂,以致它们的循环都不是在简单的圆圈内进行的,而是由许多分支交叉起来形成了一个网络,或者是内部相互联系的结构。就如同一张网一样,网中的每个结都是通过几股线与其他线结连在一起的,这种结构比无分支的线圈,在抵抗瓦解的能力上要强得多。环境污染常常是一个讯号,即一个生态系统的联系被切断了,或者是整个生态系统已经被人为地简化了,并且因此而变得难以承受压力和抵御最终的崩溃。"③也就是说,地球上任何物种都有生死相依的共生关系,其灭绝或繁盛都会影响其他物种的生存与发展。地球上的生物群落,无论生产者、消费者还是分解者,都组成大大小小的生态系统,系统之间是一个互相联系的整体,任何一环节或食物链的破坏,都会牵一发而动全身,给整个系统带来危害。

反过来看,我们的地球之所以美丽、生机勃勃,一是因为地球的物种繁多,据联合国环境规划署在《全球生物多样性评估》报告中说,全球共有1 300万至1 400万种生物,这些物种之间共生、共利与共荣,维护着地球的稳定性与有序性。科学研究表明:物种品类越多,生态系统的网络化就越高,异质性就越强,物质、能量和信息输出和输入的渠道就越密集,补偿功能就越强,同化异化的代谢功能就越健全,即使受到损害,自我修复的能力也较快较强,从而使生态系统的稳定性和有序性保持在较高的水平。二是物种都有追求与维护自身善的本能。"生命机体有它们自身的标准,虽然它们必须适应它们的生态位……它们有一种技术,一种诀窍。每一个生物有机体有它的类的善;它维护它自己的类,把它当作一个好的类。"④也就是说,每一生命都有其存在的依据,都有其不可剥夺的生态位,都为了类的善

---

① 〔美〕托玛斯:《细胞生命的礼赞》,李绍明译,湖南科学技术出版社,1995,第5页。
② 同上书,第89页。
③ 〔美〕康芒纳:《封闭的循环——自然、人和技术》,侯文蕙译,吉林人民出版社,1997,第29—30页。
④ 〔美〕罗尔斯顿:《基因、创世记和上帝——价值及其在自然史和人类史中的起源》,范岱年、陈养惠译,湖南科学技术出版社,2003,第45页。

做出自己的努力。如有些植物为了生存与繁衍,与周边其他类植物错开开花与结果的时间,以避免植物间争夺阳光与肥料;有些生态系统中的动物为了减少互相争夺食源,往往自觉地开发其他食源,以食用不同的食物来减少竞争。在生态系统中,每个物种都有自己的善,各种善彼此冲突、互相缠绕,维护着整个系统的善。"事实上,具有扩张能力的生物个体虽然推动着生态系统,但生态系统却限制着生物个体的这种扩张行为;生态系统的所有成员都有着足够的但却受到限制的生存空间。系统从更高的组织层面来限制有机体,系统强迫个体互相合作,并使所有的个体都密不可分地相互联系在一起。"①

在生态环境日益恶化、物种日益减少的今天,我们一方面要阻止人类对自然无休止的掠夺与索取,保护物种的生存环境;另一方面,要树立正确的生态审美意识,尊重任何物种的存在权利,哪怕是我们所喜爱的物种的"异己者"或"天敌"。"异己者"并不一定是敌人,它是维持自然生态平衡的必备条件。罗尔斯顿呼吁:"我们对其他物类的尊重,不仅是由于它们自然地有着与我们相异之处,而且也由于它们能给我们以刺激,能对我们进行挑衅,能跟我们对抗。在一切伦理学说中,最难教的一课便是要我们学会爱自己的敌人。"②

二、个人与社会群体的共生

生物界存在着竞争与共生,人类社会的个体与个体之间亦是如此。在全球化时代,"共生"观念也从生物学领域迈入社会学领域,"合作""互惠""和谐"已成为当今人类地球村倡导的核心价值观。社会学领域的共生首要警惕的是不同利益主体之间的负向抑制,"把外地人视为异类的心理总是潜藏于我们心中,哪怕是藏得很深。一碰到危机时期,强烈的嫉妒感、憎恶感和恐惧感就会把细微的文化差异和生物差异扭曲扩大,极大化为善与恶、天使与牲畜的两极。这时,外地人就会变成敌人,是我们可以问心无愧地加以杀害的。总之,凡是潜藏着的念头,只要一逮到时机,就会转化为行动。正因为这样,人类这种地球的旅客才会饱尝永无休止的战争、征服和大屠杀之苦。……今天我们面对着核战争全面灭绝人类的威胁。"③人类战争不仅恶化国家与民族之间的关系,而且将人性的丑陋暴露无遗,影响个人与社会的和谐以及人类的身心健康。更为可怕的是,现代战争中核污染的时滞效应,

---

① 〔美〕罗尔斯顿:《环境伦理学——大自然的价值以及人对大自然的义务》,杨通进译,中国社会科学出版社,2000,第221页。
② 〔美〕罗尔斯顿:《哲学走向荒野》,刘耳、叶平译,吉林人民出版社,2000,第148页。
③ 段义孚:《恐惧》,潘桂成等译,"国立"编译馆,2008,第386页。

会在较长时期内污染人类的生存环境。

工业革命以来,随着科技的发展和建筑空间的分割,人们的个体意识日益张扬起来。"一个社会的自由空间越大,技术越进步,其成员就越易于相互疏远并与社会整体脱离,也就越渴望独立以便培养独立的自我意识。"①个体的力量再强大,也需集体力量的帮助。"力量来自数量和组织,团结起来,人们能够征服环境而产生比较安定的世界。"②从社会心理学的角度看,集体能给人以安全感,当人内心寂寞时,集体的关爱或他人的关照能让空虚的内心充满阳光;从社会价值的角度看,一个人的自我价值只有在社会位置中得以体现。"一个人孤孤单单,无所事事,就会感到不真实,内心也会感到空虚。而当他在社会中有了一个位置和职业,不管多么卑贱,都能够填补他内心的空虚。"③由此可见,人与人的共生、人与社会的和谐才能让人的精神世界变得丰富、内心得到满足。那么怎样才能既保持个体内心的自主意识,又能使个体很和谐地融入社会群体呢? 美籍华裔学者段义孚认为,合唱、流行音乐和语言可以起到重建个体与群体和谐的重要作用。

众所周知,歌手在演唱时,忘情地闭上双眼,感觉到自己与他人、其他歌手融为一体,沉浸在美妙的歌声中,相互间距离感在消失。尤其是流行音乐,它能让个体融入巨大的整体之中。"在我们生活的这个时代,流行音乐趋向于把器乐与歌曲、舞蹈以及可能的一点儿叙事糅合在一起。尤其是摇滚乐不仅具有这种多元化的特征,而且充满着狂热的激情;观众们不会站在一旁,而是会被隆隆作响的声音、耀眼的旋转灯和歌手那诱人的动作所吸引而随之忘我地舞动。这些不同的体验都会给人带来相同的巨大满足感,即自我迷失在一个巨大而强有力的整体中。自己微弱的声音、脆弱的个体全部融入这个巨大的整体中。"④俗话说,一方水土养一方人,其实一方水土也孕育一方语言,语言对人际关系的凝聚作用是不言自明的,对此,段义孚也赞同。他说:"语言在人与人之间建立起联系的纽带。当人们使用同样的词汇来讨论同一事件时,由于他们所采取的说话方式很相似,他们就会确信自己与他人生活在同一个世界中。"⑤段义孚这几种融合个体与群体、重建社会和谐的方式无疑具有其合理性,但他对社会关系与过程的复杂性认识不够。

---

① Yi-fu tuan, *Segmented Worlds and Self: Group Life and Individual Consciousness* (Minneapolis: University of Minnesota Press, 1982), p.32.
② 段义孚:《逃避主义》,周尚意、张春梅译,河北教育出版社,2005,第 22 页。
③ 同上书,第 167 页。
④ 同上书,第 230 页。
⑤ 同上书,第 123 页。

　　我国学者江畅先生指出,要实现人与社会群体的和谐,还必须从社会德性的角度致力于建设"好社会"。"德性是事关社会成员个人幸福和社会美好的一个根本性的因素,可以说是做人之源、立国之基。"①一个"好社会"应该有公平、公正、民主、平等和法治等社会德性,这些社会德性是维系人与人、人与社会之间的和谐的重要维度。西方古代哲学家柏拉图在《理想国》中认为,一个理想的社会应该具备智慧、勇敢、节制和公正的德性,当所有社会成员都具有各自应具备的德性,国家就达到了和谐状态,人民就很幸福。在西方近代社会,启蒙思想家们认为,一个理想社会是自由、平等、民主、法治、市场的社会。稍后出现的社会主义者与启蒙思想家不同,他们认为财产公有、没有剥削和压迫、人人平等的社会才是好社会。20世纪以来,自由主义的理想在西方社会基本实现,思想家们针对自由主义理想社会"原子化"的弊端,又提出了人类命运共同体思想。辩证地看,"社会的德性通过其成员特别是社会管理者的德性体现出来,而个人的德性总是在社会环境中形成的,并且是社会德性要求(原则)的程度不同的内化"②。因而,我们要建设和谐社会,实现个人与社会群体的互惠共生,既要培养公民的个人德性,还要建设民主、自由、平等、法治的好社会。

　　除此之外,我们还要发挥生态文化的作用,将当代的生态理论与社会主义生态文明思想相结合,并以马克思的唯物实践存在论予以扬弃。社会是由无数个个体组成的,马克思提出,人的本质属性是社会性,是一切社会关系的总和③。也就是说,人在本质上是一种"共生"的人。霍耐特说:"人类主体,就其结构而言,在生产过程中,不仅渐渐将自己的能力对象化而自我实现,同时还在情感上承认全体互动伙伴,因为他把他们当作是有所需要的共在主体。"④由此可见,人与人之间互相排斥、你死我活的斗争只会带来两败俱伤,最终实现不了个人的利益。个体之间只有求同存异,和而不同,才能实现人与人、人与社会的和谐,形成马克思所称的"自由的诸个人联盟"。而人与人的共生和谐有赖于生态审美教育的推行,因此,我国学者曾繁仁说,生态审美教育的根本任务还在于培养学会审美生存的一代新人。"'审美的生存的人'是一种将审美提到本体的高度,作为世界观,以审美的态度

---

①　江畅:《西方德性思想史(古代卷)》,人民出版社,2016,第60页。

②　同上书,第62—63页。

③　中共中央马克思、恩格斯、列宁、斯大林著作编译局编译《马克思恩格斯选集(第1卷)》,人民出版社,1972,第56页。

④　〔德〕霍耐特:《为承认而斗争:关于黑格尔耶拿时期哲学中的社会理论》,胡继华译,上海人民出版社,2005,第153页。

对待他人、自然与自身的人。只有依靠这种具有审美世界观的人,才能建设
人人都能美好生存的和谐社会。"①

三、人与自然的共生

"共生"不仅体现在生物与生物、人与人之间,还体现在人与自然之间,
前者在大生物学的意义上,是同种间的共生,而人与自然则是异种间的共
生,异种间的双方都能从对方获得有利的一面,并形成一种依赖关系:人从
自然中获得新鲜的空气与物质资料,自然经人类的改造变成"人化的自然",
越来越美。人与自然的共生不仅体现在人与外在自然界的物质与精神依赖
关系,而且体现在人与体内细菌的共生上。一般而言,在健康的身体内,人
与细菌是共生的:人类依靠细菌来消化食物,细菌也得以寄生于人体内;反
之,人就会生病甚至死亡。正因为人与自然是互惠共生的关系,我们才应保
护好外在的自然界,不能为了人类眼前的利益而肆意地开发自然。"我们不
要过分陶醉于我们对自然界的胜利。对于每一次这样的胜利,自然界都报
复了我们。每一次胜利,在第一步都确实取得了我们预期的结果,但是在第
二步和第三步却有了完全不同的、出乎意料的影响,常常把第一个结果又取
消了。"②对待人体内的细菌也是如此,当下人们生病时,习惯于使用抗生素
让病快点好起来,殊不知人类过度使用抗生素,一方面会杀死体内的有益细
菌,破坏体内细菌的生态平衡,另一方面也会使病菌产生耐药性,最终危及
自己的健康。

人与自然之所以能共生,是因为二者可以互通,古人对此早有体察。
"天气通于肺,地气通于嗌,风气通于肝,雷气通于心,谷气通于脾,雨气通于
肾。六经为川,肠胃为海,九窍为水注之气。"(《黄帝内经》)在这里,古人将
自然天地之气与人的五脏六腑相对应,阐发了人与自然的整体性与交互性。
又如庄子在《齐物论》中说:"天地与我并生,而万物与我为一。"意为天地与
我们人类是共同存在的,都是不可分割的整体。在《秋水篇》中,庄子又假托
河伯北海若的对话,阐述了物无贵贱的思想。他说:"号物之数谓之万,人处
一焉;人卒九州,谷食之所生,舟车之所通,人处一焉。"也就是说,在茫茫宇
宙之中,人只是万千事物之一,彼此间并不存在贵贱的思想。《周易·文言
传》也指出:"夫大人者,与天地合其德,与日月合其明,与四时合其序,与鬼

① 曾繁仁:《现代美育理论》,河南人民出版社,2006,第351—352页。
② 中共中央马克思、恩格斯、列宁、斯大林著作编译局编译《马克思恩格斯选集(第3卷)》,人
　民出版社,1972,第517页。

神合其吉凶。先天而天弗违,后天而奉天时。天且弗违,而况于人乎?况于鬼神乎?"在这里,《周易》将人与自然的和谐共生视为人生修养的重要内容,并以之为理想人格的主要标准。

在西方,阐述人与自然共生思想的哲学家更是不胜枚举。查尔斯·爱顿首创"食物链"一词,很形象地阐发人与自然之间的依存关系:人与自然的共生依赖于由众多食物链交织成的食物网,自然界的生物虽然众多,但依据它们在食物链中的功能可划分为生产者、消费者和分解者三类。生产者主要是绿色植物,它们通过太阳的光合作用,将无机物合成有机物,进入生态系统,成为消费者与分解者生命活动的唯一能源;消费者是以其他生物或有机物为食的动物;分解者主要是各种细菌与真菌,也包括某些原生动物与腐食性动物,它们把动植物残体分解成无机物归还给环境,被生产者再利用。根据食物链中的营养层级,分解者、生产者与消费者共同组构成一个金字塔形,塔顶显然是最高消费者——人,塔底则是数量庞大的生产者与分解者。减少人或凶猛动物的数量,生态系统不会紊乱。但是,如果去掉了食物金字塔的基层(如植物或土壤菌),那么食物金字塔就要崩溃,人类也将随之消亡。当代生态伦理学的先驱奥尔多·利奥波德坚持认为,"地球——它的土壤、高山、河流、森林、气候、植物以及动物——的不可分割性"①就是阐释自然应受到尊重的充足理由。人与自然是休戚与共的生命共同体,人类负有维护生命共同体完整与稳定的责任,这是人之为人的最基本的善;如果人类放弃自己的生态责任,肆意地破坏自然生态系统,最终受伤害的还是人类自己。罗尔斯顿认为,无论从物质上还是精神上来看,自然都是人类的生命之母。"从实用的角度看,正是由于自然物种类繁多,并有多方面的、神奇的性能,才使自然呈现出丰富的可塑性。这正是自然的经济价值所在。从最基本的、词源学的意义上看,事物具有'经济'价值是指我们可以对它们进行安排,以构建一个适于我们生活的家园。"②在精神上,大自然对人还具有伦理上的启迪作用,尽管大自然不是一个道德代理者,但人类仍然能够通过反思自然而提炼出某种道德,即学会如何生存。"人们可以通过对自然的沉思获得某种道理或生活上的教训。荒野之地给人提供了一个使他学会谦卑并懂得分寸感的地方,荒野环境有助于人的自我实现。"③

---

① 〔美〕利奥波德:《沙乡年鉴》,侯文蕙译,吉林人民出版社,1997,第 194 页。

② 〔美〕罗尔斯顿:《哲学走向荒野》,刘耳、叶平译,吉林人民出版社,2000,第 123—124 页。

③ 赵红梅:《美学走向荒野——论罗尔斯顿的环境美学思想》,中国社会科学出版社,2009,第 98 页。

第二节 家 园 意 识

在现代社会中,由于自然环境的破坏和精神焦虑的加剧,人们普遍产生了一种失去家园的茫然之感。"家园意识"是我们在生态审美教育中需要树立的另一个极为重要的生态美学观念。"家园意识"不仅包含着人与自然生态的关系,而且蕴含着更为深刻的、本真的人之诗意地栖居的存在真意。

一、海德格尔存在论哲学—美学中的"家园意识"

"家园意识"最早由海德格尔提出,在一定意义上,"家园意识"就是其存在论哲学的有机组成部分。1927 年,海氏在《存在与时间》一书中就存在论哲学有关人之"此在与世界"的在世模式中就论述了"此在在世界之中"的内涵,认为其中包含着"居住""逗留""依寓"即"家园"之意。他说:"'在之中'不意味着现成的东西在空间上'一个在一个之中';就源始的意义而论,'之中'也根本不意味着上述方式的空间关系。'之中'[in]源自 innan-,居住,habitare,逗留。'an[于]'意味着:我熟悉、我习惯、我照料;……我们把这种含义上的'在之中'所属的存在者标识为我自己向来所是的那个存在者。而'bin'[我是]这个词又同'bei[缘乎]'联在一起,于是'我是'或'我在'复又等于说:我居住于世界,我把世界作为如此这般熟悉之所而依寓之、逗留之。"①由此可见,海氏的存在论哲学中"此在与世界"的在世关系,就包含着"人在家中"这一浓郁的"家园意识",人与包括自然生态在内的世界万物是密不可分地交融为一体的。

但在工具理性主导的现代社会中,人与包括自然万物的世界——本真的"在家"关系被扭曲,人处于一种"畏"的茫然失其所在的"非在家"状态。他说:"在畏中人觉得'茫然失其所在'。此在所缘而现身于畏的东西所特有的不确定性在这话里当下表达出来了:无与无何有之乡。但茫然骇异失其所在在这里同时是指不在家。"②又说,"无家可归指在世的基本方式,只是这种方式日常被掩蔽着"③,"此在在无家可归状态中源始地与它自己本身相并。无家可归状态把这一存在者带到它未经伪装的不之状态面前;而这种'不性',属于此在最本己能在的可能性"④。这就说明,"无家可归"不仅

① 〔德〕海德格尔:《存在与时间》,陈嘉映、王庆节译,生活·读书·新知三联书店,2006,第 63 页。
② 同上书,第 218 页。
③ 同上书,第 318 页。
④ 同上书,第 328 页。

是现代社会人们的特有感受,而且作为"此在"的基本展开状态的"畏"还具有一种"本源"的性质,而作为"畏"必有内容的"无家可归"与"茫然失其所在"也就同样具有了本源的性质,可以说是人之为人而与生俱来的。当然,在现代社会各种因素的统治与冲击之下,这种"无家可归"之感就会显得愈加强烈。由此,"家园意识"就必然成为当代生态存在论哲学—美学的重要内涵。

1943 年 6 月 6 日,海德格尔为纪念诗人荷尔德林逝世 100 周年所作的题为《返乡——致亲人》的演讲中明确提出了美学中的"家园意识"。该文是对荷尔德林《返乡》一诗的阐释,是一种思与诗的对话。他试图通过这种运思的对话进入"诗的历史惟一性",从而探解诗的美学内涵。《返乡》一诗突出表现了"家园意识"的美学内涵。他说:"在这里,'家园'意指这样一个空间,它赋予人一个处所,人惟在其中才能有'在家'之感,因而才能在其命运的本己要素中存在。这一空间乃由完好无损的大地所赠予。大地为民众设置了他们的历史空间。大地朗照着'家园'。如此这般朗照着的大地,乃是第一个'家园'天使。"①海氏认为,这里的"家园意识"其实就是存在论的具有本源性的哲学与美学关系,是此在与世界、人与天的因缘性的呈现,在此"家园"中,真理得以显现,存在得以绽出。为此,他讲了两段非常有意思的话。一段是说:"大地与光明,也即'家园天使'与'年岁天使',这两者都被称为'守护神',因为它们作为问候者使明朗者闪耀,而万物和人类的'本性'就完好地保存在明朗者之明澈中了。"②这里的"大地""家园天使"即为"世界"与"天"之家,而"光明"与"年岁天使"则为"人"与"此在"之意,共在这"此在与世界""天与人"的因缘与守护之中,作为"存在的明朗者"得以闪耀和明澈,这即是"家园意识"的内涵。另一段话为:"诗人的天职是返乡,惟通过返乡,故乡才作为达乎本源的切近国度而得到准备。守护那达乎极乐的有所隐匿的切近之神秘,并且在守护之际把这个神秘展开出来,这乃是返乡的忧心。"③认为诗人审美追求的目标就是"返乡",即切近"家园意识"。这种切近本源的"返乡"之路就是作为"存在"的"神秘"的展开之路,通过守护与展开的历程实现由神秘到绽出、由遮蔽到澄明,这同时也是审美的"家园意识"得以呈现之途。

20 世纪中期以后,工业革命愈加深入,环境破坏日益严重,工具理性更

---

① 〔德〕海德格尔:《荷尔德林诗的阐释》,孙周兴译,商务印书馆,2000,第 15 页。

② 同上。

③ 同上书,第 31 页。

增强了人的"茫然失去家园"之感。在这种情况下,如何对待日益勃兴的科技与不断增强的失去家园之感? 海德格尔于1955年写了《泰然任之》一文作为回应。他首先描述了工具理性的过度膨胀所带给人们的巨大压力。他说,在日渐强大的工具理性世界观的压力下,"自然变成唯一而又巨大的加油站,变成现代技术与工业的能源。这种人对于世界整体的原则上是技术的关系,首先产生于17世纪的欧洲,并且只在欧洲","隐藏在现代技术中的力量决定了人与存在者的关系。它统治了整个地球"①。其具体表现为:"许多德国人失去了家乡,不得不离开他们的村庄和城市,他们是被逐出故土的人。其他无数的人们,他们的家乡得救了,他们还是移居他乡,加入大城市的洪流,不得不在工业区的荒郊上落户。他们与老家疏远了。而留在故乡的人呢? 他们也无家,比那些被逐出家乡的还要严重几倍。"②现代技术挑动、损扰并折腾着人,使人的生存根基受到致命的威胁,加倍地堕入"茫茫然无家可归"的深渊之中。那么,如何应对这种严重的情况呢? 海氏的方法是"泰然任之"。他认为,对于科学技术盲目抵制是十分愚蠢的,而被其奴役更是可悲的。他说:"但我们也能另有作为。我们可以利用技术对象,却在所有切合实际的利用的同时,保留自身独立于技术对象的位置,我们时刻可以摆脱它们!"③同时,他也认为应该坚持生态整体观,牢牢立足于大地之上。他借用约翰·彼德·海贝尔的话说:"我们是植物,不管我们愿意承认与否,必须连根从大地中成长起来,为的是能够在天穹中开花结果。"④他在晚年(1966年9月23日)与《明镜》专访记者的谈话中,谈及人类在重重危机中的出路时,又一次讲到人类应该坚守自己的"家",由此才能产生出伟大的足以扭转命运的东西。他说,"按照我们人类经验和历史,一切本质的和伟大的东西都只有从人有个家并且在一个传统中生了根中产生出来"⑤,更进一步说明了"家园意识"在他的存在论哲学中的重要地位。

二、当代西方生态与环境理论中的"家园意识"

1972年,为筹备联合国《环境宣言》和环境会议,由58个国家的70多名科学家和知识界知名人士组成了大型顾问委员会,负责向大会提供详细的书面材料。同年,受斯德哥尔摩联合国第一次人类环境会议秘书长莫里

① 孙周兴选编《海德格尔选集》,上海三联书店,1996,第1236页。
② 同上书,第1234—1235页。
③ 同上书,第1239页。
④ 同上书,第1241页。
⑤ 同上书,第1305页。

斯·斯特朗的委托,经济学家芭芭拉·沃德与生物学家勒内·杜博斯撰写了《只有一个地球——对一个小小行星的关怀和维护》,其中明确地提出了"地球是人类唯一的家园"的重要观点。该报告指出:"我们已经进入了人类进化的全球性阶段,每个人显然有两个国家,一个是自己的祖国,另一个是地球这颗行星。"①在全球化时代,每个人都有作为其文化根基的祖国家园,同时又有作为生存根基的地球家园。在该书的最后,作者更加明确地指出:"在这个太空中,只有一个地球在独自养育着全部生命体系。地球的整个体系由一个巨大的能量来赋予活力。这种能量通过最精密的调节而供给了人类。尽管地球是不易控制的、捉摸不定的,也是难以预测的,但是它最大限度地滋养着、激发着和丰富着万物。这个地球难道不是我们人世间的宝贵家园吗?难道它不值得我们热爱吗?难道人类的全部才智、勇气和宽容不应当都倾注给它,来使它免于退化和破坏吗?我们难道不明白,只有这样,人类自身才能继续生存下去吗?"②

　　1978年,美国学者威廉·鲁克尔特(William Rueckert)在《文学与生态学》一文中首次提出"生态批评"与"生态诗学"的概念,明确提出了"生态圈"就是人类的家园的观点。他在列举人类给地球造成的严重环境污染问题时指出,"这些问题正在破坏我们的家园——生态圈"③。英国著名的历史学家阿诺德·汤因比则于1973年在《人类与大地母亲》的第八十二章"抚今追昔,以史为鉴"的最后写道:"人类将会杀害大地母亲,抑或将使它得到拯救?如果滥用日益增长的技术力量,人类将置大地母亲于死地;如果克服了那导致自我毁灭的放肆的贪欲,人类则能够使她重返青春,而人类的贪欲正在使伟大母亲的生命之果——包括人类在内的一切生命造物付出代价。何去何从,这就是今天人类所面临的斯芬克斯之谜。"④进一步指出,现在的生物圈是我们拥有的——或好像曾拥有的——唯一可以居住的空间。

　　进入21世纪以来,人类对自然生态环境问题愈来愈重视。美国著名环境学家阿诺德·伯林特于2002年主编了《环境与艺术:环境美学的多维视角》一书,其中收集了当代多位环境理论家的有关论点。其中霍尔姆斯·罗尔斯顿在《从美到责任:自然美学和环境伦理学》一文中明确从美学的角度

---

① 〔美〕沃德、杜博斯:《只有一个地球——对一个小小行星的关怀和维护》,《国外公害丛书》编委会译校,吉林人民出版社,1997,前言页。
② 同上书,第260页。
③ 〔美〕鲁克尔特:《文学与生态学:一项生态批评的实验》,载《生态批评读本》,美国乔治亚大学出版社,1996,第115页。
④ 〔英〕汤因比:《人类与大地母亲》,徐波莱译,上海人民出版社,2001,第529页。

论述了"家园意识"的问题。他说："当自然离我们更近并且必须在我们所居住的风景上被管理时，我们可能首先会说：自然的美是一种愉快——仅仅是一种愉快——为了保护它而做出禁令似乎不那么紧急。但是这种心态会随着我们感觉到大地在我们的脚下，天空在我们的头上，我们在地球上的家里而改变。无私并不是自我兴趣，但是那种自我没有被掩盖，而是自我被赋形和体现出来了。这是生态的美学，并且生态是关键的关键，一种在家里的、在它自己的世界里的自我。我把自己所居住的那处风景定义为我的家。这种'兴趣'导致我关心它的完整、稳定和美丽。"又说道："整个的地球，不只是沼泽地，是一种充满奇异之地，并且我们人类——我们现代人类比以前任何时候更加——把这种庄严放进危险中。没有人……能够在逻辑上或者心理上对它不感兴趣。"①在这里，罗尔斯顿更加现代地从"地球是人类的家园"的角度出发，论述了生态美学中的"家园意识"。他认为，人类只有一个地球，地球是人类生存繁衍的家园，只有地球才使得人类具有"自我"；因而，保护自己的"家园"，使之具有"完整、稳定和美丽"的特点，是人类生存的需要，这才是"生态的美学"。

三、西方与中国古代有关"家园意识"的文化资源

正是因为"家园意识"的本源性，所以它不仅具有极为重要的现代意义和价值，而且也成为人类文学艺术千古以来的"母题"。西方作为海洋国家，同时又作为资本主义发展较早的国家，文化与文学资源中更多地强调旅居与拓展，如《鲁宾孙漂流记》等。但"家园意识"作为人类对本真生存的诉求，在其早期也是常常作为文化与文学的"母题"与"原型"的。西方最早的史诗——《荷马史诗》中的《奥德赛》就是写希腊英雄奥德修斯在特洛伊战争结束后历经 10 年，遭遇巨人、仙女、风神、海怪、水妖等多种力量的阻挠，终于返回家乡的故事，暗含了人类历经千难万险都必须返回精神家园的文化"母题"。而《圣经》中有关"伊甸园"的描述，则是古代希伯来文化对"家园意识"的另一种阐释。据《创世纪》记载，上帝在东方的伊甸建了一个园子，园中有河流滋养着肥沃的土地，有各种树木、花草和可供食用的果子，绮丽迷人，丰饶富足。上帝用尘土造出亚当，又抽其肋骨造其妻夏娃，将两人安置在伊甸园中，至此，人与神以及自然协调统一，人生活在美好无比的家园当中。但上帝警告亚当、夏娃，"园中各种树上的果子可以随便吃，只有智

---

① 〔美〕伯林特主编《环境与艺术：环境美学的多维视角》，刘悦笛等译，重庆出版社，2007，第 167—168 页。

慧树上的果子不可以吃,因为吃了必定死"。但是女人夏娃受到狡猾的蛇的诱惑,"见那棵树的果子好做食物,也悦人耳目,且是可喜爱的,能使人有智慧,就摘下果子来吃了;又给她丈夫,让丈夫也吃了"。神知道这一切后,就将亚当与夏娃逐出伊甸园,二人自此流浪天涯。而且,由于亚当、夏娃因贪欲而犯错,神就役使他们耕种土地、终身受苦。如果说,古希腊奥德修斯漫长的返乡是由于特洛伊战争这一神定的"命运之因",那么《圣经》中人被逐出伊甸园就是由于贪欲造成的"原罪之因"。应该说,这种"原罪之因"对人类更有警告的作用。后来在西方文学中,"伊甸园的失落与重建"成为具有永恒意义的主题之一,也由此说明"家园意识"在西方文学中具有何其重要的地位。

我国作为农业古国,历代文化与文学作品中都贯穿着强烈的"家园意识",这为当代生态美学与生态文学之"家园意识"的建设提供了极为宝贵的资源。从《诗经》开始就记载了我国先民择地而居,选择有利于民族繁衍生息地的历史。例如,著名的《大雅·绵》第三章就记载了我国先祖古公亶父率民去豳,度漆沮、逾梁山而止于土地肥沃的周原之地的过程。所谓"周原朊朊,堇荼如饴。爰始爰谋,爰契我龟。曰'止'曰'时',筑室于兹"。由此是说,因为周原之地土地肥沃,在这块土地上就连长出的苦菜都甘甜如饴,因此,经过认真仔细的筹划、商量与占卜,表明这是一处宜居之地,即决定在此筑室安家。《卫风·河广》则更加具体地描绘了客居在卫国的宋人面对河水所抒发的思乡之情。"谁谓河广?曾不容刀。谁谓宋远?曾不崇朝。"主人公踯躅河边,故国近在对岸,但却不能渡过河去,内心焦急,长期积压于胸的忧思如同排空而来的浪涌,诗句夺口而出。至于《小雅·采薇》中写游子归家的诗句"昔我往矣,杨柳依依。今我来思,雨雪霏霏"则早已成为传颂已久的名句。

《易经》是我国古代的重要典籍,它以天人关系为核心,阐释了中国古代"生生之为易"的古典生存论生态智慧,包含着浓郁的蕴涵哲理性的"家园意识"。它的乾、坤二卦有关"大哉乾元,万物资始,乃统天""至哉坤元,万物资生,乃顺承天"以及"元亨利贞"四德之美与"安吉之象"的论述道出了天地自然生态为人类生存之本的"家园意识"。而《周易·家人》卦说只有家道正,推而行之以治天下,才可"天下定矣""王假有家,交相爱也"等等,道出了治家有道与天下安定及家庭相融的和谐关系。《周易·旅卦》为艮下离上,艮为山,为止;离为火,为明。山止于下,以此说明羁旅之人应该安静以守,而又要向上附丽光明。离家旅行居于外,有诸多不便,因而卦辞曰"旅,小亨"。可见,"家园意识"在我国文化与文学中的重要位置。

《复卦》是《易经》六十四卦的第二十四卦,包含着返本与回归之意。卦象为震下坤上,一阳爻在下,五阴爻在上,含阴到极盛,物极必反之意。不仅总结了事物循环转化的规律,而且揭示了人要回归家园的意识,所谓"休复,吉"。由此可见,"复卦"实际上是中国远古哲学"易者变也"、物极必反、否极泰来的高度概括,阐释了万事万物都必然回归其本根的规律。因而,"家园意识"不仅有浅层的"归家"之意,更有其深层的阴阳复位、回归本真的存在之意,具有深厚的哲学内涵。至于李白《静夜思》中的"举头望明月,低头思故乡",更早已成为游子与旅人思念故国乡土的传世名句——家园成为扣动每个人心扉的美学命题。

综合上述,"家园意识"在浅层次上有维护人类生存家园、保护环境之意。在当前环境污染不断加剧之时,它的提出就显得尤为迫切。据统计,在以"用过就扔"为时尚的当前大众消费时代,全世界每年扔掉的罐头盒、塑料纸箱、纸杯和塑料袋不计其数,我们的家园日益成为"抛满垃圾的荒原",人类的生存环境日益恶化。早在 1975 年美国《幸福》杂志就曾刊登过菲律宾境内一处开发区的广告:"为吸引像你们一样的公司,我们已经砍伐了山川,铲平了丛林,填平了沼泽,改造了江河,搬迁了乡镇,全都是为了你们和你们的商业在这里的经营可容易一些。"这只不过是包括中国在内的所有发展中国家因开发而导致环境严重破坏的一个缩影。珍惜并保护我们已经变得十分恶劣的生存家园,是当今人类的共同责任;而从深层次上看,"家园意识"更意味着人的本真存在的回归与解放,即人要通过悬搁与超越之路,使心灵与精神回归到本真的存在与澄明之中。

第三节　场　所　意　识

如果说"家园意识"是一种宏大的人之存在的本源性意识,那么"场所意识"则与人具体的生存环境及其感受息息相关。

一、海德格尔关于"场所意识"的论述

"场所意识"是海德格尔首次提出的。他说,"我们把这个使用具各属其所的'何所往'称为场所",又说"依场所确定上手东西的形形色色的位置,这就构成了周围性质,构成了周围世界切近照面的存在者环绕我们周围的情况","这种场所的先行揭示是由因缘整体性参与规定的,而上手事物之

来照面就是向着这个因缘整体性开放出来"。① 在海氏看来,"场所"就是与人的生存密切相关的物品的位置与状况。这其实是一种"上手的东西"的"因缘整体性",也就是说,在人的日常生活与劳作中,周围的物品与人发生某种因缘性关系,从而成为"上手的东西";但"上手"还有一个"称手"与"不称手"以及"好的因缘"与"不好的因缘"这样的问题。例如,人所生活的周围环境的污染、自然的破坏,各种有害气体与噪声对人所造成的侵害,这就是一种极其"不称手"的情形,这种环境物品也是与人"不好的因缘"关系,是一种不利于人生存的"场所"。海德格尔的"场所意识"是从"空间性"立论的,其所谓的"场所"并非公共性处所,而是"世内上到手头的东西的空间性"②。其实,海氏的所谓"空间"就是"此在"在世之"世界",也就是场所。诚如他本人所说:"如果我们把设置空间领会为生存论环节,那么它就属于此在的在世。"③海德格尔对"空间性"的揭示也是以"场所"为起点的。"空间的'何所面向'先行在此在中得到揭示;这一点我们已经通过场所现象加以提示。"④海德格尔在论述场所时,还以"在近处"来表述"上手的东西",但"这个近不能由衡量距离来确定。这个近由寻视'有所计较的'操作与使用得到调节"⑤,也就是说,所谓"在近处"并不是数字上的距离长短,而是生存论意义上的某物件是否与人发生因缘性的关系,因而总在人的"寻视"范围之内;而所谓"场所"也随之具有了"用具联络的位置整体性"的特性。⑥ 1969 年,海德格尔在其耄耋之年写有一篇速写式的谈艺文章——《艺术与空间》,进一步从生存论的角度阐释自己对"场所意识"的呼唤。由于现代高科技的发展,技术对人的控制越来越方便,人的自由性越来越少,人类感到空前的压迫与孤独,人类自由场所的缺乏无疑是技术的进步所带来的负面影响。为此,海德格尔在该文中对艺术与技术、技术与空间的关系进行了阐发,批判了技术对"空间"与"场所"的促逼。他说:"空间——是眼下以日益增长的幅度愈来愈顽固地促逼现代人去获得其最终可支配性的那个空间吗?"⑦确如海德格尔所言,技术的进步使人类与自然环境、人类与自身的关系越来越割裂,人类无时无刻不面临着环境与精神的挤压,人类的

---

① 〔德〕海德格尔:《存在与时间》,陈嘉映、王庆节译,生活·读书·新知三联书店,2006,第 120—121 页。
② 同上书,第 119 页。
③ 同上书,第 129 页。
④ 同上书,第 128 页。
⑤ 同上书,第 119 页。
⑥ 同上书,第 120 页。
⑦ 孙周兴选编《海德格尔选集》,上海三联书店,1996,第 482 页。

"场所意识"与"家园意识"空前缺乏。那么,理想的"空间化"或"场所意识"应该是什么呢? 海氏在文中做了回答,那就是栖居的自由与真理的敞开——"空间化为人的安家和栖居带来自由(das Freie)和敞开(das Offene)之境"①。

二、阿诺德·伯林特环境美学中有关"场所意识"的论述

审美经验现象学是阿诺德·伯林特探讨环境美学的主要方法,在论述"场所意识"时,他以建筑环境为个案,论证了无利害美学的局限,他认为建筑作为一种场所,既是一种围合的人类空间,也是建筑物与居住者共同营造的环境氛围。由此,他从人与建筑物交感式的相互关系中展开了对"场所意识"问题的探讨,并给出了自己的阐释。他说:"基本事实是,场所是许多因素在动态过程中形成的产物: 居民、充满意义的建筑物、感知的参与和共同的空间。……人与场所是相互渗透和连续的。"②在伯林特看来,"场所"与人的审美参与分不开,它是人的多种感官与空间的一种融合与交流,即"场所"是人与环境的共同创造,它是连续的,也是整体的,"场所"作为人类的活动舞台,离不开人的审美体验。阿诺德·伯林特说:"这是我们熟悉的地方,这是与我们自己有关的场所,这里的街道和建筑通过习惯性的联想统一起来,它们很容易被识别,能带给人愉悦的体验,人们对它的记忆中充满了情感。如果我们的邻近地区获得同一性并让我们感到具有个性的温馨,它就成了我们归属其中的场所,并让我们感到自在和惬意。"③在这里,阿诺德·伯林特指出了"场所"与人的情感性关联,"场所"是一处让人感到自在和惬意的地方。"情感"是艺术美学的一个范畴,阿诺德·伯林特把它用在"场所意识"中,实际上是在建构一种环境感性现象学或环境体验的美学。他说:"然而,我们关注的并非是场所的心理学,而是一种场所的美学。在梅洛·庞蒂的经典著作《知觉现象学》中,他主张所有感官的联合合作,包括触觉,因为我们并非通过相互分离并且彼此不同的感觉系统进行感知。一种关于环境感知的现象学也就必须更具包容性,把感知的联觉作为基础,并且如梅洛·庞蒂所主张的,从身体开始。"④由此,他进一步认为"相互性是环境体验的一个不变的特征"⑤。在这里,他批判了传统的无利害的静观

---

① 孙周兴选编《海德格尔选集》,上海三联书店,1996,第484页。
② 〔美〕伯林特:《环境美学》,张敏、周雨译,湖南科学技术出版社,2006,第135页。
③ 同上书,第66页。
④ 同上书,第136页。
⑤ 同上书,第139页。

美学的观念,力倡一种各种感官都参与的"参与美学"。阿诺德·伯林特指出:"比其他的情境更为强烈的是,通过身体与处所(body and place)的相互渗透,我们成了环境的一部分,环境经验使用了整个人类感觉系统。因而,我们不仅仅是'看到'我们的活生生的世界,我们还步入其中,与之共同活动,对之产生反应。我们把握场所并不仅仅是通过色彩、质地和形状,而且还要通过呼吸,通过味道,通过我们的皮肤,通过我们的肌肉活动和骨骼位置,通过风声、水声和汽车声。环境的主要维度——空间、质量、体积和深度——并不是首先和眼睛遭遇,而是先同我们运动和行为的身体相遇。"①这是生态美学观的新的美学理念,与传统的审美凭借视觉与听觉等高级器官不同。伯林特认为,当代生态美学观的"场所意识"不仅仅是视觉与听觉意识,而且包括嗅觉、味觉、触觉与运动知觉的意识。他将人的感觉分为视觉、听觉等保持距离的感受器与嗅觉、味觉、触觉与运动知觉等接触的感受器,这两类感受器都在审美中起作用。这不仅是新的发展,而且也符合当代生态美学的实际。从存在论美学的角度来看,自然环境对人的影响绝对不仅是视听,而且还包含了嗅、味、触觉与运动知觉。噪声与有毒气体会对人造成伤害,而沙尘暴与病毒更会侵害人的美好生存。当然,从另外的角度,从更高的精神的层面来看,城市化的急剧发展,高楼林立,生活节奏的加速,人与人的隔膜,人与自然的远离,居住的逼仄与模式化,等等,都在使人们逐步失去自己真正美好的生活"场所"。这种生态美学的维度必将成为当代文化建设与城市建设的重要参照,这同时也是一种"以人为本"观念的彰显。

三、中国古代哲学中的"场所意识"

中国古代哲学中也有"场所意识"的论述。从《周易》来看,中国古代哲学中的"空间意识"是三维的,即"天地人三才"之说。所谓"易之为书也,广大悉备:有天道焉,有人道焉,有地道焉,兼三才而两之,故六"(《系辞》下),又说"夫大人者,与天地合其德,与日月合其明,与四时合其序,与鬼神合其吉凶"(《周易·文言传》),阐述了"人"处"天地"之中,与天地相和的意思,这就是著名的"保合太和乃利贞"的思想。另外,中国古代哲学中的"空间意识"还是动态的,即所谓"天地交泰"。如此的"空间意识"也道出了中国古代哲学中"场所意识"的真谛,也就是说在中国古代哲学中,一个安定的适合人生存的"场所"是天人、阴阳、乾坤相和的产物,它是动态的、富有生

---

① 〔美〕伯林特主编《环境与艺术:环境美学的多维视角》,刘悦笛等译,重庆出版社,2007,第10页。

命活力的。中国古代的"堪舆术"实际上是一种以"天地观"为基础的择居之术,尽管笼罩着浓厚的迷信色彩,但却在一定程度上包含着具有一定合理性的古代"择居观念"和"场所意识"。比如说在对阳宅的选择上,就有"住宅西南有水池,西北地势交相宜,良地有岗多富贵,子孙天赐有罗衣"的说法。尽管这里的"富贵""天赐"等都属于迷信的无稽之谈,但住宅坐北朝南,后山前水,的确是一种有利于人的健康的自然环境,值得倡导。又如清代光绪秀才手抄珍本《阳宅撮要》所言:"星形端肃,气象豪雄,护沙整齐,俨然不可犯,贵宅也;墙垣周密,四壁光明,天井明洁,规矩翕聚,富贵宅也。"这里对所谓贵宅的表述尽管多有封建意识,但房舍的高大、明亮与洁净,建筑的坚固、结实与稳定,确是有利于人的栖身生存的。清代的《阳宅十书》也说:"人之居处,宜以大地山河为主,其来脉气势最大。""阳宅来龙原无异,居处须用宽平势。明堂须当容万马,厅堂门庑先立位。东厢西塾及庖厨,庭院楼台园圃地,或从山居或平原,前后有水环抱贵。左右有路亦如然,但遇返跳必须忌。"在此特别强调了房舍所处的自然环境,认为"宜以大地山河为主",并且"关系人祸福,最为切要",并要求居处地势宽平,堂前开阔,从山而居,有水环抱,左右有路,交通便捷等。清代著名戏剧家李渔在其《闲情偶寄·居室部》中也用相当的篇幅讲到人居环境的问题,如"人之不能无屋,犹体之不能无衣。衣贵夏凉冬燠,房舍亦然",并且还体察了房舍的朝向问题,所谓"屋以面南为正向,然不可必得,则面北者宜虚其后,以受南薰;面东者虚右,面西者虚左,亦犹是也。如东、西、北皆无余地,则开窗借天以补之"。论及"途径"时,他说:"径莫便于捷,而又莫妙于迂。"论及"出檐深浅"时,他指出:"居宅无论精粗,总以能避风雨为贵。"论及甃地(房内之地)时,他指出:"且土不覆砖,尝苦其湿,又易生尘。有用板作地者,又病其步履有声,喧而不寂。以三和土甃地,筑之极坚,使完好如石,最为丰俭得宜。"这些都具有很强的可操作性,值得借鉴参考。

第四节　诗意地栖居

"诗意地栖居"是海德格尔在《追忆》一文中提出的,是海氏对于诗与诗人之本源的发问与回答,亦回答了长期以来普遍存在的问题:人是谁? 人将自己安居于何处? 艺术何为,诗人何为? ——诗与诗人的真谛是使人诗意地栖居于这片大地之上,在神祇(存在)与民众(现实生活)之间,面对茫茫黑暗中迷失存在的民众,将存在的意义传达给民众,使神性的光辉照耀平静而贫弱的现实,从而营造一个美好的精神家园。这是海氏所提出的最重要的生态美学观之一,是其存在论美学的另一种更加诗性化的表述,具有极为重要的价值与意义。

一、"诗意地栖居"命题的内涵

长期以来,人们在审美中只讲愉悦、赏心悦目,最多讲到陶冶,但却极少有人从审美地生存特别是"诗意地栖居"的角度来论述审美。"栖居"本身必然涉及人与自然的亲和友好关系,成为生态美学观的重要范畴。海氏在《追忆》一文中提出"诗意地栖居"这个美学命题。他先从荷尔德林的诗开始:"充满劳绩,然而人诗意地/栖居在这片大地上。"然后,他说:"一切劳作和活动,建造和照料,都是'文化'。而文化始终只是并且永远就是一种栖居的结果。这种栖居却是诗意的。"①实际上"诗意地栖居"是海氏存在论哲学美学的必然内涵。他在论述自己的"此在与世界"之在世结构时就论述了"此在在世界之中"的内涵,划清了认识论的"在之中"与存在论的"在之中"的区别,认为存在论上的"在之中"包含着居住与栖居之意。他说:"'在之中'不意味着现成的东西在空间上'一个在一个之中';就源始的意义而论,'之中'也根本不意味着上述方式的空间关系。'之中'('in')源自 innan,居住,habitare,逗留。'an'('于')意味着:我已住下,我熟悉、我习惯、我照料;它有 colod 的含义;habito(我居住)和 diligo(我照料)。我们把这种含义上的'在之中'所属的存在者标识为我自己向来所是的那个存在者。而'bin'(我是)这个词又同'bei'(缘乎)联在一起,于是'我是'或'我在'复又等于说:我居住于世界,我把世界作为如此这般熟悉之所而依寓之、逗留之。"②由此可见,所谓"此在在世界之中"就是人居住、依寓、逗留,也就是"栖居"于世界之中。而如何才能做到"诗意地栖居"呢？ 其中,非常重要的一点就是必须要爱护自然、拯救大地。海氏在《筑·居·思》一文中指出:"终有一死者栖居着,因为他们拯救大地——拯救一词在此取莱辛还识得的古老意义。拯救不仅是使某物摆脱危险;拯救的真正意思是把某物释放到它的本己的本质中。拯救大地远非利用大地,甚或耗尽大地。对大地的拯救并不控制大地,并不征服大地——这还只是无限制的掠夺的一个步骤而已。"③"诗意地栖居"即"拯救大地",摆脱对于大地的征服与控制,使之回

---

① 〔德〕海德格尔:《荷尔德林诗的阐释》,孙周兴译,商务印书馆,2000,第 107 页。
② 〔德〕海德格尔:《存在与时间》,陈嘉映、王庆节译,生活·读书·新知三联书店,2006,第 63—64 页。
③ 孙周兴选编《海德格尔选集》,上海三联书店,1996,第 1193 页。

归其本己特性,从而使人类美好地生存在大地之上、世界之中。这恰是当代生态美学观的重要旨归。在这里需要特别说明的是,海氏的"诗意地栖居"在当时是有着明显的所指性的,那就是指向工业社会之中愈来愈严重的工具理性控制下的人的"技术的栖居"。在海氏所生活的20世纪前期,资本主义已经进入帝国主义时期。由于工业资本家对于利润的极大追求,对于通过技术获取剩余价值的迷信,滥伐自然、破坏资源、侵略弱国成为整个时代的弊病。海氏深深地感受到这一点,将其称作技术对于人类的"促逼"与"暴力",是一种违背人性的"技术地栖居"。他试图通过审美之途将人类引向"诗意地栖居"。他说:"欧洲的技术——工业的统治区域已经覆盖整个地球。而地球又已然作为行星而被算入宇宙的空间之中,这个宇宙空间被订造为人类有规划的行动空间。诗歌的大地和天空已经消失了。谁人胆敢说何去何从呢? 大地和天空、人和神的无限关系被摧毁了。"他针对这种情况说道:"这个问题可以这样来提: 作为这一岬角和脑部,欧洲必然首先成为一个傍晚的疆土,而由这个傍晚而来,世界命运的另一个早晨准备着它的升起?"①可见,他已经将"诗意地栖居"看作世界命运的另一个早晨的升起。在那种黑暗沉沉的漫漫长夜中,这无疑带有乌托邦的性质。但无独有偶,差不多与海德格尔同时代的英国作家劳伦斯在其著名的小说《查泰莱夫人的情人》中通过强烈的对比鞭挞了资本主义社会中极度污染的煤矿与攻于计算的矿主,歌颂了生态繁茂的森林与追求自然生活的守林人,表达了追求人与自然协调的"诗意栖居"的愿望。

二、中国古代有关诗意栖居的审美智慧

"诗意地栖居于大地",这样的美学观念与东方特别是中国有着密切的渊源。西方古代美学建立于"天人相分"的哲学基础之上,它以"雕塑"为艺术范本,注重艺术结构自身的"和谐美",而中国古代美学建立在"天人合一"哲学基础上,力倡"中和美",它持守"万物并育而不相害"的道德理念。中国古代审美教育是一种"德性论"美育,其目标不在传授艺术技能,而在于培养"文质彬彬"的君子。这里的"文质彬彬"是一种不偏不倚的德性品质,也是一种"中和美"。最早提出"中和美"的是《尚书·尧典》,所谓"帝曰:夔,命汝典乐,教胄子。直而温,宽而栗,刚而无虐,简而无傲。诗言志,歌永言,声依永,律和声。八音克谐,无相夺伦,神人以和"。这里明确提出了音乐与诗歌的"神人以和"的准则,以及"直而温,宽而无虐,简而无傲"的艺术

---

① 〔德〕海德格尔:《荷尔德林诗的阐释》,孙周兴译,商务印书馆,2000,第218—220页。

特性,中国古代艺术以"中和"为审美准则在某种程度上也是一种生存论美学,它追求生命的圆满与健康,以及诗意化的生存。关于"中和美"的生存论思想在《乐记》中有所阐明,《乐记·乐论篇》指出:"大乐与天地同和,大礼与天地同节。和,故百物不失。节,故祀天祭地。明则有礼乐,幽则有鬼神,如此,则四海之内,合敬同爱矣。"这里点出了中国古代"礼乐教化"并行的艺术文化特点,阐明了通过礼乐教化达到"天人相和,合敬同爱"的社会安宁、人生安康、生命健康的目的。正如《乐记·乐象篇》所言:"故乐行而伦清,耳目聪明,血气和平,移风易俗,天下皆宁。"其实,中国古代"中和美"的实质是天人、阴阳、乾坤相谐相和,从而达到社会、人生与生命吉祥安康的目的,这也正是"中和美"对于人"诗意栖居"的期许,也与海氏生态存在论美学有关人在"四方游戏"世界中得以诗意栖居的内涵相契合,并成为当代生态美学建设的重要资源。

第五章　生态审美教育的模式

现代审美教育以艺术为教育手段,通常采用"灌输"或"园丁"式教学模式,而生态审美教育采用生态式艺术教育模式和生态本体论审美教育模式。生态式艺术教育模式采用"对话"和学科互涉的教学方法,意在培养学生的生态型人格;生态本体论审美教育模式则以"自然之美"为主要教学内容,意在培养受教者的自然德性与生态审美意识。

第一节　生态审美教育的两种模式

挪威哲学家阿伦·奈斯将生态学分为两个层次:浅层生态学与深层生态学。浅层生态学只针对环境污染与资源枯竭等问题提出对策性研究,而深层生态学则将生态环境问题引向根源的探讨。"在环境教育问题上,浅层生态学认为,对付环境退化与资源耗竭需要培养更多的'专家',他们能提供如何把经济增长与保持环境健康结合起来的建议。……深层生态学反对用价格来决定物品价值的教育,主张科学重心应从'硬'向'软'的转换,这种转换充分考虑到区域文化和全球文化的重要性。在尊重生物系统完整性和健康发展的框架内,把世界保护战略作为优先考虑的教育对象。"[①]由此可见,在解决环境危机这一问题上,浅层生态学具有方法论的意义,而深层生态学则具有本体论的意义。与之相应,生态审美教育亦可划分为两种范式:生态式艺术教育和生态本体论审美教育。生态式艺术教育以"艺术"为手段,虽带有人类中心主义倾向,但援用了浅层生态学的方法论,而生态本体论审美教育采用深层生态学的价值观念与伦理原则,以整个生态系统及其存在物的价值伦理为标向。

---

① 雷毅:《深层生态学:阐释与整合》,上海交通大学出版社,2012,第11—12页。

一、生态式艺术教育与生态本体论审美教育的理论支点

无论是生态式艺术教育还是生态本体论审美教育,其教育思维都突破了传统的主客二分的认识论模式。生态式艺术教育虽有"人类中心主义"倾向,但其在教育观念与方法上既暗合艺术内部的生态结构,又体现人与人、人与社会、人与自然的和谐愿景。在教学方法上,"它不仅强调教师与学生、学生与学生、学生与自然、主课与副课、课内与课外、学校与社区、东方文化与西方文化等对立二元之间的联系和对话,还强调人文意识和科学意识、人文学科与科学学科之间的对话和相互生成"①。与生态式艺术教育不同,生态本体论审美教育以平等、亲和、共生的态度对自然对象进行审美。"这种美学是'无中心的',没有'人类中心'思想的,它使我们能够'以自然自己的术语来评价自然'。"②

现代心理学研究表明:每个人的心灵世界都无可逃遁地受"集体无意识"的影响,这种"集体无意识"以一种原型的方式存在于人的脑际。瑞士心理学家卡尔·荣格认为,原型是人类心理活动的基本范型,决定着人类知觉、领悟、情感和想象等心理过程的一致性,而且还具有自动调节与自我平衡的功能,维护人类精神系统的完整性。比如中国人的文化世界与思维方式总是受太极图式的影响,太极图式揭示了阴阳两极互相转化的辩证关系:太极图的黑白二鱼总是处于变化的动态之中,你中有我,我中有你,主动中有退让,退让中有进取,形成了一个新生的 S 形曲线。同理,人类文明的创生也不是用一极去压制另一极,用一元消灭另一元,而是反其道而行之,让分离的二元,如真假、善恶、美丑、主客、贵贱、虚实等相互融合,并在融合中生发出新的性质与功能。这也是老子所说的"反者道之动"。"天之道,其犹张弓乎,高者抑之,下者举之,有余者损之,不足者补之。"(《道德经》)这一原理体现在教育方式上,就是师生之间、家长与孩子之间不再是教育与被教育的关系,而是互相激发、平等对话,共同进步的关系;在教学内容上,教学单元与学科之间不再相互割裂,而是彼此"互涉"。具体到教育方法上,就是要将舞蹈、戏剧、音乐、美术等多种艺术课程融为一个整体,使各学科之间相互补充和支持,形成一个学科生态群。

生态本体论审美教育从人的生态性本源中寻找立论依据。众所周知,人与自然的关系是人类最本源的关系,人来自自然,最先与自然发生审美关

---

① 滕守尧:《回归生态的艺术教育》,南京出版社,2008,第 59 页。
② 〔美〕伯林特主编《环境与艺术:环境美学的多维视角》,刘悦笛等译,重庆出版社,2007,第 42 页。

系。自然审美反映了人类来自自然并最后要回归自然的本性特征。正是这种本性特征决定了人类先天就具有一种亲和自然的天性。因为"我们的体内流动着的原生质已经在自然中流动了十多亿年。我们内在的人性已在对外在自然的反应中进化了上百万年。"①，无论是道德仿效还是审美活动，人类的思维与行为总是内在地遵循自然的。恩格斯在《自然辩证法》中特别强调了人与自然的一致性，并将人与自然的统一性作为人性的基本特征。他说："人们愈会重新地不仅感觉到，而且也认识到自身和自然的一致，而那种把精神和物质、人类和自然、灵魂和肉体对立起来的荒谬的、反自然的观点，也就愈不可能存在了。"②

但工业革命之后，随着经济与科技的发展，人类改造自然的能力提高，自然渐渐被逐出审美领域，在审美领域就只剩下艺术审美了。比如，黑格尔明确地将其美学称作"艺术哲学"；席勒在《美育书简》中说："正如高贵的艺术比高贵的自然活得更久，由灵感塑造和唤起的艺术也走在自然之前。"③这种审美观显然有失偏颇。美国美学家赫伯恩在《当代美学及自然美的遗忘》一文中曾对"艺术中心论"发难，他指出："美学根本上被等同于艺术哲学之后，分析美学实际上遗忘了自然界。"④与传统艺术教育相比，生态本体论审美教育着力培养人的自然德性与生态自觉性。无数生态灾难表明：人类作为万物之灵，不仅要维护好自己种类的生存，而且还要凭借生态自觉性保护好自己的生物圈与生态环链，唯此，人类的美好生存才有保证。人的这种生态自觉性被深层生态学称为"生态自我"，生态自我是"在所有存在物中看到自我，并在自我中看到所有存在物"⑤。生态自我由生命的"本我"发展而来，历经社会自我，再到生态自我，在这一扩展过程中，"人类不断超越自身而达到对自然存在物的认同，最终将所有自然存在物的利益纳入自我意识之中，达到人与自然存在物的融合统一"⑥。

二、两种审美教育模式的培养目标：生态化人格与自然德性

追求人格的完善与完满是人全面发展必要条件，不同时代的人有不同

---

① 〔美〕罗尔斯顿：《哲学走向荒野》，刘耳、叶平译，中国社会科学出版社，2000，第72页。
② 中共中央马克思、恩格斯、列宁、斯大林著作编译局编译《马克思恩格斯选集（第3卷）》，人民出版社，1972，第518页。
③ 〔德〕席勒：《美育书简》，徐恒醇译，中国文联出版社，1984，第63页。
④ 〔加〕卡尔松：《环境美学：自然、艺术与建筑的鉴赏》，杨平译，四川人民出版社，2006，第17页。
⑤ 鲁枢元：《文学的跨界研究：文学与生态学》，学林出版社，2011，第302页。
⑥ 同上。

的人格追求：在原始社会，人类需要群体协作才能共同生存下去，这时期的人格类型是"族群型"的；在农业文明时代，人类依赖于自给自足的自然经济和高度集权的社会管理体制，这时期的人格类型是"依附型"的；在工业文明时代，由于科技精神与工具理性统治着人们的自然观、社会观与价值观，整体的人格被压抑成单维面的"知识人"和"经济人"；在生态文明时代，由于生态危机的困扰，人们开始反思自己的存在方式与人格类型，故而有了"生态化人格"的构想。

"生态化人格"既是一种生态化的心理人格，也是一种完美的道德人格，它具有丰富性、整体性与和谐性等特点。"生态化人格作为一种适应生态文明发展需要而孕育产生的新型人格范式，蕴含着丰富而深刻的内涵。生态化人格体现了对'求真'的理性追求，生态化人格要求人们必须拥有丰富的关于自然生态系统的知识，具有自觉维护生态平衡与稳定的生态智慧，并以此来正确认识和处理人与自然的关系；……生态化人格体现了对'臻美'的深刻体悟，即生态化人格要求人们具有感受自然生态之美的特殊审美意识和能力，并不断培育生态审美情感。"①但需要指出的是，心理人格的生态化是审美人格的基础，一个人只有具备和谐健康的心理结构，他才具备海纳百川的心态，才能勇敢地接受异质的事物。一个健康的个体也只有超越自身主客二分的思维模式，才能获得内心的"自我和谐"，做到自我与社会、自我与自然的和谐统一。

艺术作为人类心灵的自由创造物，其作品是多种对立元素的和谐组合。比如和谐的音乐旋律不是单纯的平和与稳定，而是贯穿着长与短、徐与疾、高与低、刚与柔、虚与实的对立统一。《国语·郑语》中的"和乐如一"，指的是音乐是由不同的乐音元素互相对话、碰撞、相融而产生的一种动态、共生的和谐结构。绘画亦是如此，谢赫所说的"气韵生动"就体现了乾与坤、简与易、能与势等对立二元的统一。沈宗骞在《芥舟学画篇》中认为，作画无论在笔墨取势上还是在画面布局上都必须讲"开合"，注重仰与俯、轻与重、收与放、疏与密、虚与实的收合与变化，所谓"如笔将仰必先作俯势，笔将俯必先作仰势，以及欲轻先重，欲重先轻，欲收先放，欲放先收之属，皆开合之机。至于布局将欲作结密郁塞，必先之以疏落点缀；将欲作平衍纡徐，必先之以峭拔陡绝；将欲虚灭，必先之以充实；将欲幽邃，必先之以显爽：凡此皆开合之为用也"②。总之，艺术与自然一样，是不同要素之间的和谐共生，是动态

---

① 彭立威、李姣：《人格教育生态化：从单面到立体》，湖南师范大学出版社，2015，第115页。
② 潘运告编《清代画论》，云告译注，湖南美术出版社，2003，第112页。

开放的可持续发展过程。正因此,中国古人将艺术教育视为博雅教育,把"游于艺"作为教育的最高境界,"道""德""仁"等只有化为内在的心理要求,转化为审美快感,才能使个体的人性达于和谐完美。

生态式艺术教育正是遵循艺术自身的特点与内在要求,坚持对话的教育原则,这种对话不仅发生在师生、生生之间,而且发生在艺术与科学、人文与自然、日常经验与审美经验之间。变态心理学表明,人的心理深层结构与艺术结构相似,存在着两种相反相成的力量,诸如理性与非理性、意识与无意识等,这种心理生态系统如果长期得不到激活,人就容易缺乏直觉力、想象力与创生力。如若人的心理生态系统长期遭到违逆或被迫接受某种选择,人格的整体性与圆融性就会被扭曲,走向单一与分裂。生态式艺术教育强调对话,其意图在于充分挖掘与利用艺术的内在潜质,激发人的生态潜意识,构建生态化人格,实现人的可持续发展。需要指出的是,生态式艺术教育的这种学科之间的对话必须建立在生态整体主义原则之中,唯此才能"使艺术作品的人文精神与体验者的情感生活建立生态关系,并进一步辨识艺术作品中不同要素和各种事物的依存关系及由之营构的生态图景和可持续性生命过程,形成一种相互补充和生发的生态关系,既互相折射又相互补充,通过慢性熏陶和移情作用,依据异质同构原理,生态美育也可以培养出一种堪与杰出艺术作品相媲美的、同样具有开放性和持续生成性的心理结构和人格类型"[1]。

前已论述,自近代以来,随着科技理性与工具理性的盛行,自然成为人类征服的对象,自然审美逐渐淡出人类的审美视域,审美教育变成了单一的艺术教育,人类的自然德性也因此被遮蔽。"'自然之死'使人们失去了生活的尺度和依归,自我无法按照自然的法则享受德性的生活,逐渐成为脱离自身本性的存在,自我与本性的断裂剥夺了自我成为德性存在的权利,自我逐渐失去了德性的维度。"[2]在这种情势下,德国哲学家马克斯·韦伯提出"世界返魅"的观点,主张恢复自然的神奇性、神圣性和潜在的审美性;当代环境伦理学家桑德勒倡导自然德性,将自然德性视为人的内在修养。"自然环境对于使德性行为成为可能的外在善产生的必要性,……一个人就应当维护环境为道德身份的发展和维持提供基本善和条件的能力。"[3]

---

[1]　徐国超:《审美教育的生态之维——生态本体论视域下的美育理论研究》,博士学位论文,苏州大学,2009,第110页。

[2]　同上。

[3]　Ronald Sandler, "A Virtue Ethics Perspective on Genetically Modified Crops," in Ronald Sandler and Philip Cafaro (ed.) Washington, *Environmental Virtue Ethics*, Rowman & Littlefield Publishers, Inc, 2005, p.219.

　　所谓"自然德性"是指人在改造自然的过程中所形成的道德智慧与善的品质,它指向培育人类爱护自然的审美情感,并使道德主体具有稳定的生态品格与生态审美意识。以自然为审美教育的手段之所以能培育人的自然德性,一是因为我们身体的原生质中流淌着自然密码的遗传程序,人类的精神世界与自然宇宙有着"全息感应"关系。生态本体论审美教育正是以生态系统的"自然之美"为手段激发人的生命道德感。"我们的伦理生活应该在效率和道德的双重意义上使我们保持与自然的很好的适应。"①二是因为自然对人类的德性具有指导意义。"与自然的遭遇使我与自然结合,防止我产生骄傲之心,使我意识到自己的作用与位置,教会我可以期待什么能变得更好和对什么应感到满足,在我心里确立起自己以外的其他事物的价值。"②自然荒野的伦理价值在于让人们懂得谦卑与敬畏,让人们知道自己在自然系统中所处的位置,并且教会我们合乎道德地对待自然万物。在这个意义上,自然荒野如同大学一样,是个很好的生态审美教育场所。正因如此,在原始社会人类没有法律与制度的约束,人类依靠族群的力量过着自由平等、团结互助的生活,这种自发的道德力量正来源于自然的陶冶与教育。故而中国古人视"民胞物与""万物一体"为真正的德性生活;古希腊人将合乎自然的生活视为德性生活。"有德性的生活等于根据自然的实际过程中的经验而生活。"③

第二节　生态式艺术教育的模式与案例分析

　　前已论述,自席勒以来,现代审美教育以艺术为唯一手段,有"人类中心主义"倾向,生态审美教育虽将"自然"引入审美教育之维,但并不排除"艺术"的教育手段,因为"艺术同自然一样,都是人类本来意义上的家园……艺术绝不是常人认为的玩物,而是和谐之源,从中流出的,是涌动不息的生命之源。只要接触和欣赏艺术,这富有生命活力的甘泉便会滋润干渴的嘴唇,使心田之苗茁壮成长。久而久之,这样的人就有可能成为一个和谐的和发展完美的人,而一个发展完美的人本身就是一件艺术品。如果一个社会由

---

①　〔美〕罗尔斯顿:《哲学走向荒野》,刘耳、叶平译,中国社会科学出版社,2000,第71页。
②　同上。
③　苗力田主编《古希腊哲学》,中国人民大学出版社,1989,第602页。

这样的人组成,整个社会也就成为和谐的社会"①。但需要指出的是,生态审美教育引入生态式艺术教育模式,对培养公民的生态型人格有着重要的作用。一个具有生态型人格的人知识贯通而求洞识,具有海纳百川、时刻与异质事物对话的开放心态,他也定能够敬畏自然与生命,呵护生命赖以生存的环境。

一、生态式艺术教育的产生与转换

生态式艺术教育萌生于美国的"discipline—based art education"(以学科为基础的艺术教育)。长期以来,美国的艺术教育专注于艺术创作的教学,20世纪60年代,巴肯在法国结构主义思潮和布鲁纳教育思想的影响下,提出艺术应该有自己的科目结构,于是将艺术创作、艺术史、艺术批评和美学等四门学科整合起来,构建了"以学科为基础的艺术教育"理论体系。生态式艺术教育的内容不限于艺术学的四门课程,而是秉持"学科互涉"的教育理念,将艺术学科与其他人文学科、社会学科以及自然学科整合起来,致力于提升学生的人文素质,培养学生的生态审美观与价值观。

历史地看,生态式艺术教育是美国艺术教育实践和革新的产物,是在不断总结经验的基础上进行创造性转换的产物。与以往的艺术教育模式相比,生态式艺术教育在教学内容与目标、课程设置、实施过程与教学评估等领域均有所不同。从教学目标上看,生态式艺术教育不像以往的艺术教育那样片面强调艺术创作能力的培养,而是将艺术科目的学习与日常审美、文化历史等联系起来,提高学生的审美力与人文素质,推动学生艺术评价能力和艺术反应能力的发展。从课程设置来看,以艺术创作、艺术史、艺术批评和美学四门课程为基础,融入相关的自然科学、社会科学与人文科学内容,强化艺术与生活、艺术与文化、艺术与科学的联系。在生态式艺术教育中,艺术创作的教育目标在于让学生将自己的生活积累、艺术经验、思想倾向等创造性地呈现于自己的作品中;艺术史的主要作用在于帮助学生从时代、文化、地域的角度整体地审视、理解艺术作品的意义。"通过艺术史学习,学生有望获得相关的艺术知识与鉴别能力,这样有助于了解和欣赏艺术在人类事物中的延续性和复杂性。"②艺术批评的作用在于帮助学生理解艺术作品的时代症候,并对艺术作品做出价值判断,以拓宽学生的文化视野,深化学生对艺术所反映的现实生活的理解。而美学课程的基本职能在于帮助学生

---

① 滕守尧:《回归生态的艺术教育》,南京出版社,2008,序言。

② 王柯平等:《美育的游戏》,南京出版社,2007,第22页。

归纳艺术的基本原理,引导学生对艺术文本进行哲理性的追问。由此可见,生态式艺术教育不仅将艺术创作、艺术史、艺术批评和美学四门课程融为一个有机的整体,而且将艺术与生活、艺术与文化、艺术与科学等有机地结合起来。

在课程教学的实施上,生态式艺术教育讲究对话性、实践性与创造性。它反对传统艺术教育的满堂灌,重在调动学生的积极性与参与性。生态式艺术教育并不反对实践性,而是反对专业艺术教育的"纯实践性"。在生态式艺术教育中,艺术实践课分为实践性技巧课与合作型排练课,前者如音乐方面的声乐与器乐、美术方面的素描、雕塑与陶艺,后者如合唱队、乐队与书画社等。生态式艺术教育的创作课不同于专业的艺术创造,它将生态美与艺术的原则运用于日常生活或行为准则中,培养学生贯通而通达的认知能力和审美能力。除课堂教学外,生态式艺术教育还重视各种文艺汇演与美术展览等第二课堂的教学。总之,生态式艺术教育的教学内容是多元的,既包括艺术知识与技能的传授,也包括生态审美意识的培养。其目标是要"在加强学生对艺术的感受观察、欣赏评价、表现创造的前提下,融进美学、艺术史、艺术批评等内容,并与其他文化课程加强联系,把艺术教育变成一种真正的人文课程"①。

对生态式艺术教育而言,教学评估并非为了选拔,而是为了促进学生发展、教师的提高与教学实践的改进。在传统的艺术教育中,教育者总是以艺术理论的课程分数或作品的优劣来评价学生的学业成绩。在生态式艺术教育中,教学评估"把教授欣赏、创作与评价活动结合为一体。既要关注学生的学习水平、学习结果,又要关注学生在学习过程中的发展与进步"②。对教师而言,教学评估是为了及时地反馈学生的学习情况与教学效果,提升教师的教学能力。传统的艺术教学侧重于评估教师的能力,常通过试讲与纸笔测试来进行,这种测评忽略了对教师的师德以及教师对教育整体把握能力的评估。在生态式艺术教育中,由于教师是教学动机的提供者,对教师的评估更多地关注其对学生的亲和力、对课程资源的整合力、对教育教学实践的反思力以及自我学习能力等。

在教学方法上,生态式艺术教育采用合作学习法、学业游戏法、学科互涉法以及自由探究法等。合作学习法建立在师生、生生平等的基础上,以小

---

①　滕守尧:《艺术与人的可持续性发展》,载曾繁仁编《中西交流对话中的审美与艺术教育》,山东大学出版社,2003,第33—34页。

②　滕守尧:《生态式艺术教育与人的可持续性发展》,《民族艺术》2001年第1期。

组活动为基本教学方式,以"自主发挥、共同讨论"为教学原则,达到培养学生良好的人际关系智能和团队协作精神的目标。学业游戏法是指学生个人或小组为了完成一种学习活动而展开的一种游戏活动,游戏不是目的,而是一种手段,即通过娱乐的方式让学生复归本源的精神生态,让学生在愉悦的状态下从事创造性的自主学习。学科互涉法是指教师借用或整合不同学科的原理、概念与方法,让学生对所授的课程有综合全面的理解。在艺术"学科互涉"教学模式中,有三级互涉:一级互涉是指艺术课程从毗邻学科中摄入相关教学内容,弥补艺术学科知识体系的罅隙,加深学生对艺术知识的理解;二级互涉是指艺术课程向毗邻学科借鉴概念原理与方法论,拓展原有的艺术学科知识体系,发现与探讨新的艺术问题;三级互涉是指超学科整合,即此时的学科借鉴和互动是对话与涵容,形成一个共同占有、互通有无的"晕化"问题域。这种教学实践过程能以互补的方式培养和发展学生的生态型人格以及理解与欣赏艺术作品的能力。自由探究法是指教师创设一种开放自由的学习氛围,鼓励学生积极探索和发现,然后根据学生的发现借题发挥,共同探究学术问题,这种散漫自由的教学方式,涉及的教学内容是综合的,因而能提升学生的整体综合素质,促进学生身心与情感品质的和谐发展。

那么,与传统审美教育相比,生态式艺术教育到底实现了哪些超越呢?根据克拉克(Gilbert A. Clark)、戴易(Michael D. Day)和我国学者滕守尧先生的总结归纳,具体有以下几种转换:"由仅仅重视艺术技能的传授转向关注人的整体生命存在;由重视知识和技能的传递过程转向研究人的感性生成、理解和反思过程;由有限的知识把握转向无限性的人生理解;由单纯的集体性教学转向重视学生的个体发展、个人选择、个人参与和个人创造;由孤立性的单科教学转向探讨艺术各学科之间的互相联系,分析不同艺术的共同美学价值,研究如何使各种艺术相融,以发展学生的通感能力,使其听觉、视觉、动觉等多种感官发生综合作用;由机械的学段划分转向充分研究义务教育各个阶段以及义务教育阶段与幼儿阶段以及高中、大学阶段艺术教育的衔接,建立整体艺术教育观念;由单纯的学校艺术教学转向充分利用社会文化资源(如家庭、艺术社团、美术馆、音乐厅、民俗艺术活动场所),并把这些资源作为课堂教学的延伸。"①不难理解,生态式艺术教育是自然生态关系的一种隐喻性引申,即通过学科间的生态组合达到知识间的互融互补,学生"长期接受这种训练,就会通过慢性熏陶异质同构作用,影响人的心

① 滕守尧:《回归生态的艺术教育》,南京出版社,2008,第28页。

理结构,使之成为一种与杰出艺术品同样的开放性和可持续性发展结构"①。

二、生态式艺术教育课程与世界的多元联系

与专业艺术课程注重艺术知识与艺术技能的传授不同,生态式艺术教育课程侧重于审美力与人文素质的培养,它不是培养专业艺术家,而是培养"生活的艺术家"。在滕守尧先生看来,生态式艺术教育课程是指"学校课内和课外,正式的和非正式的艺术学习内容。在学校和教师的帮助下,学生通过这些内容和过程,获得特定的艺术知识和技能,得到一定的审美能力和对艺术的理解,可以净化自己的心灵和情感,提高人文素质"②。由此可见,在生态式艺术教育中,艺术知识的传授和艺术技能的训练不是目的而是手段,其终极目的是通过艺术来陶冶学生的性情,提高学生的审美力与人文素养。审美力与人文素养作为人的综合素质是在日常审美和复杂的学科关系中生成和发展的,正如同自然界的任何动植物的生长都需要空气、阳光、水和特定的生态环境一样。因此,要培养学生的审美力与人文素养,就必须还原审美力和人文素养的生成环境,将艺术与生活、艺术与文化、艺术与科学等的关系连接起来,让它们之间形成互相支撑、互相补充的共生关系。

艺术来源于生活,艺术与生活是相辅相成的。在人类文明诞生之初,艺术是人类生活的诗意点缀,也是人类生活的媒介,"艺术是社会有机体的机能之一"③,人类依靠艺术实现彼此的沟通交流。而到近现代主义的艺术人类学阶段,艺术与生活开始区别开来,艺术具有了"美"的纯粹精神属性,它虽来源于生活却高于生活。在后现代主义艺术思潮的影响下,艺术又开始通过社会、政治、自然等渠道重新融入生活,诸如达达艺术、偶发艺术等打破了艺术与生活的界限,将艺术视同于生活本身。由此可见,在艺术发展史上,艺术曾高于生活或远离生活,但并未真正离开生活。据此,生态式艺术教育将艺术与生活紧密结合起来,还原艺术的生成环境,让学生在观察、感知、表现与评价生活中,加深对艺术的理解与热爱,从而达到提升艺术能力与人文素养的目的。具体说来,生态式艺术教育课程通过引导学生观察生活、体验生活来训练其艺术感知能力;通过引导学生以艺术手段反映生活与表现生活来训练其艺术创造能力;通过艺术作品与生活背景的深刻联系来

① 王柯平:《生态式艺术教育透视》,《美与时代》2003年第2期。
② 滕守尧:《回归生态的艺术教育》,南京出版社,2008,第183页。
③ 〔德〕格罗塞:《艺术的起源》,蔡慕晖译,商务印书馆,1984,第14页。

提高学生的艺术鉴赏能力和生活情趣。

再看艺术与文化的关系。文化是一个宽泛的概念,从宏观意义上看,它是人类思想、情感与社会生活实践的集合,直接或间接地影响艺术实践的对象、主题、内容和价值取向。因而,透过艺术我们能了解人类文化的发生与发展过程,学习阐释不同时代和地区的艺术文化信息,有助于我们了解不同时代和地区的政治、经济、宗教、道德与哲学等一般意识形态,提高我们的思想认识与文化修养。譬如,我们从圆明园的九州景区比附"天下九州"之说,可以看出清朝统治者粉饰太平的政治意向;从仰韶文化遗址出土的尖底陶瓶的设计领悟出做人的道德智慧。正因此,生态式艺术课程极其注重艺术与文化的链接关系。具体说来,教师既要注重讲授本民族文化的内容与内涵,让学生了解本民族的信仰、礼仪、制度、经验、技艺、生产活动等情况,还要引导学生接触世界其他地区和其他时代的艺术,增强学生对人类文化多元性的认识,并在纵横比较中加深学生对艺术哲学背景与思想文化渊源的理解。譬如在对中国山水画与西方自然油画的比较中,我们得知,中西绘画特征的差异归根于哲学观念与审美趣味的不同。当然,在生态式艺术教育中,仅让学生了解中西艺术文化的差异是不够的,还必须引导学生探索如何将中西方艺术经验融合起来,创造一种新的艺术样态。

艺术与科学看似两个截然对立的学科:艺术是感性的,科学是理性的。但人类艺术发展史表明,艺术的发展与自然科学的发展有着千丝万缕的联系。一方面,艺术创造以各种形式昭示科学的发展方向,譬如法国著名作家儒勒·凡尔纳在其科幻作品中描绘了深海旅行、月球探险的故事,这些艺术幻想已被今天的科学所实现;另一方面,人类在各个科学领域的研究积累又会推动新的艺术思潮的产生与发展。总之,艺术与科学的发展是互补共生、互相促进的关系。这里的科学不仅指自然科学,也包括人文社会科学。相比自然科学,人文社会科学对艺术的推动更为直接。譬如弗洛伊德对人类无意识层面的发掘催生了诸多的艺术流派与思潮:超现实主义以"自动化写作"的方法表现人类的原始冲动与精神实质;抽象表现主义以"有意味"的线条表现个体的梦境与幻觉;当代电影艺术以蒙太奇手法表现人的无意识活动。又如在自然科学领域,数学、几何学与物理学的发展诞生了现代绘画的三维透视法,现代医学与解剖学的发展为绘画、雕塑对人体的准确把握提供了科学基础。因此,生态式艺术课程十分注重艺术与科学的联系,在教学中不断渗入相关科学的教学内容,并引导学生选修相关科学的基础理论课,甚而精心设计人文与科学知识相结合的艺术活动。在生态式艺术教学课堂中,引入人类学的学科视野能对抗当下的文化殖民主义,这有利于维护艺术文化生态的平衡,促进世界艺术园地的繁荣,也能促进学生整体艺术思维的形成;在自然科学领域,引入微电子技术和现代传媒技术,能创造出新的艺术观看方式和艺术样式,丰富学生的艺术想象与体验,这种艺术思维与科学思维并行的培养模式能促进学生的融会贯通力与创造力的发展。

从艺术与生活、艺术与文化、艺术与科学的关系可以看出,这三种关联涉及艺术的生成环境、艺术的自律与他律、艺术的学科生态群、艺术的功能等,"涵盖了学生艺术能力和心理发展的各个层次。既有日常感知和审美感知,又有二者的区别和联系;既有创造性表现能力和欣赏能力的培养,又有多学科之间的联系和连接;既有评价和反思能力的培养,又有对多元文化意识和民族意识的渗透;既有艺术与科学的连通,又有学生感性和理性的平衡发展"①。艺术与世界的这种多元联系决定了它是科学主义与人文主义的沟通桥梁。艺术教育本可以发挥综合中介的功能,克服主体与客体、感性与理性的二元对立,培养学生的人文素养,但由于受科技理性与工具主义的影响,艺术教育沦为了艺术技能的训练与艺术知识的输灌。生态式艺术教育的独特之处在于使艺术与生活、艺术与文化、艺术与科学的关系重新归位,让教育者认识到艺术教育的生态关联,逐步完善和发展综合艺术教育的方法、途径和手段,培养学生的生态人格与综合素质。

三、生态式艺术教育的操作方法与案例解析

一种符合生态的教学方式既要顾及学生的自然本性和能力,又要有教师的适当干预和指导。传统的灌输式艺术教育以教师为中心,重在向学生灌输艺术技法,使学生的心理生态结构遭到了严重破坏,学生失去了学习的主动性与创造性;而园丁式艺术教育以学生为中心,使教师变得形同虚设,教师的能力和潜力得不到发挥。生态式艺术教育模式既从以往的灌输式教育和园丁式教育中吸取养分,又适应生态文明建设的教学要求。具体说来,以下四种方法具有普遍而长久的价值。

（一）合作学习法

合作学习,又称协作学习,是指以师生、生生对话为基础,以学习小组为教学活动单位,以"自主发挥、共同讨论"为教学原则,致力于培养学生良好人际关系智能和团队协作精神的教学模式。在合作学习模式中,教师起着引导与激励的作用,使用各种方法与策略激发学生参与教学活动,深度挖掘学生内在潜能,培养学生自主创新的意识,促进学生在知、情、意、行等各方

---

① 滕守尧:《回归生态的艺术教育》,南京出版社,2008,第193页。

面的协调发展。

实施小组合作学习模式,教师必须做好四个方面的工作:

第一步:收集信息。教师要对教学大纲、教学对象了如指掌。合作学习模式的实施是有条件的,什么样的课程内容该用,什么样的课程内容不该用,教师需要认真考虑。一般而言,简单的合作学习在一堂课中操作,复杂的合作学习在单元教学中操作,不同程度的合作学习,其操作方法与模式是不一样的。其次要充分了解学生的性格、知识储备以及兴趣爱好等。

第二步:设计任务与目标。根据所收集的各类信息制定合适的教学内容,并结合书本知识对合作学习进行周密的计划与安排。要发挥教学目标的指示作用,"要使合作学习富有成效,就必须有两个因素存在:小组目标和个人责任"[1]。当然,合作学习的目标要依据学生的学习能力和教学内容来定。

第三步:合理分组。合作学习是面向全体学生的,因而要为每个小组成员创造平等参与的机会,这一方面要综合考虑小组各成员的知识基础、学习能力与心理素质等,组内成员的分配应该坚持"异质"性原则,因为"异质"才能互补、优化组合。另一方面要保持群组之间水平的相当性,组群原则应该坚持"同质"性,只有各组的能力水平一致,才能保证群组间竞争的平等。

第四步:多元评价。在小组合作学习完成后,应对其成果进行展示、分析、评价与奖励。这里不单有老师对学生的评价,还有学生之间的相互评价。需要指出的是,合作学习应将个体性评价与整体性评价、形成性评价与终结性评价相结合,淡化分数与结果,更多地关注学生的行为与情感。教师要特别注意在评价过程中保护学生的自信心、自尊心和自爱心,以鼓励性评价方式为主,关注学生的进步和需求,注重学生在合作学习活动中的发展与变化过程。

(二)学科互涉法

学科互涉"是指整合不同学科的原理、概念与方法等,使接受者对复杂的知识体系有综合性的理解,包括学科互涉知识、学科互涉研究、学科互涉教育和学科互涉理论等"[2]。"学科互涉"的教学方法很多,如"现象追问法""项目教学法"和"实地考察法"等。

---

① 斯莱文:《教育心理学:理论与实践》,姚梅林译,人民邮电出版社,2001,第141页。
② Moti Nissani, "Interdisciplinarity: what, where, why?", *Journal of Educational Thought* 29(1995): 119-126.

现象追问法。这种教学方法先由教师陈述某种问题与现象,让学生根据自己的知识经验与学科背景来解释现象成因,然后由教师从学生的探究视角出发,引入相关学科知识场域,促动学生思考探索,在无限的追问与反思判断中,学生加深了对相关学科知识的理解,也会以"异质"学科知识背景为视角,对某一知识点或现象进行交互审视,从而把相关学科的知识理顺,编织成网。在现象追问过程中,教师的精心设计至关重要,在这里,教师不再是学生咨询的知识容器,而是一名知识导游或顾问,而学生作为认知的主体,在现象的追问与反思中,其学科思维能力得到了训练,知识理论水平得到了提高。

项目教学法。为了培养学生的职业能力,也为了让学生将各种学科知识运用于实践,跨学科的"项目教学法"采取模拟企业职员的角色扮演、职业体验、真实案例解析等情景化手段,达到优化教学过程,提高学生实际工作能力的目的。这种教学模式以项目为主导、以教师为引导、以学生为主体。需要指出的是,项目教学法所设置的"项目"包含多门课程的知识,涵盖职业能力的方方面面。学生对项目的了解过程也是学生通览与重构各种学科知识的过程,项目的论证过程是训练学生整体思维的过程,项目的实施过程是学生灵活运用各种学科知识的过程。比如"碱性白酒外包装及礼品袋的设计"这个项目让学生来做,学生首先要懂公共关系学,能与客户接洽项目,并能从生化、医学的视角介绍产品的性能与营养价值;其次,学生要运用市场营销学的知识来考究商品市场定位与包装设计定位;其三,学生得运用艺术设计的专业知识做好包装设计方案、包装结构造型设计以及包装视觉传达设计的构思;其四,学生必须具备 PSD、AI、CDR 图形文件格式的处理能力;其五,学生还得熟悉包装项目设计实际制作流程,掌握包装设计制作技巧,熟练操作包装常用的软件、模切板与平面展开图的制作等。

实地考察法。这种方法是指组织学生到校外美术馆、博物馆、艺术家工作室、工艺作坊等场所考察,让学生直观感受人文历史、民俗民风、民间艺术等诸方面的丰富养料,这既让学生感知了艺术现象的复杂性与多学科性,也能为学生的艺术创作活动提供直接的数据和资料。诸如通过对达·芬奇作品的参观,学生就会感受到美术"跨界"的重要性;通过对奥运"吉祥物"的鉴赏,学生就会感受到美术与体育、文化、经济等领域的交叉。在"学科互涉"教学模式中,教师必须精选一个能体现多元文化或多学科交互的考察对象,并在考察前组织学生了解相关的文化背景。考察过程中老师进行适当的现场解析,这样有备而来的考察才能让学生获得丰富的视觉经验和艺术文化思想的碰撞,并能切身感受书本的知识信息与实际考察对象的异同与距离。

（三）学业游戏法

艺术与游戏具有相通性，它们都建立在自由的基础上，只有自由的灵魂才能创造出艺术。席勒认为，人身上存在着两种对立的冲动：感性冲动与理性冲动，只有游戏冲动才能将二者统一起来。即"只有当人游戏时，他才是完全的人"①。游戏教学法的要义是将"游戏"作为教学的一种手段，"以养成学生完美和谐的个性为核心，以促进学生充分自由的发展为最终目标"②。在游戏教学法中，教师是引导者，学生是积极主动的参与者，二者是平等的对话关系。这种教学法看似散漫自由，但在客观上能激发学生的学习兴趣，启发学生的创造性思维。众所周知，长期的思维定式会制约人的创造力，而在游戏状态中，人可以跳出既定思维模式，让思维发散开来。发散思维能让学生把身边可利用的资源都调动起来，在大脑中形成系统性的知识网络，形成一个立体的知识结构图，这种立体的知识结构图能让多种知识互相碰撞与对话，产生创新意识。比如在美术课堂上，老师让学生们以游戏法来扮演《最后的晚餐》中的角色，十二个学生在长长的条凳上"一"字排开，做出各种各样的神态，奇怪的是，老师未做任何暗示，中间那几个学生不自觉地拥挤起来，空出了背叛耶稣的犹大的位置，由此看出，在孩子们的潜意识里，他们都不愿意扮演坏人。这堂美术课未向学生们灌输任何道德意识与观念，却在不经意间促发了学生们的道德情感，产生了育德功能。而且，这个小小的游戏调动了学生们的学习兴趣、情感与肢体表演能力，加深了学生们对世界名画的理解。又如拼图法，老师将世界名画分解为拼图，隐去其中的色彩，让学生根据自己的理解调色，确定笔墨的粗细和勾线等，待学生完成作品后，再将原画展示给他们看，让学生比较异同。这种游戏教学法，既让孩子们产生了审美愉悦，也让他们认识到自己的不足，并深刻地理解大师的绘画意图与艺术底蕴。在中小学美术课堂教学中，常见的绘画游戏法有添画游戏法、涂鸦游戏法、剪贴游戏法以及泥塑、雕刻、沙画游戏法等。具体采取何种游戏法，要根据学生的年龄特点与艺术教学目标而定。

（四）自由探究法

自由探究法的核心是指学生在自由开放的课堂气氛中，偶有发现，提出问题，教师根据学生的发现积极引导与发挥，共同探究学术问题。这种探究是无方向的，只是自由地训练学术思维，培养问题意识。自由探究法突破了

---

① 席勒：《审美教育书简》，冯至、范大灿译，北京大学出版社，1985，第80页。
② 金玉梅：《生态式课程探析》，《当代教育科学》2009年第7期。

传统学科教学内容的封闭性,重视发现问题与解决问题,强化了知识的联系与运用,同时,也从传统静态单一的教学模式转换到动态多元的教学模式,培养学生主动探究问题的习惯。在自由探究法中,师生是平等的,学生是主体,教师是主导,教师的主要任务是合理安排教学内容,创设问题情境,激发学生的学习冲动。"当学生迷路的时候,教师不是轻易告知方向,而是引导他们怎样去辨明方向。引导可以表现为一种激励:当学生登山畏惧了的时候,教师不是拖着他们走,而是唤起他们内在的精神动力,鼓励他们不断向上攀登。"①也就是说,教师的作用是根据学生发现的问题,积极引导他追根溯源、刨根问底,并给他提供必要的知识背景,让学生自己去解决问题。其次,自由探究法围绕学生发现的问题展开教学,涉及的教学内容必然是综合的、跨专业的,这对教师的综合素质提出了很高的要求,为了弥补教师知识结构的缺陷,自由探究法教学主张师生、生生的平等交流。双向交流互动能让师生发现自己的优长与不足,完善自我的知识结构,也有利于问题的深入挖掘与研究。由此可见,自由探究法对学生的培养不限于智力,而是着眼于学生整体素质的提升,包括知识、智力、能力与情感品质的和谐发展。需要指出的是,自由探究法是以感性形象的触发为起点的,学生的感性体验与审

图5-1　亨利·卢梭的《梦》

① 张剑:《有效引导,彰显课堂活力》,《小学教学参考》2012年第28期。

美反刍是内驱力,问题的发现与追问是过程,师生、生生的合作学习与探究是核心。试以亨利·卢梭的《梦》的鉴赏为例。

师:"同学们从这幅作品中看到了什么?"

生1:"躺在椅子上的白皙裸体女人,花、草、树木。"

生2:"有一个吹笛子的黑人,一只黑色的小鸟。"

生3:"还有一只白色的小鸟、狮子、大象。"

(在以上的讨论中,教师让学生充分发表意见,同时放映此作品的局部。)

师:"是啊,画面上有许多动植物,这些动植物在自然界能和谐地相处在一起吗?"

生1:"不会,狮子会袭击人,白人与黑人的神情不会那么安详。"

(生2站起来)

生2:"老师,请问画家将这些自然界不能和谐共存的物象并放在一起的意图何在?"

师:"还有没有违背常理的并置?"

(提示学生观察绘画的要素,考查学生对要素的分辨能力。)

生1:"白皙的裸体女人与吹笛的黑人、白鸟与黑鸟,画家好像有意将此进行对比。"

生2:"从花的叶子看应该是莲花,莲花怎么可能长在森林里呢?"

师:"该画是巴黎画派亨利·卢梭的作品《梦》,从精神分析的方法来分析'梦','梦'是无意识的显现,之所以不合逻辑,是因为无意识通常以化妆的形式出现。画中的白人女性可解析为卢梭的初恋情人,吹笛的黑人是卢梭本人的象征,因为卢梭早年是军乐队队员,黑人腿边的狮子则是卢梭本能的性冲动;莲花是卢梭君子人格的象征,而黑鸟、白鸟则是卢梭思想情绪的象征。"

生1:"大象在这里象征着什么?"

生2:"大象是最古老的物种,应该是在暗示,这里是原始森林,与卢梭本人的原始冲动相关吧?"

师:"生2说得非常对。"

(画面整体格调的分析是难点,画家的创作意图的探究是难点,学生的观察、分析和判断可能比较片面、孤立和静止,需要老师启发。)

师:"同学们想想,整幅画给我们怎样的审美感觉?"

生1:"从静止的小鸟可以看出,比较和谐。"

生2:"从狮子的样态可以看出,画面的氛围比较恬静祥和。"

师:"这两个同学说得很对,画为心声,由此可见,亨利·卢梭作画时,内心是平静的。同学们再想想,由这幅画你们联想到了中国哪篇文章的意境?"

生:"陶渊明的《桃花源记》。"

师:"说得太好了,陶渊明创作《桃花源记》是因不满现实,用桃花源的理想作为一种'替代性满足'。亨利·卢梭亦是如此,他在巴黎画坛处于边缘化地位,生活比较清苦,穷愁潦倒,在这种生活状态下,不做白日梦是没法生活下去的,故而,他以'梦'的画意来寻求生活的满足。"

(由点带面,让学生展开对中西艺术异同的比较。)

师:"刚才我们分析了《梦》与《桃花源记》的创作意图相似,画面意境和谐,那么这两种'和谐美'的形式是一样的吗?"

生1:"不一样,《梦》的不同意象是矛盾的对立,《桃花源记》的物象是自然的统一。"

生2:"我虽说不出所以然,但凭常识,不同哲学背景下的'和谐美'应该是不一样的。"

生3:"西方'和谐美'建立在'天人相分'的哲学基础上,而中国的'和谐美'建立在'天人合一'的哲学基础上。"

师:"西方的'和谐美'是杂多形式的整一,主要表现在结构的秩序和匀称上,侧重于美与真的统一;而中国的'和谐美'着眼于人的美好生存,强调人与自然、人与社会相融相洽,侧重于美与善的统一。当然中西方'和谐美'内涵的差异远不止这些,在以后的教学中我们会慢慢深入探索。"

四、生态式教学模式在文艺学系列课程中的应用

文艺学系列课程是汉语言文学专业的基础学科,是一系列文学课程的"纲",它担负着培养汉语言文学专业学生的理论思维能力和分析、评论文学作品能力的任务。在文艺学系列课程中实施生态式教学模式对培养学生的生态思维和诗性智慧具有极其重要的意义。那么什么是"生态式教学模式"呢?简单地说,生态式教学模式是扬弃灌输式教学模式与园丁式教学模式之后而兴起的全新教学模式,它以"对话"为主旋律,主张在教师与学生之间、学生与学生之间、学生与所学对象之间、学生与日常生活之间、课程与课程之间建立一种互生互补的生态关系,意在提高学生的创造能力和可持续发展能力。

（一）师生之间的平等对话

文艺学的学科建制自新中国成立以来,已有60多年的历史,在这半个

多世纪的发展过程中,文艺界学人们以中国古代文论为基点,吸纳西方文艺观念,在中西合璧的基础上,创造了以文学本质论、文学创作论、文学作品论和文学接受论为构架的文艺学知识体系。但随着数字传媒时代的到来和社会文化的转型,这一文艺学知识体系又面临着内容与形式的矛盾,即现有的文艺学知识体系已不能有效地回应当下的审美文化,更不能解释当下文学生产方式、传播方式以及大众文化消费方式的巨大变化。这正如著名文艺理论家钱中文先生2003年12月在暨南大学举行的第四届"全国文艺学及相关学科建设研讨会"上所指出的那样:"文艺学自身的危机早已存在,而现在面临的主要问题是文学理论与现实脱节,缺乏相应的理论阐释当下纷繁复杂的文化审美现象。"①令人遗憾的是,在这种现有学科规训的影响下,我们的文艺学教师还在滔滔不绝地给学生灌输文艺的基本原理,讲解文艺的运作规律。这种灌输式教学模式给学生带来的结果是灾难性的:一方面,学生虽然学到了许多文艺学知识,却不会运用这些知识去分析日益丰富多彩的文艺现象;另一方面,学生虽然在考试中获得了高分,但自身的心理生态结构遭到了严重破坏,不仅失去了实践创造能力,也慢慢失去了学习的积极性。

　　面对这种封闭自足的文艺学知识体系,一方面,我们当然应该修订文艺学教材,改变现有的文艺学知识体系,"放弃不切实际大而全的理论框架的建构,代之以有助于学生诗性智慧启迪的知识重组"②。另一方面,我们还应改进教学方式,推行生态式教学模式,培育学生的诗性智慧。现代心理学表明,智慧不同于智力,也不同于智能。"智慧除了包括智力与智能外,还包含一种健全的生活态度、健康的信仰、丰富的情感体验、深刻的思想和观念。"③这就是说,仅具有精深的专业知识,不能说拥有了智慧;掌控着丰富的信息,却不知道让信息之间交汇贯通,让它生成新知,也不能说拥有智慧。因此,在文艺学系列课程的教学中,要想培养学生的诗性智慧,仅仅由教师向学生单方面地灌输文艺学理论知识是远远不够的,我们必须遵循智慧的生成原则,让"对话"渗透于一切教学要素的相互关系中。就师生关系而言,"教师应从教训者的高位上下降,学生应从被动接受的低位上上升,二者形成一种互相激发、互相提高、互补和互生的生态关系。"④"对话"的目的不在

---

①　李亚萍、杨铜:《文艺学:危机与突破——第四届全国文艺学及相关学科建设研讨会综述》,《暨南学报(人文科学与社会科学版)》2004年第1期。
②　吴春平:《文学理论教学与文艺学学科建设》,《文学评论》2007年第6期。
③　滕守尧:《回归生态的艺术教育》,南京出版社,2008,第24页。
④　同上书,第59页。

于得出固定不变的文艺学知识和文艺原理,而在于通过面对面的交流,沟通师生之间的审美感受和审美经验,以期获得审美洞见。

其次,从文艺学知识属性方面考察,我们也应该开展对话式教学。传统的文艺学学科体系认为,文艺学知识具有独立于接受者之外的客观性,接受者只要采用正确的步骤和方法,就可以把文艺学知识的普遍规律和固有本质总结归纳出来。随着阐释学和接受美学的传播与影响,人们已逐渐认识到,文艺学知识的生成离不开接受主体的参与,它并不具备客观性,"所有的文艺学知识都是接受者带着前判断与作品展开对话而产生的意义效果"①。因此,要想学生真正理解文艺学的知识体系,剔除他阅读经验的参与是万万不可的。生态式教学模式破除"观念先行"的教学模式,鼓励学生根据自己的阅读经验参与对话,参与文艺学知识体系的建构。比如"文学形象"这一概念,大多数教科书在主客二元对立的思维模式的影响下,将其定义为"主观与客观的统一""假定与真实的统一""个别与一般的统一"和"确定性与不确定性的统一"等,这样的定义根本无法让学生体验到文学形象的特征,因此,教师在讲授"文学形象"这一审美范畴时,万不可把文学形象的四个特征一股脑地抛给学生,而应该引导学生从大量文学作品中归纳出"文学形象"的特征。

那么,教师在生态式教学模式中起什么作用呢?教师的作用在于选择富有启发性的教学内容,引导学生乐于对话、随时准备对话和能够对话。比如,教师在讲授文学的本质时,应该引导学生根据自己的阅读经验,谈谈"什么是文学""如何看待文学观念的变化"等。其次,教师可在和谐对话的氛围下,通过暗示、提示等手法,让学生自己发现问题、思考问题和解决问题。譬如教师在讲授文学的性质特征时,可把古今中外文学史上关于文学本质的看法放在同一个话语平台上,让学生从亚里士多德的"模仿说"、康德的"天才说"、黑格尔的"理念显现说"以及中国的"感物说""发奋著述说"中发现差异性,然后由学生自己去分析每一种文艺观念的得与失,最后由学生得出一种有关文学本质的判断,从而达到提高学生的理论思维能力,启迪学生智慧的目的。

(二)学科之间的互补互生

生态式教学模式的重点和难点是如何做到像自然"生态系统"那样,使文艺学系列课程之间达到最佳组合,以形成一种互生、互补、生机勃发、持续

---

① 冯黎明、刘科军:《文艺学的知识属性与课程教学的新思路》,《中国大学教学》2008 年第2 期。

发展的生态关系,最后培养出知识经济时代最需要的知识分子。目前,我国一般高校都将文艺学系列课程分为两个层次:学位课程(文学概论和美学)与选修课程(古代文论、西方文论、马列文论和文学批评等)。学位课程为必修课,选修课程则由学生自主选择,这种选课方式极易打破文艺学系列课程之间的互补互生关系,导致课程链接之间的断裂;而教师由于不知道学生的选课情况,很可能在教学上无所适从,导致教学内容上的重复或遗漏。比如,为了避免教学内容上的遗漏,对于柏拉图文艺观,文学概论老师会讲,西方文论老师也讲,美学课老师更是大讲而特讲;又如,为避免教学内容上的重复,对于文学批评的价值取向,文学概论老师可能期待文学批评老师讲,而文学批评老师可能以为文学概论老师讲过而蜻蜓点水,这样就造成了知识点的遗漏,使学生无法从宏观上把握文学批评的标准。在生态式教学模式中,这种割裂式的传授模式将彻底得以改变,文艺学系列课程内部重建起了一种新的立体的生态组合关系。该模式把文艺学系列课程分为三个层次:基础层(文学概论和美学)、充实层(西方文论、马列文论和中国古代文论)和应用层(文学批评等)。这三个层次的课程分工明确,交叉处此详彼略,各有侧重:基础层侧重知识的系统传授;充实层补充基础层的遗漏之处和未尽之处;应用层侧重培养学生的理论思维能力和分析、评论文学作品的能力。在这种新的课标体系下,每个学生务必全选文艺学系列课程,教师则可以根据学生"基础层"课程的学习情况,适当压缩"充实层"课时。更为重要的是,该课程组教师必须集体备课,互通有无,有意识地将自己所教课程与其他课程相交融,追求一种整体的教学效果。例如,文学概论老师在讲文学与生活的关系时,可将中国古代文论中"感物说""观物取象说""发奋著述说"与西方的"理式说""模仿说"联系起来讲,让学生明白中西方文论刚好从创作主、客体的角度论述了文学与生活的关系。即中国古代的"感物说"主要是从创作主体的角度揭示了生活基础对文学活动主体的制约;而西方的"摹仿说"则是从创作客体的角度阐明了社会生活作为文学对象的重要性。这样,学生就不仅深刻理解了文学与生活的关系,而且明晰了中西方文论的思维差异。

在生态式教学模式中,文艺学系列课程与理工科之间亦要形成一种互补的生态关系。文艺学作为汉语言文学系的一门基础性学科,在传统教育中与理工科是对立的,而在生态式教学模式中,二者之间则建立起一种生态互补关系。当然,这种生态关系不是形式上的,而是人文意识与科技意识的相互促进和相互支持。前已考察,文艺学的知识属性是个体阅读经验与文本之间的对话。很显然,个体阅读经验的形成绝不是受单一学科的影响,而是受多种因素的影响,即它既受传统习俗、社会思潮、伦理规则等因素影响,还可能受理工学科的影响。这一点我们也可从西方科学主义文论中得到明证。众所周知,美国托马斯·门罗的"新自然主义"文论、20 世纪 20 年代新兴的俄国形式主义文论、英美的"新批评"文论、法国的以罗兰·巴特为代表的结构主义文论都产生于 20 世纪科学主义思潮的影响下;20 世纪西方最伟大的哲学家罗素正因为早期从事过数理逻辑和数学基础的研究,才在哲学上提出了逻辑原子主义和中元一元论学说。这些个案表明,文学艺术特有的形象思维与科技的理性逻辑思维相互碰撞交融,很容易产生大的智慧。在生态式教学模式中,文艺学系列课程与理工科之间的互补还表现在,文艺学系列课程教学要引进科学的精神和科学的教学步骤。比如一般的文学创造过程要经历艺术积累、艺术构思和艺术传达三个阶段。教师在讲授文学创造章节的过程中,就应该按照文学创造的发生阶段、文学创造的构思阶段和文学创造的物化阶段依次展开,且在讲授过程中留下一定的时间间隙,让学生消化吸收,体验文学创造的过程性,而切不可从共时的向度对文学的创造过程进行横面切割,打断其过程的连续性。

（三）文学接受与文学创造的互动互惠

培养学生的文学鉴赏能力和创造能力,是生态式教学模式的重要目标与任务。一般说来,文学的批评欣赏能力与创造能力是相辅相成、互动互惠的。一方面,任何文学创造都无法脱离文学欣赏和文学批评的支持;另一方面,文学欣赏和批评如果没有创造的体验,也不可能深刻、全面和丰富。长期以来,我们对文学创作和文学作品比较重视,对文学接受的意义则认识不足,文学接受被看作一种次要的和边缘性的活动。直到 20 世纪 90 年代,文学消费与文学接受章节才编进了文艺学系列教材。

在传统文学欣赏教学中,教师引导学生欣赏文艺作品,一般只停留于对作品整体风格的感受上,或对作品进行简单的社会历史批评和伦理道德批评,这种批评类似于攀缘性植物,必须靠创作而生存,批评的目的和价值也在于阐发文本的意义,因此很难产生新的文艺思想,也无法激起接受者的创作灵感与冲动。生态式教学模式将彻底改变这种批评无益于文学创造的状况,大量引进西方的现代批评模式,对文学的形式构成因素进行研究,给学生一个创作的抓手。同时,在鉴赏文本的选择上,生态式教学模式不仅选择经典作品,还选择那些与学生日常生活和情感紧密联系的大众作品。众所周知,任何创作能力的形成都不是孤立的,它总是在一定的社会生活关系中生成与发展的。正像植物是在具有水分、空气、阳光、土壤和特定的生态环境中成长一样。古今中外无数事实证明,不管是一个人的幼年时代,还是整个人类早期,艺术能力的生成总是与人们自身的日常生活、情感表达等紧密联系的。生态式教学模式充分运用这一艺术能力生成原理,积极引导学生运用艺术的眼光观察生活,用艺术的形式表现生活。即"通过与日常生活经验联系发展学生的感知能力,通过与个人兴趣和情感表达联系发展学生的创造能力,通过与自身及作品文化背景联系发展其鉴赏和评价能力"①。生态式教学模式还坚持鉴赏与创作互动的原则。传统的文艺学系列课程在讲授文艺的消费与接受时,仅仅停留于对文学消费与接受的性质和过程的探讨上,而将学生的感受和创作人为地割裂开来,使之无法相互支持和强化。生态式教学模式将改变这种状况,把学生对文学接受的感知、反思和创作联系起来,使它们成为相互补充和相互支持的整体。

（四）生态式教学模式下的文艺学课程考评方法

在生态式教学模式中,文艺学课程的培养目标分为三个层面:其一是知识层面,即要求学生掌握文艺学知识体系的基本原理和基本概念;其二是能力层面,即要求学生能运用基本的文艺学原理分析作家、作品或文艺现象;其三是智慧层面,即要求学生对具体的、感性的文学作品具有一种敏锐的感受力、鉴赏力和判断力,使学生能从各种复杂的文艺现象中发现文艺的基本原理和规律,并在此基础上形成自己对文学富有个性化的理解和认识。据此教学目标,文艺学课程也从传统的考试模式中挣脱出来,创立一种生态式考试模式。笔者管见,生态式考试模式应遵循以下四原则。

第一,学生参与考评的原则。众所周知,考试既是检验教师教学效果的指示器,也是评价学生知识能力的重要手段。一种好的考试模式,既可以给教师提供反馈信息,让教师及时地发现自己教学上的弱点和错误,改进教学内容和教学方法,也可以检测学生的学习效果,提高学生的学习兴趣与动机,使课堂教学永远保持生机与活力。而在传统的灌输式教学模式下,文艺学教学评估采取单一僵化的考试模式,这种考试由任课教师统一命题,学生照本宣科地回答,然后教师依据标准答案判卷,给学生一个分数。这种考试貌似客观、公正,却严重限制了学生学术个性的自由发挥。更为糟糕的是,这种考试模式使得许多伪试题充入试卷结构中。比如,许多文学理论试卷把一些有多重理解的问题设置为只有一个"标准答案"的选择题或填空题。如"文学是一种(　　)",有下面几个选项,"A. 语言艺术""B. 意识形态""C. 审美意识形态""D. 艺术"。在笔者看来,文学是一种具有审美意识形

---

① 滕守尧:《回归生态的艺术教育》,南京出版社,2008,第187页。

态的语言艺术,这四个选项都可选,但答案却只有一个"C"。为了应付这种考试,学生当然只能依教科书上的原话进行回答,死记硬背了。很显然,这种考试模式必将封杀学生的创造性,造就一批又一批迷信"文艺真理"的书呆子。生态式教学模式将彻底改变这种师生对立的考试模式,让学生参与到考试内容与评价标准的商定上来。这种考试模式让学生自己考自己,自己监督自己。考试结束之后,教师根据具体情况,适时向学生透露考试的结果,并向他们解释分数高低的原因。同时,教师也要听取学生的意见,对以往错误的教学理念与方法做出科学的调整。

第二,文艺学系列课程内部的互通原则。在生态式教学模式下,文艺学系列课程内部建立了一种生态组合关系,具体而言,该模式把文艺学系列课程分为三个层次:基础层(文学概论和美学)、充实层(西方文论、马列文论和中国古代文论)和应用层(文学批评等)。在生态式教学模式的考试方法中,任何一门课程的考试内容均向系列课程辐射开来,比如,文学理论课程在考查学生对"意境"概念的理解时,教师可让学生简述"意境概念的形成及界定",这样学生必然要运用到古代文论知识,把庄子的《齐物论》、刘勰的《文心雕龙·隐秀》、王昌龄的《诗格》、皎然的《诗式》和司空图的《诗品》联系起来答题;在考查学生对文学典型的理解时,可让学生论述"文学典型论的发展流变",这样学生必然要联系到西方文论,运用贺拉斯的类型说、希尔特的"特征说"和黑格尔的"美是理念的感性显现"等知识予以回答。这种互通的回答既可加深学生对文艺学基本理论的理解,同时又会巩固文艺学相关课程的知识。此外,生态式教学模式重视对学生文艺智慧、文艺批评能力的考察。在传统的文艺学考试中,试题类型不外乎是填空题、选择题、简答题和论述题等,这种试卷结构忽略了对学生"诗性智慧"的考察,不能从根本上考察学生的文艺能力。生态式考试模式将改变传统的试卷结构,调整主客观题的分值比例,让能力型、智慧型的试题占据试卷结构的主体。

第三,注重过程性考试。过程性考试也称随机性考试。在传统的考试模式中,大多数课程一般都采用终结性考试,文艺学系列课程也不例外。这种考试容易操作,但具有被动性、非直接性和简单化倾向。"所谓被动性,是指考试题目一般由老师单方面确定,而且每一题目往往都有固定的答案,学生一般不能按照个人方式表达对题目的见解,更不能有任何个性表现、个人思考和个人创造性参与。所谓非直接性,就是它一般脱离了主体的真实生活经验,使用现成的答案、套话或八股。更为严重的是,这种答案往往脱离个人的体验和生活,而且离生活经验越远,就越符合标准答案,得到的分数就越高。所谓简单化，就是其测试项目往往针对那些低层次的认识技能，而对某些深刻问题的理解和人文素养的考察，则被忽视。"①而在生态式教学模式中，教师将更多地注重过程性考试。因为这种考试模式有利于教师监测自己的教学效果，获得有关学生学习情况的必要信息，及时调整教学理念与方法。过程性考试的策略很多，它包括与学生的随机性交谈、对学生的随机性提问、检查学生笔记、让学生当场述评文艺作品与文艺现象等。在生态式教学模式看来，对学生的艺术能力和艺术素养的评价，不仅应该是随机性的，还应该密切联系学生的生活和文化环境。众所周知，对那些新近出现的、有争议的作家、作品的评判，学校卷面考试一般是难以操作的，如果通过课堂的随机性评价，就不仅能训练学生对文艺问题的感受力、判断力，还能有效地考查其人文知识素养。文艺学系列课程涉及的文艺流派与思潮丰富多样，作家作品浩如烟海，而学生的文艺能力和人文素养的提高绝非一朝一夕之功，单一的终结性考试显然不能有效地检测学生学习的进步情况，反而可能粗暴地打击学生学习的积极性。因此，"考试时间固定化、单一化，是不合理的。考试时间应分散在学期的各个时间段、甚至各个教学环节当中"②。在生态式教学模式看来，考察一个学生是否具有创造力，不是看其是否拥有许多的知识，而是看其是否能让知识之间相互碰撞，是否具有一种可持续的发展能力。过程性考试模式与教学过程同步，它既可以关注学生的学习水平与学习效果，又可以关注学生在学习过程中的发展和进步，有效地调动学生的学习积极性。

第四，实行多层次和多方面的评价原则。文艺学作为汉语言文学专业的基础性学科，从严格意义上讲，是一门人文性学科，它具有非智性特点，但作为一种学科来讲，它又是智性的，因为它具有一定的知识系统。在文艺学系列课程的考试模式中，它常面临着智性与非智性的矛盾，因此必须采用多元评价原则。传统的考试模式往往用一个简单的分数或等级来标志和确定学生成绩的好坏。事实上，这样的评价模式很难反映学生学习的实际情况。比如，以对一个学生文学批评能力的考察为例，这个学生在写作方面也许属于下等，但在对作品阅读理解能力方面就有可能是中等，而在对作品的鉴赏力和判断力方面又属上等，究竟应该怎样为这个学生的文学批评能力打分呢？按照传统的打分方式，不可能给他打 A，而只能在 B 或 C 中挑一个，但不管打分为 B 还是 C，都不能反映学生的实际成绩，而只能为教师和学生提

---

① 滕守尧：《回归生态的艺术教育》，南京出版社，2008，第 24 页。
② 魏玲玲：《高职高专文学课程考试改革的探索》，《河北广播电视大学学报》2009 年第 3 期。

供有限的评估信息。为了克服以上不足,生态式教育模式主张改进打分的方式,将判分依据扩充到多个层次或方面。就上述对学生文学批评能力的考察来说,就必须包含对学生写作能力、阅读理解能力、批评鉴赏能力三个方面的具体评价,使学生了解自己哪些方面做得好,哪些方面做得不好,哪些方面还需要改进。学生的情感素质和文学鉴赏能力运用传统的应试模式也是无法测定的,它必须通过师生之间面对面的交谈或民意测验方可进行。因此,生态式考试模式将广泛采用直接或间接的民意测验方式来鉴定学生的学习成绩。可以通过书面提问的方法,让学生直接表达对具体文艺现象和文艺作品的爱憎态度,或通过书面提问的方式让被测试学生的同学评价被测试者的文艺鉴赏水平和人文素养。

第三节 生态本体论视域中的审美教育模式

"本体论"在中西方哲学史中具有不同的含义。在古希腊罗马哲学中,本体论主要探究世界的本原或基质,它是研究存在本身(being as such)的理论。在中国古代哲学中,本体论叫作"本根论",指探究天地万物产生、存在、变化的根本原因和依据,它是侧重于研究世界的本原或本性的学说。那么何谓"生态本体论"呢? 这得从"生态"的词源来考究,生态的词源 Okologie 在外语中指"房子""家园",蕴涵着整体、全部、系统的意思;而在中国,生态一词同"自然""生命""生物圈"等联系在了一起。如是理解,生态本体论则是"自然本体论""系统本体论"的同义语。而从人类进化的过程来看,一切生命都只能在自然中生存,或者说是合乎本性、规律地生存。自然既是生命的本原,也是生命的家园。换言之,"所谓人的肉体生活和精神生活同自然界相联系,也就等于说自然界同自身相联系,因为人是自然界的一部分"[1]。对此,熊十力先生概括道:"生命一词,直就吾人所以生之理而言,换句话说,即是吾人与万物同体的大生命。盖吾人的生命,与宇宙的大生命,实非有二也。故此言生命是就绝对的真实而言。"[2]这就是说,"自然"并非仅指"自然界",还有"自然本性"的意思,它不仅包括外在的自然,也包括人的内在自然。正因如此,中国古人

---

① 中共中央马克思、恩格斯、列宁、斯大林著作编译局编译《马克思恩格斯全集(第42卷)》,人民出版社,1979,第95页。
② 熊十力:《新唯识论》,中华书局,1985,第78页。

多强调"天人无间断",将人的身体和自然都看作一个生命体,一个在气化世界中生生不已的世界。所以,"就本体论来说,自然是绝对的存有,为一切万象的根本。它是最原始的,是一切存在之所出。就宇宙论来看,自然是天地相交,万物生成变化的温床。从价值论来看,自然是一切创造历史递嬗之迹,形成了不同的价值层级"①。

一、生态本体论自然审美模式与艺术审美模式的区别

以生态本体论为依据,生态审美教育的手段虽不排除艺术,但以自然生态系统中的关系之美为主要手段。"这种'关系之美'既不是物质性的,也不是精神性的实体之美,而是人与自然生态在相互关联之时,在特定的空间与时间中'诗意栖居'的'家园'之美。"②依此立论,生态本体论审美教育是一种"此在与世界"的关系审美,也是一种身体感官全部介入的动态审美,还是一种欣赏与沉思相结合的深度审美。

传统的自然审美有两种倾向。一种以艺术审美为参照,这种审美范式以艺术美为自然美的尺度和基础。谢林指出,如果说自然物是美的,那么这种美会显得是完全偶然的,它不是我们一般所说的那种美(即艺术美),观念应倒过来,与其说"纯粹偶然美的自然可以给艺术提供规则,毋宁说完美无缺的艺术所创造的东西才是评判自然美的原则与标准。"③如贺敬之对桂林山水的描写:"云中的神呵,雾中的仙,神姿仙态桂林的山!情一样深呵,梦一样美,如情似梦漓江的水!"(《桂林山水歌》)作者并未实写桂林的山水美,而是以"风景画"为参照,引领读者去想象如仙似梦的桂林山水。另一种自然审美范式则是"物以情观",以人的情感为参照。如秦少游的词:"郴江幸自绕郴山,为谁流下潇湘去?"郴江本是无知无情之物,它自然地流来流去,谈不上幸不幸,更谈不上为谁与不为谁,然而诗人用有情的眼光来审视它,它却生命化了,变得有情有知了。这有情有知,不是郴江本身所固有的,而是诗人移注给它的。这两种自然审美范式均是建立在主客二分思维模式下的"人类中心主义"的反映。前者以艺术为审美参照,实际是以艺术美高于自然美为前提的。"艺术美高于自然。因为艺术美是由心灵产生和再生的美,心灵和它的产品比自然和它的现象高多少,艺术美也就比自然美高多少。"④而后一种自然审美范式是以

① 方东美:《生生之德》,黎明文化事业股份有限公司,1989,第277页。
② 曾繁仁:《美育十五讲》,北京大学出版社,2012,第143页。
③ 〔德〕谢林:《先验唯心论体系》,梁志学、石泉译,商务印书馆,1976,第271页。
④ 〔德〕黑格尔:《美学(第1卷)》,朱光潜译,商务印书馆,1979,第4页。

"自然的人化"为基础的,在这种审美范式中,人是审美的中心,自然只是人的情感与意识的投射对象。

将自然作为相异于人的审美实体,必然带来人与自然的对立,自然也必然成为被俯视的对象。这种审美观的潜台词是人凌驾于自然之上,可以随意地征服或改造自然。这种"人类中心主义"自然观给人类的生存环境带来的巨大灾难是众所周知的。因而代之而起的生态存在论审美观成了人类审美文化发展的必然选择。生态存在论审美观由美国建设性后现代理论家大卫·雷·格里芬首先提出,发展至海德格尔而臻于成熟。海氏凭借现象学方法构筑了一个"此在与世界"的在世模式。这种在世模式表达了"人在世界之中"的思想,这个"在之中"不是传统的一个事物在另一个事物之中,而是"意指此在的一种存在机制,它是一种生存论性质",是此在"把世界作为如此这般熟悉之所而依寓之,逗留之"①。这里的"居住""依寓""逗留"是指人与自然融为一体,须臾难离。比如,我们生活在这个世界中,绝不可能划出一个我们可以审视、可以思索的自然。因为来自自然的食物被我们吃进去构成了我们身体的一部分;空气被吸入肺部进入我们的血管。哪里是外面? 哪里是我们的周围? 我们谁也无法区分,谁也建造不出一个可以逃避自然的密室。因此,人此时此刻的存在总是与周围的自然环境构成一种关系性的存在状态。这正如阿诺德·伯林特所说:"无边无际的自然世界环绕着我们,我们不仅不能在本质上感觉到自然世界的界限,而且我们也不能将其与我们自身相隔离。"②

既然人与自然在"此在与世界"的关系中结缘,自然包含在"此在"之中,那么,自然与人就是一种须臾难离的机缘性的关系。因此,自然不能独自成为审美对象,离开了人的参与,自然界就根本不存在客观的"自然美"或主观的"自然美"。因而,自然美只能是一种"此在与世界"并存的关系之美。生态美学视域中的自然审美范式是以"诗意栖居"和美好"家园意识"为旨归的人与自然在世关系的审美。

传统美学在康德的审美超功利性的影响下,强调审美应与对象保持适当的距离。瑞士心理学家布洛举例说,海上有大雾,对大多数人来说,是一件极为伤脑筋的事情,然而,你如果把它放在一定的距离之外去观赏,它"也能够成为浓郁的趣味与欢乐的源泉……你也同样可以暂时摆脱海雾的困

---

① 〔德〕海德格尔:《存在与时间》,陈嘉映、王庆节译,生活·读书·新知三联书店,2006,第64页。
② 〔美〕伯林特:《环境美学》,张敏、周雨译,湖南科学技术出版社,2006,第169页。

扰,忘掉那些危险性与实际的忧闷,把注意力转向'客观地'形成周围景色的种种风物"。① 艺术审美也是如此,我们与一件艺术品的距离,既不能太远,亦不能太近。太远则观赏不到细节,太近则观赏不到全貌。例如,一幅油画从太远处观赏只是一些斑驳的色彩,从太近处观赏只是一团混沌的颗粒。而在自然审美中,则不存在距离的限制,我们可以在自然界中随意走动,从中挑选任何事物作为审美对象;我们也可从微观层面上使用科学仪器如显微镜等来进行审美。罗曼·维斯尼艾克说:"人类手工制作的每件东西放大来看都是很糟糕的——拙劣、粗糙、不对称。但自然中生命的一点一滴都是可爱的。我们越将其放大,细节越显现出来,完美地构造出来,像盒子套着盒子,永无止境。"②

　　在西方传统的美学领域,视觉和听觉是审美的主要感官,而触觉、味觉、嗅觉等都属于粗劣的审美感官。柏拉图说:"所谓美就是视觉和听觉的快感。"③黑格尔在把美学的研究对象限定为艺术之后指出:"艺术的感性事物只涉及视听两个认识性的感觉,至于嗅觉、味觉和触觉则完全与艺术欣赏无关。"④但在生态美学的视域下,审美感官没有高低贵贱之分。我们不能说嗅觉低于视觉。比如,霸王花与玉兰花相比较,我们会远离霸王花而亲近玉兰花,因为霸王花虽然巨大而美丽,但它奇臭无比,玉兰花虽小而平淡,但其香气给我们带来了一种清爽无比的审美享受。我们也不能说触觉、味觉等低于视听觉,如果是这样,我们就不必花大把的钞票去旅游观光了,在家看自然观赏节目就行了。我们之所以热衷于到大自然中感受风情,就是想通过听觉、视觉、触觉、嗅觉等去感受一个美丽而鲜活的世界。在自然审美欣赏中,我们是在调动所有的身体感官参与审美。这正如郑日奎在《游钓台记》中所描述的那样:"山既奇秀,境复幽茜……于是足不及游,而目游之。俯仰间,清风徐来,无名之香,四山飘至,则鼻游之。舟子谓滩水佳甚,试之良然……则舌游之。……返坐舟中,细绎其峰峦起止,径路出没之态……惝恍间如舍舟登陆,如披草寻蹬,如振衣最高处……盖神游之矣。……舟泊前渚,人稍定,呼舟子劳以酒,细询之曰:若尝登钓台乎? 山中之景何若? ……于是乎并以耳游。"由此看出,山水之游是一种目、耳、鼻、喉等感官介入参与的审美。在日常经验和逻辑分析中,我们习惯于对感觉类型进行区分,而在自然的欣赏

---

① 转引自中国社会科学院哲学研究所美学研究室编《美学译文(第2辑)》,中国社会科学出版社,1982,第96页。

② 〔芬〕瑟帕玛:《环境之美》,武小西、张宜译,湖南科学技术出版社,2006,第100页。

③ 〔古希腊〕柏拉图:《文艺对话集》,朱光潜译,人民文学出版社,1963,第198页。

④ 〔德〕黑格尔:《美学(第1卷)》,朱光潜译,商务印书馆,1979,第48页。

体验中,这些感知系统之间是联通的,也是同时参与的。阿诺德·伯林特说:"我们熟悉一个地方,不光靠色彩、质地和形状,而且靠呼吸、气味、皮肤、肌肉运动和关节姿势,靠风中、水中和路上的各种声音。环境的方位、体量、容积、深度等属性,不光被眼睛,而且被运动中的身体来感知。"①

在传统的艺术审美中,我们通常采用静观的欣赏方式,这是由艺术品的静态本质决定的。众所周知,艺术品一旦生成,便处于一种相对稳定的状态。它虽然可以转化为另一种艺术版本,比如小说被拍成电影,戏剧被改编为歌剧等,但其艺术意蕴并未改变。艺术文本在时光流逝中会损旧,"一千个读者眼中可能有一千个哈姆雷特"。但相对于散漫无边、日新月异的自然界,艺术品的边界是相对明确静止的。正如黑格尔所说:"个别的有生命的自然事物总不免转变消逝,在外形方面显得不稳定,而艺术作品却是经久的。"②而自然则不同,它始终处于连续发展和变化的状态中。从大的方面来看,地球每时每刻都在运动,所谓沧海桑田、花开花落,自然中的任何事物都要经历运动变化的过程;从小的方面来看,气候变化、昼夜轮回每时每刻都在发生。比如,我们在黄山上观峰,一会儿,山峰被白云淹没了,只露出一个山尖,此时,我们觉得这山峰如睡荷,俏丽秀雅,但又过一会儿,白云散开,山峰全然裸露,我们觉得这山峰峭拔峥嵘。因此,在自然审美中,无论我们是否在动,自然都在无始无终的空中扩展,我们也不得不随之穿行于各种体量、质地、颜色、光和影构成的空间之中。"我们很难通过静观的方式,把环境当作与我们相分离的对象来欣赏;事实上,处于欣赏中的环境从来不作为一个对象。我们总是置身于具有各种指向性的动态环境之中,知道路指引我们向前,台阶暗示着向上或向下,入口邀请我们进入,长椅召唤我们坐下和休息,家和建筑意味着庇护或者至少作为给人以相对安宁的场所。"③

在传统的自然审美中,审美主体只关注审美对象的感性形态或物质形式,人的审美情感往往因物而显。"是以献岁发春,悦豫之情畅;滔滔孟夏,郁陶之心凝;天高气清,阴沉之志远;霰雪无垠,矜肃之虑深。"(《文心雕龙·物色》)这里揭示了自然物象对人审美心境的感发作用:春天生气勃勃,人们因而洋溢欢乐之情;夏天炎热烦闷,愤懑之情由是郁结;秋天天高气爽,易于怀抱玄远志向;冬天冰雪漫天,使人酝酿严肃之思。西方格式塔心理学对这种自然审美现象进行了阐释,认为是力的结构使之然。"造成表现

---

① 〔美〕伯林特:《环境美学》,张敏、周雨译,湖南科学技术出版社,2006,第49页。

② 〔德〕黑格尔:《美学(第1卷)》,朱光潜译,商务印书馆,1979,第37页。

③ 〔美〕伯林特:《环境美学》,张敏、周雨译,湖南科学技术出版社,2006,第117页。

性的基础是一种力的结构,这种结构之所以会引起我们的兴趣,不仅在于它对那个拥有这种结构的客观事物本身具有意义,而且在于它对于一般的物理世界和精神世界均有意义。像上升和下降、统治和服从、软弱和坚强、和谐与混乱、前进和退让等等基调,实际上乃是一切存在物的基本存在形式。……那推动我们自己的情感活动起来的力,与那些作用于整个宇宙的普遍性的力,实际上是同一种力。"①正因为人的审美心理图式与自然界万物的形式同构,所以当我们面对悬崖绝壁时,便有一种挺立腾跃之感,而当我们面对一马平川时,心情也随之舒展开来。由此可见,在传统的自然审美中,是由于"经验到的空间秩序在结构上总是和作为基础的大脑过程分布的技能秩序是同一的"②。审美才得以发生。也就是说,传统的自然审美只限于对象形式与心灵结构的契合,是一种"与其所是"的审美,它在某种程度上是排除科学认知参与的。这正如康德所说:"没有关于美的科学,只有关于美的评判……因为关于美的科学,必须科学地指正,某一事物是否可认为是美的。如果美隶属于科学的话,那么审美判断就不成其为鉴赏判断了。"③

生态美学视域中的自然审美则不然。它不仅关注自然事物的感性形式,而且借助自然科学提供的知识,特别是植物学和生态学的知识来审视自然。面对五彩缤纷的自然景观,我们不仅欣赏自然物的外观,诸如形状、色彩、声音及其具体的组合方式等形式美因素,而且还带着主体自身的科学认知来参与审美。西方著名环境美学家卡尔松说:"科学知识对于欣赏自然是必要的,没有科学知识是无法适当欣赏自然的,……人们对于自然的爱随着有关自然知识的增长而增长,科学知识有助于提升我们对自然世界的欣赏。"④在生态美学的视域下审视湍急的河流或依山的湖泊,我们不仅欣赏它们美丽的线条、形状与体量,而且还会带着生态学的知识审视河流或湖泊的污染程度、生态效应及其背后精彩的生命故事等。如果说注目于自然形式特征的传统自然审美是一种浅层审美的话,那么这种将自然放在生态系统中来考究,关注自然"生命价值"的审美就是一种深度审美。这种自然审美范式有时会颠覆传统自然审美的价值观念。比如,看到林荫道上的衰黄树叶,传统的自然审美总是伤春悲秋,所谓"惜春长怕花开早,何况落红无数"。但如果站在生态美学的视角来沉思,就会发现这种新叶与旧叶的替换

① 〔美〕阿恩海姆:《艺术与视知觉》,滕守尧、朱疆源译,中国社会科学出版社,1984,第625页。
② 〔美〕舒尔茨:《现代心理学史》,杨立能等译,人民教育出版社,1981,第308页。
③ 〔德〕康德:《判断力批判(上)》,宗白华译,商务印书馆,1964,第150页。
④ 〔加〕卡尔松:《环境美学:自然、艺术与建筑的鉴赏》,杨平译,四川人民出版社,2006,第91页。

既是生命的交接,也是生命的延续,欣喜之情就会油然而生。面对满塘绿油油的水浮莲,如果从传统的审美视角来看,会认为这是一种形式、色彩之美,但如果联想到水质的严重污染,就很难说它美了。面对动物间的弱肉强食,我们同情弱小之情油然而生,但如果站在生态美学的视角来看,这种惨剧恰是维持生态平衡的正常手段,也是自然界进化的必然途径。例如,美国黄石公园的大角羊有一半因患结膜炎而即将死去。如果出于同情将其救活,让它们繁殖后代,就会造成整个物种的衰退。黄石公园的工作人员执意不去救这些羊,看似不尊重生命,实则是对生命的真正尊重。

从审美的心理过程来看,生态美学视域下的自然审美一般要经历悦身悦心、悦知悦意和悦神悦志的过程。传统的艺术审美只侧重于满足人们的视听感官,但生态美学视域中的自然审美对人感官的满足是多元化、全身心的。比如,我们置身于优美的自然山水中,青山绿水可以悦目,登山涉水可以让我们产生肌肉运动感,莺歌燕语可以悦耳,树叶清香和山间气息可以悦鼻悦喉,微风吹拂可让皮肤产生阵阵凉爽。身体感官的舒适当然也会给我们的心灵带来愉悦。审美主体经历感官享受后,就会进入悦知悦意的层次。卢梭曾谈到感官愉悦后的沉思:"……我徜徉在自然中观察它们,对其不同的特性进行比较,标出其相互间的联系和差异,最后观察其结构。探索这些生命有机体的生长过程及其活动规律,探索它们的普遍规律和不同结构的原因和结果。"[①]正是在对自然的沉思中,卢梭感悟到了生态整体主义,并将之上升为政治原则和教育原则。美国当代著名哲学家罗尔斯顿在对荒野的沉思中,认识到自然在人类评价之外还有许多内在的价值,这些价值包括生命支撑价值、生命价值、多样性与统一性价值、稳定性与自发性价值、辩证的价值等。自然审美体验的最高层次是悦神悦志,即审美主体体验到了与自然天地同流的自由境界,这种境界类似于宗教的体验,是不可言说之美。所谓"此中有真意,欲辨已忘言"。爱默生描述了这种微妙体验:"站在空旷的土地上,我的头脑沐浴在清爽的空气里,思想被提升到那无垠的空间中,所有卑下的自私都消失了。我变成了一个透明的眼球,我是一个'无',我看见了一切,普遍的存在进入了我的血脉,在我周身流动。我成了上帝的部分或分子。"[②]

二、自然环境审美的认知型模式

西方美学受天人相分哲学思维的影响,把自然仅仅看作是客观的认知

---

① 〔法〕卢梭:《一个孤独的散步者的遐想》,张驰译,湖南人民出版社,1986,第114页。

② 〔美〕爱默生:《自然沉思录》,博凡译,上海社会科学院出版社,1993,第56页。

对象。比如鲍姆加登并不否认自然审美的意义,但将美学视为研究感性知识的科学,在他看来,自然之美是一种涉及感知、想象等感性心理因素的美感认识;伽利略也曾声称,自然这部大书是用数学语言写的,人们从中可能获得最完美的知识。西方环境美学推崇认知型审美模式的观点虽有所不同,但都将科学知识视为自然审美欣赏的基础,尤其强调生态学、地质学、生物学等学科知识对于环境欣赏的重要性。在他们看来,有自然科学知识的人能从大自然中看到精美和谐的图案,而没有知识的人只能看到自然的无为或无意义的混乱。认知型自然审美模式与传统审美模式相比,其最大特点是强调知识或理性的重要性,反拨了鲍姆加登将美学视为感性认识的片面性,拓宽了自然审美的机制与路径。

推崇认知型自然审美模式最有影响力的当属美国当代环境美学家艾伦·卡尔松。在他看来,传统的自然欣赏模式过于肤浅与随意,而要做到深刻、恰当的审美欣赏,就必须以自然科学知识为依据,在洞悉自然奥秘的基础上进行自然欣赏。譬如对河中游弋鱼虾的欣赏,就必须结合鱼虾的生理结构或生活习性来欣赏鱼虾的样态,而不是像庄子那样将"人之乐"幻化投射为"鱼之乐"。以自然科学知识为审美基点,使得自然审美变得更为客观,因为"这些知识为我们提供美学意义的合适焦点与环境的合适边界,以及相对应的'观的行为'。如果对艺术进行审美欣赏,我们必须具有艺术传统和艺术风格这些相关知识,而对自然进行审美欣赏时,则必须知晓不同自然环境类型的性质、体系和构成要素这些相关知识。如同艺术批评家和艺术史家使得我们能够审美欣赏艺术,博物学者和生态学者以及自然史学家也能够使得我们审美欣赏自然"[1]。由此可见,科学知识对自然审美欣赏是必要的,它不仅保证了自然审美欣赏的恰当性与严肃性,而且奠定了自然审美欣赏的客观性与普遍性。只有具备了自然科学知识,我们才更能发现自然本身的美,欣赏到自然的整一性、秩序性与和谐性。"没有了它,我们将不知道如何恰当地欣赏自然,也将失去有关自然的审美特性与价值。"[2]

认知型的自然欣赏模式强调自然科学知识在环境审美中的作用,无疑具有合理的一面。譬如对一条河流的欣赏,仅凭视觉欣赏水流的速度与样态是不够的,还必须拥有历史、科学的知识,将河流置于自然发展的过程中,考察河源湿地的健康变化、河流生物的多样性以及河流的水质对人体的影响等;又如对张家界自然风光的欣赏,一个拥有自然史知识的欣赏者看到的

---

[1]　〔加〕卡尔松:《自然与景观》,陈李波译,湖南科学技术出版社,2006,第34页。

[2]　Allen Carlson, "Nature and Positive Aesthetics", *Environmental Ethics* 6(1984): 5.

不仅是山峰的外在审美形态,还有对张家界山峰的地质构造的了解,对张家界何以能成为世界自然遗产的认知。具体说来,自然科学知识在自然审美欣赏中具有如下三种价值功能:其一,自然科学知识有助于我们了解自然的审美特性,比如地质学告诉我们山峰的地质构造,生物学告诉我们物种的类群与层级、生物体的形态与结构,生态学让我们懂得生物与其环境之间的相互依存关系;其二,自然科学知识能提升我们自然审美欣赏的境界,"通过它,我们的自然审美欣赏便能超越原来的形式主义趣味,达到更高的境界"①;其三,自然科学知识能丰富人们的审美感受,"科学的信息和描述使我们发现了我们此前见不到的美、模式与和谐"②。由此可见,审美与认知并不冲突,一个人的科学知识越丰富,他就越能全面肯定地欣赏自然之美。正如卡里奥拉在《芬兰自然之书》的序言中所说:"对于也知晓自然的细节,它的地理形态和生物群以及它们的生物学的人来说,一个新的世界才充分展现它的丰富和美好。"③

以自然科学知识为基础来欣赏自然美景虽然忽视了欣赏者的主观体验,但我们不得不承认,丰富的自然科学知识确实有助于我们更好地理解自然、敬畏自然。但需要指出的是,自然科学知识只能作为自然欣赏的背景出现,而不能取代审美活动本身。否则自然审美鉴赏者的科学知识就成为审美活动的阻碍,因为"过于执着或一味沉浸于对物的科学考察,是会妨碍审美情感的"④。比如面对傲雪凌寒的梅花,如果我们只知有关梅花的植物学知识,而缺乏充盈的情感和想象力,即便我们能从科目、种属的视角比较梅花与菊花、月季花的异同,也很难欣赏出梅花的精神品质与审美意蕴,更遑论"岁寒三友"与君子人格的象征意义。但完全排除自然科学知识参与自然审美,所欣赏到的自然美景也会是肤浅的、不全面的。罗尔斯顿曾谈过欣赏自然火山的感受:面对磅礴喷出的火山,他没有土著人的迷狂与宗教信仰,而是以熟知的地质学、矿物学、岩石学知识分辨出火山的构造、类型与危害,并在保持适度鉴赏距离的基础上,欣赏到了火山喷发时惊涛骇浪般的吼声与沸水蒸气所产生的洁白云彩,进而对大自然的伟力产生崇拜感与崇高感。不难看出,纯粹的科学认知不能产生美感,只有当科学认知转化为内在的审美体验,自然审美才得以发生。

---

① 薛富兴:《艾伦·卡尔松的科学认知主义理论》,《文艺研究》2009年第7期。
② Allen Carlson, "Nature and Positive Aesthetics", *Environmental Ethics* 6(1984): 5.
③ 转引自〔芬〕瑟帕玛:《环境之美》,武小西、张宜译,湖南科学技术出版社,2006,第139—140页。
④ 陈望衡:《交游风月——山水美学谈》,武汉大学出版社,2006,第117页。

　　毋庸置疑,卡尔松认知型的自然欣赏模式拓展了人类的审美视域。在传统的美学研究中,自然审美总是从属于艺术审美,我们对自然美景做如画式鉴赏,而卡尔松的科学认知型鉴赏论证了自然科学知识与自然审美的内在逻辑联系,弥补了此前自然审美研究的不足,纠偏了传统审美在感性与理性、科学与审美张力下的审美思考。"从此,对形式主义审美趣味的反思,我们多了一个新的维度,那便是自然审美欣赏的层次性问题。反过来说,我们也多了一条提升自然审美境界的新途径——欣赏者通过自觉地增加自然科学知识,深化、提升自然审美境界,丰富既有的自然审美经验。"①但卡尔松的认知型自然欣赏模式并不是没有缺陷。其一,卡尔松为了使其认知型自然欣赏理论更为自洽,列举了大量实例佐证"认知"在自然审美欣赏中的作用,却忽视了非认知因素诸如想象、直觉、情感等在自然审美中的作用,这就难以解释,为什么目不识丁的老太婆照样能欣赏初升的旭阳与落日的余晖。罗尔斯顿举出了反证:"我母亲从来不知道什么是地形学或景观生态学,但她却能够欣赏那些她熟悉的、美国南部的乡村风景。"②其二,卡尔松不能解释"参与美学"与"科学认知主义"的矛盾。卡尔松一方面认同"参与美学",强调对自然环境应做全方位的、多感官的、动态的审美,"参与美学"是一种融入性主体间性审美体验,审美的高峰体验是主客体交融的,而"科学认知主义"审美显然是主客二分的,因为"认知是一种反思性活动,它要求客体与主体之间保持一定距离,否则,明晰、正确的知识便不能获得"③。由此可见,在自然审美鉴赏中,一方面要以科学认知为基础,另一方面又要超越"科学认知主义"的局限,参与到自然的审美体验中。因为"对于那些能数清松叶簇生花序并能够准确判断树木种类的人来说,如果他们没有体验过微风吹过松林时身上被松针刺出小疙瘩的感觉,他们的审美体验是失败的"④。也就是说,仅有科学认知支撑自然审美是远远不够的,只有超越科学认知的局限,自然审美体验才能更厚实、更丰盈。

三、自然环境审美的如画式欣赏模式

　　如画式的自然欣赏模式肇始于18世纪西方的"合成美学"。"合成美

①　薛富兴:《艾伦·卡尔松的科学认知主义理论》,《文艺研究》2009年第7期。

②　H. Rolston, "Does aesthetics appreciation of landscapes need to be science-based?", *British Journal of Aesthetics* 35(1995):4.

③　薛富兴:《艾伦·卡尔松的科学认知主义理论》,《文艺研究》2009年第7期。

④　H. Rolston, "Aesthetics Experience in Forests", *Journal of Aesthetics and Art Criticism* 2(1998):56.

学造就出一种审美欣赏的理想范式，欣赏者主要凭借无利害性概念来体验景观，并且将它们在优美、崇高以及如画性这些层面上来体验。"①到 19 世纪，如画性审美观照逐渐成为景观欣赏的主流模式。此后，莱特的长诗《景观》(*Landscape*)、威廉·吉尔平的《如画性之旅》(*On Picturesque Travel*)都将如画式欣赏作为一种自然审美模式，用来欣赏英国湖泊地区与苏格兰高地的美丽风光。如画式欣赏与传统审美模式的不同之处在于，它介于优美范畴与崇高范畴之间，既不像优美那样微小、优雅与精致，也不像崇高那样强大、剧烈与恐怖。如画式欣赏最为典型的特征就是与自然景观保持一定的情感距离与物理距离，将自然景观当作一幅画来欣赏。

中国人常说的"风景如画"实际上就是一种如画式欣赏，在中国古诗词里有许多诸如此类的描述。如李白的《秋登宣城谢朓北楼》："江城如画里，山晚望晴空。两水夹明镜，双桥落彩虹。"在这首诗里，诗人登上北楼凭高俯瞰，看到清亮的溪水、鲜红的夕阳以及倒映在溪水中的双桥幻影，不由自主地发出了"江城如画里"的感慨。又如中国古代建筑的"过白"艺术使门洞与室内主体建筑之间保持适当距离，就是为了营造"如画"的意境，站在门洞，观赏者可以看到一线蓝天和完整的建筑轮廓，如同一幅剪裁的风景画。如画式欣赏将自然审美与艺术审美相结合，发挥鉴赏者视觉、听觉、通感和想象力的作用，营造了自然风景的审美意境，也使我们更容易接受和理解自然的美。如画式环境欣赏模式"仅仅将注意力放在环境中那些如图画般的属性——感性外观与形式构图，便可使得任何环境的审美体验都变得容易起来"②。

但是，如画式审美鉴赏并非没有缺陷。首先，自然环境没有边框，是无限的，需要鉴赏者选择与框定欣赏的范围。"并不存在自在意义上的风景，它是无定形的——地球表面的一片无定形的区域和感知系统无法理解的一堆混乱细节。一片风景需要有选择地观看和一个框架。"③这诚然给欣赏者以选择的自由，但欣赏者会根据自己的审美趣味来取景，将那些不符合自己审美标准或丑陋的细节排除掉，这样必然忽视自然景观的整体性，将自然世界分裂为若干个景色单元——这些景色要么成为自己艺术理念的表达，要么只指向单一的、肯定性的审美主题。如画式欣赏对美景的强调，也必然忽略荒野在自然审美中的地位，罗尔斯顿为此指出，如画式审美欣赏"将使人

---

① 〔加〕卡尔松:《自然与景观》，陈李波译，湖南科学技术出版社，2006，第 95 页。

② 同上。

③ 转引自〔芬〕瑟帕玛:《环境之美》，武小西、张宜译，湖南科学技术出版社，2006，第 61 页。

们轻视那些不美的东西——腐烂的木头或人体、大火过后枯萎变形的树木或伯林特所说的那些'野蛮的、巨大的、杂乱的土石堆'……终止了对荒野生命的洞察"①。其次,自然的美景是多维的、多层次的,如画式欣赏将自然景色压缩为二维的明信片,这不单遗失了自然的神韵,而且将多感官的审美转化为单一视觉的审美。比如在森林中,我们不仅能看到郁郁葱葱的树木,而且能嗅到草木的气味或花香,听到鸟叫声,甚而皮肤能感触到森林的湿气。换而言之,在森林景色的欣赏中,我们与环境是融为一体的,审美者成为环境的一部分,是参与式的动态审美,而在如画式欣赏中,我们只能将森林透视为一张图画,并与之保持审美距离,仅用视觉来欣赏静态的画面,这种欣赏显然是不全面、不充分的。再次,自然美景的欣赏是肯定的,所有用于美景判断的词语都是褒义的,而艺术欣赏判断则可以是否定的,甚而可以"审丑"。综上所述,无论是从审美对象还是欣赏者的角度来看,真实的自然审美欣赏都是不同于如画式自然欣赏模式的,更不同于纯艺术的审美欣赏。因而,自然审美教育也是不同于艺术审美教育的,正如赫伯恩所告诫的:"要是一个人的审美教育……在他心里慢慢地灌输那些态度、方法、策略、仅仅适合艺术作品鉴赏的期待,这样一个人将来要么很少审美地静观自然对象,要么用一种错误的方式静观它们——当然是徒劳地静观——因为这些只能在艺术中发现和享受。"②

---

① H. Rolston, "Does aesthetics appreciation of landscapes need to be science-based?", *British Journal of Aesthetics* 35(1995): 4.

② R. W. Hepburn, "Aesthetic Appreciation of Nature", in *Aesthetic and the Modern World* (London: Thames and Hudson, 1968), p.310.

第六章　生态审美教育的
实践之维

　　生态审美教育诞生于生态危机日益严重的当代,其最终目的还是指导生态实践,通过实践证明其存在的价值与合理性。它作为环境教育的重要组成部分,是为了让受教者"进一步认识和关心经济、社会、政治和生态在城乡地区的相互依赖性;为每一个人提供机会获得保护和促进环境的知识和价值观、态度、责任感和技能;创造个人、群体和整个社会环境行为的新模式"①。由此可见,生态审美教育的目标任务不仅在于确立人对环境的正确审美态度,而且还在于使每个人获得保护环境的知识、行为准则与技能,使自己和谐地融入自然与社会的存在秩序中。

第一节　环境保护的生态策略

　　"环境"一词最早见于《元史·余阙传》:"环境筑堡寨,选精甲外捍而耕稼于中。"在古汉语里,环境最初是一个合成词,"环"是动词,是指环绕居住区域建造的围墙,而"境"则是名词,是指人群的聚居区域。在外语中,"环境"的英文单词为"environment",是指"围绕人群周围的空间及影响人类生产和生活的各种自然因素和社会因素的总和"②。根据这一概念,我们可将环境分为自为状态的环境和人为状态的环境,前者我们称之为"生境"。

一、"顺应自然"的生境保护方式

　　"生境"(habitat)一词由美国 Grinnell(1917)首先提出,是指未经开发或受人类干扰最小的生物或种群的栖息地。它是生物个体、种群或群落完成

---

① 杨平:《环境美学的谱系》,南京出版社,2007,第 295 页。
② 方如康:《环境学词典》,科学出版社,2003,第 1 页。

其生命循环与进化的场所,是特定区域全部生态因子的总和,既包括阳光、空气、水、无机盐等非生物因子,也包括食物、天敌等生物因子。生境是地球环境的特定区域,它不同于生态位,更多地强调生态因子的分布情况。比如原始森林与草原作为生境种类之一,其繁茂与退化决定着野生物种与药用植物物种的多寡。

自然界的演化过程表明,自然界的每一物种都有自身的目的,都在追求自身的善,追求自身的完满显现。正是在这种"善"的碰撞与互动中,物种间相互适应,呈现出一片盎然生机来。然而人们并没有认识到这一点,他们起初总是最大限度地掠夺自然资源,利用自然资源,而当生态系统遭到破坏时,又最大限度地"保护"自然资源,力求达到对复杂生物量结构的最大支持,完全忽视了自然生态系统的"自我修复能力"。陈望衡先生认为,这个世界是人创造的,更是自然创造的,他把自然的这种创造能力称为"自然创化"。"自然创化不仅是自然人化的基础,而且自然创化在诸多方面制约着、规范着、指导着自然人化,自然创化在某种意义上是自然人化之师。我们这个世界之所以是一个美的世界,究其根本是自然人化与自然创化共同的产物。"①

对自然生境之所以要"顺应",是因为自然生态系统具有自我调适功能,它能在稳定而又充满偶然性的自然环境中主动寻求优化组合,并使自己朝着有利于蓬勃或稳定的方向演化。"大自然在她那充满生机的创造物内以某种自动的、天然的或某种残留的认知(rudimentarily cognitive)方式在活动着。"②比如,吉林长白山"天池"一千多年前发生过一场大火,烧毁了周围数百平方公里的森林,但今天"天池"附近的植被依然完好,经技术鉴定,目前森林植被分布与火山爆发前并无二致。顺应自然并不是在自然面前无所作为,而是不"乱为"。专家曾对 1987 年发生在大兴安岭的火灾旧地进行考察,结果令人忧心:从塔河到北极村数百公里沿线没有一棵大树,几乎全是幼苗。古语说"十年树木",如今三十多年过去了,森林大树还未长成,且地表腐质层日益稀薄,探其原因,是因林业部门过于热衷清理"过火木"所致。

自然生态系统具有优胜劣汰功能,适应环境的物种会延续下去,不适应环境的物种会自然地灭绝,如果人为地保护某一物种往往会适得其反,破坏

---

① 陈望衡:《环境美学》,武汉大学出版社,2007,第 54 页。
② 〔美〕罗尔斯顿:《环境伦理学——大自然的价值以及人对大自然的义务》,杨通进译,中国社会科学出版社,2000,第 46 页。

物竞天择的自然规律。"自然系统是动态波动着的,且有时这种波动会很剧烈;但同时自然系统中又有着一种固有的恢复力。然而,人为的干扰,可能会把自然系统推到其恢复能力的极限而导致其崩溃。"①比如,黄石公园的灰熊是驼鹿的天敌,公园管理部门为保护灰熊,用围墙和铁丝网将之圈养起来,结果导致了驼鹿数量的大增,驼鹿因食物不足而大量饿死,并将地中海热(布鲁氏菌病)传染给了奶牛,致使奶牛流产。②因而,"顺应自然"的管理模式并非不"科学",也许比人为的管理更科学。生境自然而然地、自在地存在,自然地诞生新生命,又自然地淘汰劣质生命,自然地发育与开花,又自然地枯败与死亡,生物与生物群落之间既有适应也有改造,既有协同又有斗争,它不需要人类保护,若非要说"保护",在某种程度上说,就是要保护生境的本性与野性。正如罗尔斯顿所说:"自然中存在着斗争,但它同时而且更多地存在着适应,存在着对生命的阻碍,也存在着对生命的传承……我们的行为应适应自然生命的这一品性。"③自然生态系统局部的斗争性与协同性有值得人类学习的生态智慧,生境野性本身蕴含或暗示着人类对自然的行为规范,指导着人类遵循自然规律。

自1998年长江、松花江的特大洪水之后,人们才认识到了荒野的意义。2000年后,我国重点林区开始实施"天然林保护工程"。即便如此,当下我国对生境的保护还存在误区,存在分类管理、条块分割方面的弊端,没有将生境实体作为一个整体来系统管理,导致了生境的碎片化。比如,对哈拉海原始湿地、大兴安岭原始森林和江河濒危鱼类的保护,归口对应着水利部、林业局和农业农村部,缺乏一个总体的协调机构。要知道,生境的生成是物种多样性与共生性的统一,"停留在部分层面的森林、湿地、草原和江河的管理,不能等于那些部分之和的整体荒野的管理"④。因而,我们对生境的保护需要尊重其自然性与系统性特点,为生境生命物质的互渗与互补提供生态场。

二、变"废"为宝的污染处理方式

在当代,公共环境的污染物从数量到种类都在急剧增加,处理这些污染

① 〔美〕罗尔斯顿:《哲学走向荒野》,刘耳、叶平译,吉林人民出版社,2000,第49页。
② 叶平:《生态伦理学》,东北林业大学出版社,1994,第198页。
③ 〔美〕罗尔斯顿:《环境伦理学——大自然的价值以及人对大自然的义务》,杨通进译,中国社会科学出版社,2000,第57页。
④ 叶平:《基于生态伦理的环境科学理论和实践观念》,哈尔滨工业大学出版社,2014,第100页。

物要消耗大量的资金,有些污染物甚至不可降解,具有时滞效应,会在相当长的时期内威胁人类的健康与生命安危。比如,铀渣的放射性污染会使好几代人的基因发生变异,钚的毒性延续时间比人类文明还要长 50 倍,从这个角度来看,污染环境的行为要比那些违背传统伦理道德的行为可恶得多。垃圾成灾已成为一个世界性的问题,为此,垃圾回收运动在世界各国如火如荼地展开。在美国,垃圾回收利用业成为经济增长的亮点,相关企业达 56 000 家,提供劳动岗位 110 万个,年度总销售额 2 360 亿美元;德国每年产生垃圾 6 000 多万吨,回收利用 3 500 多万吨,整个国家的生态系统已进入良性循环;据推算,中国"十四五"规划期间,垃圾回收利用产值会达到 3 000 多亿元。① 关于垃圾回收问题,马克思曾做过深刻论述,他认为传统的工业生产是线性的,即工业生产从自然资源中抽取生产资料,然后加工为产品,经过消费,产品变为垃圾直接排入环境当中,这种生产方式对环境的污染是不可避免的。马克思因此提出了资源的循环利用模式,即通过工业废弃物的回收与利用,使垃圾变为资源,再度投入生产。"所谓的生产废料再转化为同一个产业部门或另一个产业部门的新的生产要素;正是这样一个过程,通过这个过程,这种所谓的排泄物就再回到生产从而消费(生产消费或个人消费)的循环中。"②事实证明,工业废弃物利用得当,确实可以变"废"为宝。变"废"为宝有两层含义,一是指将自然界的"无用"或"有害"之物变为可利用的生产资料。例如,煤矸石长期被视为无用甚至有害之物,但可以被研制成纯净水的高效混凝剂。二是指对人类生产与生活中以固体、液体和气体形式排出的垃圾进行再回收利用。比如有色冶炼厂排放的"废气",经过回收利用,可以制成工业需要的硫酸。

众所周知,物质资源是人类赖以生存的基础,它一般可分成两类,一类是从大自然中直接取得的,称为原生资源;另一类则是从排放物即垃圾中再生的,称为次生资源。实践证明,垃圾处理得当,也可以成为巨大的社会财富。如法国巴黎从垃圾中获取热能,为居民提供暖热源;日本焚化垃圾,将垃圾灰制成农肥;美国利用垃圾制造铺路材料。在自然资源日益短缺的今天,垃圾的回收与利用确不失为一种财富的创造。据有关数据统计,每回收 1 吨废纸可造好纸 850 公斤,节省木材 300 公斤,比等量纸材生产减少污染 74%;每回收 1 吨塑料饮料瓶可获得 0.7 吨二级原料;每回收 1 吨废钢铁

---

① 转引自张立秋《农村生活垃圾处理问题调查与实例分析》,中国建筑工业出版社,2014,第 72 页。

② 中共中央马克思、恩格斯、列宁、斯大林著作编译局编译《马克思恩格斯全集(第 25 卷)》,人民出版社,1974,第 95 页。

可炼好钢 0.9 吨,比用矿石冶炼节约 47% 的成本,减少 75% 的空气污染,减少 97% 的水污染和固体废物。① 由此可见,所有的垃圾都有利弊二重性,处置得当可以变废为宝,改善生态环境。例如,废弃的轮胎低温粉碎后生成的胶粉重新应用于橡胶业,能大大降低运输带、胶鞋底、自行车轮胎的生产成本;在建筑领域,胶粉制成的橡胶砖具有防滑、不易受酸碱腐蚀的优点;在交通领域,胶粉制成的沥青黏合度高,能减少路面开裂,并降低行车噪声。

当前,许多城市已意识到垃圾分类处理的重要性,将垃圾桶区分为“可回收垃圾”和“其他垃圾”等,但在实践操作中,有些市民们并不区分,随意乱扔,更有部分保洁人员或垃圾收集部门将区分好的垃圾混合,带来更大的污染。因为将没有分类的垃圾进行焚烧,除了热量能成为回收资源外,更多能降解或再度利用的物质如废纸、塑胶、金属、玻璃就成了废物,更为可怕的是,为了使其中的某些不容易燃烧的部分也充分燃烧,需要添加助燃物质(包括添加燃料),这也是一种浪费。即便是将不易燃烧的垃圾进行充分燃烧,也会释放二噁英、汞蒸气等有害物质,如处理不当,会形成更严重的污染。因而,垃圾的回收与利用既需群众的觉醒与配合,还需政府相关部门的引导与协同。这也彰显了生态审美教育转变为全民意识和国家意识的重要性。对于公民而言,生态审美教育要求践行“零浪费”的生活方式,尽量少制造“垃圾”。网传,北京一对小情侣不购买带包装的商品或食材,不使用一次性制品,三个月时间内只产生两小罐垃圾,其余可降解的生活垃圾变成养花的肥料。对国家而言,生态审美教育要求从环境要素、管理措施等方面加强环境保护的整体性与系统性。

废物的回收与再生利用,其根本目的在于充分利用资源、节约能源,从环境审美的角度来看污染处理,首要途径是推行“生态工艺”。传统工业生产的最大弊端在于缺乏生态意识,它为了追求局部利益的最大化而浪费整体的生态资源,比如在钢铁生产中,它只考虑如何用最小的成本、通过最便捷的途径去提取钢铁成分,而将污染物甚或尾矿弃之不管。生态工艺则不然,“生态工艺,就是无废物工艺。它以闭路循环形式在生产过程中实现资源充分合理的利用,使生产过程保持生态学上的洁净。……在这样的生产过程中,输入生产系统的物质和能量在第一次使用,生产出第一种产品后,其剩余的物质是第二次使用,生产出第二种产品的原料,由此类推,直到全部用完,最后不可避免的剩余物是对生物体无毒

---

① “垃圾分类”词条,360 百科,https://baike.so.com/doc/1065537-1127330.html,访问日期:2021 年 2 月 1 日。

害作用或能被自然降解的物质"①。也就是说,生态工艺是在"原料→产品→原料→产品"的模式下生产的。比如在金属冶炼厂中,将尾矿中的石英成分提炼出来生成玻璃,将石灰石成分提炼出来生成水泥,将二氧化硅成分提炼出来生成耐火材料,再将尾剩的废渣生成有机土壤;又如在污水处理中,上海市引入"赤子爱胜蚓",将之放入污水池中,利用蚯蚓消化污水中的生物膜,生成蚯蚓粪,蚯蚓粪再与污水中的化学元素反应,清除污水的毒性,又使污水中悬浮固体沉淀为污泥,生成有机肥料。同时,生态工艺在工业生产中推行"非物质化"的生产模式,"非物质化"并非在生产中不使用"物质"或能源,而是在不影响产品质量与性能的前提下尽可能地减少物质材料与能源的使用量。比如纳米技术的运用使今天的计算机、手机等日益微型化;米粒大小的汽车、黄蜂大小的飞机已在美国、日本等发达国家组装成功。"非物质化"生产模式一方面要求我们发展知识经济,提高产品的科技与知识含金量,另一方面要求我们寻找新型的无碳或低碳能源,来代替今天的煤耗与油耗等。

2018 年 12 月,中共中央通过了《"无废城市"建设试点工作方案》。"无废城市"的建设是为了解决中国都市化进程中的"垃圾围城"问题,满足人民日益增长的优美生态环境的需要。这里的"无废"并非指没有废物排出,"也不意味着固体废物能完全资源化利用,而是指以新发展理念为引领,通过推动形成绿色发展方式和生活方式,持续推进固体废物源头减量和资源化利用,最大限度减少填埋量,将固体废物环境影响降至最低的城市发展模式"②。由此可见,推进"无废城市"的建设,要从源头上减少垃圾的排放,并将垃圾资源充分利用,除了要求工厂"清洁生产",推行生态工艺,发展绿色产业外,还有一点是要从生态审美教育的角度,引导民众践行简约适度、绿色低碳的生活方式。"不是房子越大越好、汽车越多越好、家具衣物越多越好,而是节俭紧缩,够了就行。"③只有民众树立正确的生态审美观与价值观,亲和自然、践行节约、正确投放垃圾,自觉成为城市环境的保护者与建设者,"无废城市"的愿景才能实现。

三、绿色适度的消费方式

绿色消费是在工业革命带来生态危机的背景下兴起的一种新的消费模

① 刘湘溶编《生态文明论》,湖南教育出版社,1999,第 87 页。
② 李干杰:《开展"无废城市"建设试点　提高固体废物资源化利用水平》,《环境保护》2019年第 2 期。
③ 曾繁仁:《生态美学导论》,商务印书馆,2010,第 366 页。

式。工业革命前,人类的消费在自然生态系统的承载负荷范围之内,人与自然和谐共处,但随着生产力的发展与人类物质消费欲望的增强,自然资源的损耗日益加剧,地球对污染的承受能力也紧张起来。1944 年,卡尔·波兰尼在《大转型》中提出"生态消费观",指出西方现代社会的生态危机根源于人类消费的异化。20 世纪 80 年代英国学者 John Elkington 和 Julia Hailes 在《绿色消费者指南》中正式从消费对象的角度界定绿色消费。随之,联合国环境与发展大会通过的《21 世纪议程》发出"改变消费方式"的口号,并指出:"地球所面临的最严重的问题之一,就是不适当的消费和生产模式,导致环境恶化、贫困加剧和各国的发展失衡。"①在"绿色浪潮"与学者的呼吁下,绿色消费理念才风行起来。

对中国而言,绿色消费是生态文明建设的重要环节。"生态文明是人类文明的一种更高形态,它以尊重和维护自然为前提,以人与人、人与自然、人与社会和谐共生为宗旨,以建立可持续的生产方式和消费方式为内涵,以引导人们走上持续、和谐的发展道路为着眼点,反对采取功利性与享受性的消费态度攫取与掠夺自然资源,主张可持续的适度消费,从而实现人与自然界的良性互动与协调发展。"②与生态文明相适应的消费是绿色消费,它扬弃了农业文明"依附自然"与工业文明"征服自然"的消费观念,是一种理性的、适度的消费观,"既克服了农业社会的消费不足的现象,又克服了工业社会单纯地立足于人类经济社会的发展,毫无节制地牺牲环境与过度消耗资源为代价的利己主义行为"③。绿色消费体现了生态伦理观、生态价值观与生态审美观。

绿色消费的含义非常广泛,仁者见仁,智者见智。唐锡阳把绿色消费概括为"3R"和"3E":Reduce,减少非必要的浪费;Reuse,重复使用;Recycle,循环利用;Economics,经济实惠;Ecological,生态效益;Equitable,符合平等、人性原则。还有一些学者把绿色消费概括为"5R"原则,即节约资源、减少污染(Reduce),绿色生活、环保选购(Reevaluate),重复使用、多次利用(Reuse),分类回收、循环再生(Recycle),保护自然、万物共存(Rescue)五个方面。尽管不同的学者对绿色消费的理解有差异,但本质含义大致相同,他们都提倡一种有利于保护环境、节约资源,有利于人类身心健康、可持续的消费理念和消费方式。从广义上来理解,绿色消费有以下几种含义:其一,消费者所消费的产品应该是未被污染,有益于健康的;其二,消费者在消费

---

① 万以诚、万岍:《新文明的路标:人类绿色运动史上的经典文献》,吉林人民出版社,2000,第47页。

② 王敬、张忠潮:《生态文明视角下的适度消费观》,《消费经济》2011 年第 2 期。

③ 同上。

过程中所产生的污染废弃物应尽可能少,且能降解,能被循环利用;其三,消费者尽力节约能源与资源,消费结束后自觉分类投放垃圾,保护周围环境。从狭义层面来看,绿色消费是指消费者消费未被污染的绿色产品,通过消费绿色产品来减少对环境的污染,提高人们的生活质量。

绿色消费是一种适度消费,它反对过度消费,减少或取缔无益甚至有害的消费,坚持从人的基本生存需要出发,将人类自身的消费行为对自然环境的破坏和影响降到最低点,致力于人的健康生存和社会的可持续发展。"适度"体现在以下两个方面:一方面,物质消费要适度,绿色消费要求人们不把物质享受放在第一位,而应提高精神文化方面的消费比重,反对享乐主义;另一方面,要求人们考虑代际公平,当代人的消费不能危及后代人的利益。"当代人在考虑自己的需求和消费的同时,也对未来各代人的需要与消费负起历史的责任。因为同后代人相比,当代人在资源的开发和利用上处于一种无竞争的主宰地位,各代人之间的公平要求任何一代人都不能处于一种无竞争的支配地位,即各代人都有同样的选择空间。"①需要指出的是,绿色消费中的"适度"是一种节欲,即将自己的物质欲望限制在生存需求范围之内。这种节欲观念古已有之,在西方,伊壁鸠鲁学派就提出"知足乃大善"的命题。在中国,儒家主张用礼制去控制人的欲望,孔子曾曰:"礼,与其奢也,宁俭"。(《论语·八佾》)道家明确提出"见素抱朴,少私寡欲"(《道德经》)。墨家也有专门的章节谈到"节用",譬如,饮食"足以充虚继气,强股肱,耳目聪明,则止"(《墨子·节用中》);"冬服绀缌之衣,轻且暖,夏服絺绤(细和粗的葛布)之衣,轻且清,则止"(《墨子·节用中》)。由此看出,适度消费观体现了人类的理性精神与道德自律。

绿色消费的内容非常广泛,包括衣食住行等方面。从"吃"的方面来看,要食用无污染、安全、优质的绿色食品。绿色食品有两个等级:一种是天然的、自生自长的绿色产品;另一种是生产于优良环境,按照规定的技术规范生产,实行全程质量控制,无污染、安全、优质并使用专用标志的食用农产品及加工品。② 具体到饮食方面,平时应该多吃绿色蔬菜和水果,少吃肉类,尤其要拒绝食用山珍野味,坚决不吃野生动物;在选择购买食品时,要有计划地购买,不过量消费;在家庭用餐时,倡导家庭成员光盘制,珍惜食品,减少浪费。从"穿"的方面看,要尽量选用棉、麻等纤维类衣物,避免选用由动物毛或动物皮制作的衣物;尽量做到对旧衣物的回收利用,养成节约的习

① 李桂梅:《可持续发展与适度消费的伦理思考》,《求索》2001年第1期。
② 刘敏、牟俊山:《绿色消费与绿色营销》,光明日报出版社,2004,第78页。

惯。此外,衣服上可印有各种保护环境的字样或动植物的图案,宣扬绿色消费意识。从住的方面来看,房屋装修应尽量挑选绿色环保材料,减少化学装饰材料的使用量,比如在固定地毯上使用平头钉而不用粘胶,在地板上用蜂蜡而不用聚氨酯;尽量使用低能耗的采暖保温系统或充分利用太阳能,自动调节昼夜温差;在房屋的购买上,要遵循实用原则,避免一味地追求高档与豪华。从用的方面来看,家用电器的选择,要尽可能地低耗、环保;家庭用水要尽量做到节约与循环使用。从"行"的方面来看,要尽量以公共交通代替私家车的使用;在汽车购买上,要尽量选购尾气排量小、低耗的汽车;近距离上班要尽量以步行代替机动车出行。

绿色消费崇尚自然节俭,有力地反拨了当下消费的物质化、符号化、虚假化与盲目化倾向,绿色消费观念的形成需要全民共同努力。生产者或企业要转变生产理念,以清洁生产代替粗放式生产,同时要加强对员工的环境教育,将绿色理念贯彻到产品设计、研发、销售、管理各个环节。消费者则要摒弃消费主义价值观,养成适度消费的理念,减少一次性、便利性消费,多用可循环使用的物品,做到物尽其用。我国人口众多,且人流量大,据有关部门统计,每年需消耗120亿只左右的快餐盒,而制造一次性使用的泡沫快餐盒就需耗费4亿~7亿元资金。这些用聚苯乙烯、聚丙烯、聚氯乙烯等高分子化合物制成的各类生活塑料制品难以分解处理,遇热水还会释放出有害物质,造成城市环境严重污染。① 因此,为了当代与后代人的美好生存,我们应尽量使用能降解的、可循环使用的物品,自觉践行绿色消费观念。

从审美教育的角度看,社会应该营造绿色消费氛围。其一,要通过多种媒介进行广泛宣传,逐渐转变消费者的消费理念。比如,利用电视、广播、报纸、杂志、网络等媒体提高公民的绿色消费意识;通过举办绿色社区、绿色学校、绿色家庭、绿色单位等评比活动,扩大绿色消费意识的影响;结合环境日、地球日、湿地日等与环保有关的节日,进一步说明节能降耗、建立可持续社会的重要意义。其二,要将环境教育纳入国民教育体系中,形成小学、中学、高中、大学、职业教育的环境教育体系,把绿色消费纳入社会公德之中,提升公民的道德意识和社会责任感。其三,要成立民间社会环保组织,并借助这些组织进行环保宣传,引导消费者进行理性消费,并联络消费者权益保护组织,解决消费者在绿色消费中遇到的权益侵害问题,增强消费者对绿色消费的好感与信心。②

① 佚名:《少用一次性用品 减少资源消耗》,《新疆农垦科技》2012年第2期。
② 胡雪萍:《绿色消费》,中国环境出版社,2016,第110页。

第二节　生态农业的机理与
实践模式

生态农业的理念由美国土壤学家威廉姆·奥伯特（William A. Albrecht）在 *ACRES* 杂志上首次提出，在他看来，生态农业是一种少用化肥农药，以有机肥培育农作物生长的农业类型。后来英国学者伍新顿（M. Worthington）将生态农业定义为"生态上能自我维持，低输入，经济上有生命力，在环境、伦理和审美方面可接受的小型农业"①。中国自古是一个农业大国，勤劳而又富有智慧的古代人民在自给自足的自然经济基础上很早就确立了因地制宜、农林牧渔相结合的生产方式，比如荀子说："群道当，则万物皆得其宜，六畜皆得其长，群生皆得其命。"（《荀子·王制》）在这里，"群"通"君"，意为贤明的君主善于利用生态规律，让农业、畜牧业等都得到平衡协调的发展。中国古代人民的这种农业生产方式可看作是现代生态农业的雏形。在西方国家，20 世纪中叶才诞生生态农业意识，标志性事件是蕾切尔·卡逊《寂静的春天》的发表与讨论。生态农业的含义众说纷纭，但基本内涵大致相同：生态农业是以生态学和生态经济学原理为基础，以系统工程方法将现代生产工具与传统农业生产技术结合起来，实现经济、社会与生态效益相统一的农业发展模式。②

一、生态农业的多重效益与美丽乡村建设

众所周知，民以食为天，人类的食物最初来源于农业生产。早期的人类农业主要以粪便、腐烂枝叶等为主要肥料，以刀耕火种或间作、轮作、套作等方式建立起作物能量与营养循环体系，这种农业"顺天时，量地力"（《齐民要术》），保持土壤的肥力，使土壤常耕常新，以维护农业与人类的可持续发展。随着科技的发展与人口的膨胀，传统农业因生产率不高而被现代石油农业所代替。石油农业片面追求粮食的高产量，向土地大量投入化肥农药，造成了土地盐碱化与农业生态环境的破坏。据中国官方数据统计，2010 年我国农药生产厂家达 2 200 多家，年产量达到 268.7 万吨，每亩地年平均使用各种农药近 1 千克，农药超标 2.5~5 倍，利用率也仅为 30% 左右，农药残

---

① 转引自席运官、钦佩编著《有机农业生态工程》，化学工业出版社，2002，第 11 页。
② 薛达元、戴蓉、郭泺等：《中国生态农业模式与案例》，中国环境科学出版社，2012，第 1 页。

留导致我国至少 1 300 万公顷耕地严重污染。① 事实也证明,现代石油农业不能保证农业产量的可持续增长,马克思曾指出:"资本主义农业的任何进步,都不仅是掠夺劳动者的技巧的进步,而且是掠夺土地肥力持久源泉的进步,在一定时期内提高土地肥力的任何进步,同时也是破坏土地肥力持久源泉的进步。"②。

生态农业是在反拨现代石油农业的弊端的情势下诞生的,它并不否认农业的经济效益,而是积极地利用自然生态规律,追求农业的综合效益,而实际上,它所取得的经济效益远高于现代石油农业。比如观光农业通过农业的旅游价值来实现农业的经济效益。北戴河集发生态农业公园将不同的产业、不同的生产模式、不同的农产品类型组合在一起:该园因地制宜,将蔬菜、花卉、瓜果与特种经济作物分区展示,让消费者在了解高科技农业种植、欣赏南北名贵花卉、体验瓜果采摘过程中接受生态审美教育。赵天瑶等学者曾对湖北荆州的观光农业的经济效益做过评估,得出的结论是,观光农业的经济效益远高于常规农业。③ 生态农业也不否认农业的审美价值,比如当下一些农业生态园把美的法则融入生产实践中去,尤其重视农产品外表的美观。陕西苹果和西瓜的广阔销售市场既得益于它本身的品质与口感,还在于它有漂亮的颜色与外形。当然,生态农业最大的效益还在于它的生态价值。即生态农业在给人类提供经济效益、审美效益的同时,还在调节气候、涵养水源、保护土壤、维护地球生命物种的多样性方面发挥重要作用。王磊等学者对北京地区的农业生态价值进行评估,数据显示,自 2012 年以来,北京地区的农业生态系统价值在理论上是农业生产总值的 2.95 倍,高达 2 203.04 亿元。④

生态农业关注农业的经济价值、审美价值和生态价值,这三种价值有时能相得益彰,但有时也会有矛盾之处。比如鱼塘的浮萍长得郁郁葱葱,煞是可人,有审美效应,但它影响水质和鱼类生长,没有生态效应;杂交水稻的长势从审美角度看确实比传统的季节稻美,但从生态价值的角度看显然不及。那么如何协调好审美价值与生态价值的矛盾,或者说,在农业生态系统中,生态价值与审美价值孰轻孰重呢? 卡尔松的看法或许能给我们一点启示:

① 转引自苏百义:《农业生态文明论》,中国农业科学技术出版社,2018,前言第 2 页。
② 马克思:《资本论(第 1 卷)》,人民出版社,1975,第 552—553 页。
③ 赵天瑶、曹鹏、刘章勇等:《基于 CVM 的荆州市稻田生态系统的景观休闲旅游价值评价》,《长江流域资源与环境》2015 年第 3 期。
④ 王磊、胡韵菲、崔淳熙等:《北京市农业生态价值评价研究》,《中国农业资源与区划》2015 年第 7 期。

"农业景观的表现美取决于它们的生产性,取决于它们成为'表现那些如精巧、效率与经济等生活价值'的'良好设计的范例'。然而,功能性景观所表现的生活价值也取决于它们的设计如何使其功能良好地予以履行,即取决于它们如何具有生产性与可持续性。"①这里所说的"可持续性"指的就是生态性,也就是说在农业景观中,生态价值是该首要考虑的,审美价值是生态价值的依附。正如我国领导人所说的:"宁要绿水青山,不要金山银山,而且绿水青山就是金山银山。"②实际上也阐明了经济效益与生态效益孰轻孰重的问题,"绿水青山"是生态效益,"金山银山"是经济效益,在二者不可兼顾的情况下,生态效益是优先考虑的,只有保证了生态效益,经济效益才有实现的可能。因而,实施生态农业的生产模式,既要运用好生态农业的基本原理与方法,还要处理好农业的生产价值、审美价值和生态价值的关系。

生态农业是"美丽乡村"建设的重要保证。要使中国乡村美丽起来,首要在于改善农村的生态与景观,发展生态农业。众所周知,中国农业的主导产业是种植业和养殖业,这两种产业是造成环境污染的重要因素,要想改善乡村的生态环境,当然应该"从调整农业生产方式入手,特别要通过生态农业的发展,利用农业政策导向和经济杠杆的调节,科学控制化肥、农药、畜禽养殖废弃物等易造成非点源污染的物质的使用"③。无论是农业生态文明制度的构建,还是农业科技的发展与支撑,关键都在于培养好农业生态文明建设主人的生态人格,改变他们的思维方式。因而,从教育的角度看,应该做好两个方面的工作:一是在高校开展生态文明教育,开设《生态伦理学》《生态哲学》和《生态审美学》等通识课程;二是要在社区或农村开展多层次的农业生态文明教育活动,让农民懂得科学种田、科学养殖与绿色消费等。中国目前还是一个乡村占主体的农业国家,乡村生态的好坏直接影响着城市的生态。克洛德·阿莱格尔曾这样告诫:"城市生态,乡村生态:不应该忽视前者,可能应该重新思考后者。不要忘记两者是不可分割的,因为如果一个有吸引力的和有效的乡村生态控制了城市的人口过剩,城市生态就会因此而减轻负担。"④简而言之,在当下中国,美丽乡村与"美丽中国"是相辅相成的,前者是后者的保证与基础,只有通过生态农业建设好了美丽乡村,"美丽中国"的目标才能实现。

---

① 〔加〕卡尔松:《自然与景观》,陈李波译,湖南科学技术出版社,2006,第104页。
② 中共中央宣传部编《习近平新时代中国特色社会主义思想学习纲要(2019版)》,学习出版社,2019,第170页。
③ 张壬午:《倡导生态农业,建设美丽乡村》,《农业环境与发展》2013年第1期。
④ 〔法〕阿莱格尔:《城市生态,乡村生态》,陆亚东译,商务印书馆,2003,第134页。

二、生态农业的基本原理:整体、协调、循环与再生

农业生态系统是经人类驯化过的自然生态系统,用马克思的话说是"人化的自然",它一方面仍保有自然生态系统的属性,具有相对稳定的系统性,另一方面由于系统内部物种种类少、食物链简化以及层次减少等原因,系统的自我稳定性较弱,需要人类的辅助调节。但必须指出的是,人类的干预调控还必须遵循自然生态系统的基本运行原理,这些原理包括整体效应原理、生态位原理、生物种群的相生相克原理以及物质循环与再生原理等。

整体效应原理。农业生态系统是由人工生物系统、生态环境系统和人工控制系统所组成的复杂网络,每个亚系统又由许多更小的次生系统所组成,这些大小系统之间要高效稳定地进行能量、物质与信息的交流,就必须有适当的分工、交替与转运。要使这一大系统进入良性循环,就必须克服系统内部的功能抵消与冲突现象。合理的农业生态结构能产生"总体功能大于各部分功能之和"的效果,即农业生产力不是体现在某一农作物的单产提高上,而是体现在整个农业生态系统包括农、林、牧、副、渔等若干亚系统总体生产力的提高上,这就是整体效应原理。因而对农业生态系统的建构必须从整体效应着眼,利用系统各组分之间的相互作用及其反馈机制进行调控,合理安排结构,既使各子系统的生态效益提高,又使系统总体功能得到最好发挥。比如在农田病虫防治方面,利用农田系统各组分(即农作物、病虫、天敌、人工灭虫手段以及生产环境)之间的制约关系来共同完成病虫的防治工程,避免从单一数量或指标方面来防治病虫的危害,因为在农田生态系统中,任何单一的组分都不能独立完成系统的整体功能与效益,任何一个环节或组分的失衡会带来整个生态系统的紊乱,因而在病虫防治上,不能将问题仅仅归结于某一病虫的危害,而要树立病虫危害相对论,农作物受病是绝对的整体观念:农作物在生长过程中必然伴随着病虫与天敌的生长过程,病虫是农业生态系统食物链中不可缺少的一环,某一病虫对农作物有危害,但可能又是另一病虫的天敌,正因此,生态农业中有以虫治虫、以菌治虫、以菌治病等生物防治技术。如果用农药将农田食物链的一环消灭得干干净净,必然会破坏农田生态系统的整体稳定与持续。

生态位原理。"生态位又称生态灶,是指生物在完成其正常生活周期时所表现出来的对环境综合适应的特征,是一个生物在生物群落和生态系统中的功能与地位,表示每个生物在环境中所占的阈值大小。"①生态位是一

---

① 刘德江主编《生态农业技术》,中国农业大学出版社,2014,第68页。

个物种区别于另一个物种的主要特征,它可分为空间生态位、营养生态位、基础生态位、实际生态位等。同一个生态系统中不存在两个生态位完全相同的物种,生态位差异越小,物种竞争越激烈,反之,竞争则趋于缓和。在实际的农业生态系统中,存在着许多生态位空白,如果人为地利用生态位原理去填补这些空白,则既能维护农业生态系统的繁荣与稳定,又能创造良好的经济效益。比如南方某些少数民族在稻田中养鱼,实际上是利用鱼占据了稻田的生态位空白,鱼在稻田里既除草又除螟虫,既促进了稻谷的高产又生成了鲜美的鱼产品。当前的立体农业其实就是生态位原理的一种应用,即把不同的物种安排在不同的时空序列中生长,让彼此之间相居而安而又互惠共生,将自然资源、生物资源以及人类智能技术的优势发挥到极致。湖北省阳新县是亚热带红壤丘陵地区,当地人民利用梯级地形地貌发展立体农业模式,所谓"丘上林草丘间塘,缓坡沟谷鱼围粮",即在地势低洼地区发展鱼塘养鱼业,鱼塘周边平坦地带种植水稻或莲藕,缓坡地带种植红薯或花生,丘陵顶部种植经济林木或毛竹。这种农业模式将各种农作物科学地安排在适合其生长的地段,充分发挥了丘陵地区的土地生产力,同时又把大量劳动力转移到了林、渔副业中去,增加了农民收入,又改善了本地的生态环境。

生物种群的相生相克原理。在生态系统中,任何物种的存在都不是孤立的,它与其他物种总存在相互依存、相互制约的关系,这种关系我们称之为"相生相克"。相生相克关系在自然界最为普遍的现象是"植物化感"作用。"化感作用是指植物通过向环境释放特定的次生物质,从而对邻近其他植物(含微生物及其自身)生长发育产生有益和有害的影响。"[1]比如将芥菜与蓖麻种在一起,蓖麻叶片长不大,蓖麻籽也长不饱满;将苦麦菜与玉米、高粱种在一起,玉米、高粱都长不高,且不会抽穗;黄瓜与番茄种在同一温室中,两者的生长情况都欠佳。这是因为这些植物体内会释放或分泌出某种气体或汁液,抑制着对方的生长,即"相克"。当然,自然界也有植物"相生"的现象,比如在同一块地里轮种大豆与玉米,大豆的根瘤菌能把空气中的氮元素固定在土壤里,供玉米生长之需;而将大蒜与棉花间种,大蒜挥发出来的杀菌素,能有效地驱除棉蚜虫,促进棉花的生长。由上可知,正确认识生物种群间的相生相克原理并在农业生产中予以应用,对病虫防治、土壤改良、庄稼收成的提高以及植被保护等都有非常重要的意义。

物质循环与再生原理。"任一生态系统都有自我适应能力与自我组织

---

① 刘德江主编《生态农业技术》,中国农业大学出版社,2014,第75页。

能力,即遇到外界压力受损后在一定范围内能逐渐自我恢复。"①其机制是通过生态系统中物质循环利用与能量流动转化:一方面,生物通过光合作用从自然界摄取能量并合成新的物质,另一方面又再生出原来的简单物质,被植物所吸收利用,如此不断地循环往复,维持着生态系统的平衡与稳定。中国古代的"无废弃农业"就是遵循物质循环与再生原理,充分调动农作物自身的适应能力与再生能力,通过植物根茎、落叶与残体腐解来培肥土壤,维持植物生命所需的养分,它既不像现代农业那样依赖外界农药与化肥的投入,也不生产废弃物,是一种典型的生态农业模式。我国珠三角地区的桑基鱼塘模式也是对"物质循环与再生原理"的应用,该模式从种桑树开始,桑叶养蚕,蚕沙、蚕蛹废水流入鱼塘喂鱼,鱼粪回归桑树土壤增肥,由此形成一个完整的能量循环系统。当然在循环过程中,能量会随着食物链的延伸而有所递减,但人类由此收获了蚕丝与鲜鱼等产品。

三、生态农业的实践模式

生态农业以生物学、生态学为理论指导,在价值取向上坚持生产、审美与生态价值的统一,在农业实践模式上坚持三个原则。

首先,利用物质循环与再生原理,建立科学合理的作物养分循环系统。与自然生态系统相比,农业生态系统中的养分循环具有库存量低、保持力弱以及养分供求不平衡的缺点。因而,一方面我们要保护农业生态系统内部的养分循环体系,通过秸秆还田、人畜粪便的利用等方式,将土壤、植物、禽畜和人类四个养分库有效地协调起来,组建一个相对封闭的作物养分循环体系;另一方面,我们要适当拓展系统外的养分来源,科学增施适量的有机肥源,以充实农业生态系统的有机肥料库存。

在农业生态系统养分循环过程中,土壤是起点也是终点,系统中的养分循环是沿着"土壤→植物→动物→土壤"的路径进行的:土壤养分被植物吸收后进入植物库;然后,植物库的养分或产品作为牲畜或人的食料进入动物库;最后,动物或人类的粪便又回归到土壤库。当然,这一循环过程中还夹杂着外来养分的输入和农产品的输出。由此可见,土壤的健康是生命存在的基础,也是生态农业的核心。"土壤健康是指土壤处于一种良好的或正常的结构和功能状态及其动态过程,能够提供持续而稳定的生物生产力,维护生态平衡,保持环境质量,能够促进植物、动物和人类的健康,不会出现退

---

① 席运官、钦佩编著《有机农业生态工程》,化学工业出版社,2002,第46页。

化,且不对环境造成危害的一个动态过程。"①健康的土壤具有稳定的结构性、通气性、渗透性以及良好的生物活性。要提高土壤的健康与肥力,有机质的提升是关键,它是土壤肥力的基础,有机质既是养分的载体,也是土壤生物赖以生存的食物,有机质在经微生物分解后,能释放出植物生长需要的氮、磷、钾等养分,增加土壤速效和缓效养分含量;另一方面,有机质能增加土壤腐殖质的含量,改善土壤的物理结构,提高土壤的潜在肥力。土壤有机质的主要来源是农作物残体、人畜排泄物和土壤生物,因而在农业生产中,我们要尽量就地加工农产品,以保证作物根茬、落叶与秸秆等及时还田,充实土壤有机库存,另外,我们要用好动物粪便等有机肥料,尽量少用化肥农药,以保护土壤生物的生命。

其次,利用生物群种相生相克的原理,以农作物品种的多样性建立起病虫防害体系。对自然生态系统而言,物种越丰富,系统的稳定性就越强,调控能力也越大。生态农业模拟自然生态系统,增加种植作物多样性是为了有效地防治病虫。多样性种植一般通过混种来实现,混种之所以能减少虫害,是因为不同的作物品种具有不同的"植物化感"作用,它们释放的汁液或气味相生相克,能共同抵抗病虫的危害,并促进彼此增产。前已论述,一些病虫害,如某些谷物类作物的白粉病,要依靠相邻的敏感植株才能进行传播,如果敏感植株之间被其他抗性品种所占据,则此病不会流行。又如在苹果树行间保留一两米的人工杂草带,可有效地防止蚜虫病,因为人工杂草为蚜虫的天敌提供了栖身之所。混种不仅包括某些作物的边缘种植不同类的作物,而且包括某些作物间行内种植别的作物品种,作物混种还可有垂直空间的分布,比如农作物地表可有覆盖性地藓,作物之上可有高株性农作物。又如,三叶草作为地表覆盖作物,其花对天敌有吸引作用,与玉米、大白菜和葡萄混种在一起可起到防治害虫的作用;洋葱伴随胡萝卜种植,可减少胡萝卜的虫害。因此在制定有机耕作计划或转换计划时,要充分考虑不同作物品种的间作、套种所产生的良性或恶性循环。中国古人在桑树间种植小绿豆,会产生"二豆良美,润泽益桑"的效益,如果在大豆地种麻子,就会导致"善地两损,而收并薄"。所以在制定有机耕作计划时,必须充分考虑间作套种作物间的互利因素,避免其互害因素,只有趋利避害,扬长避短,才能取得农业生产的最佳效果。

如果说混种是在空间上为农业生态系统的建立提供可能的话,那么轮作则是在时间上为农业生态系统的持续发展提供保证。关于轮作,《齐民要

---

① 王宏燕、曹志平编《农业生态学》,化学工业出版社,2008,第223页。

术》中有所谓的"谷田必须岁易""麻欲得良田,不用故墟""凡谷田,绿豆、小豆底为上,麻、黍、故麻次之,芜菁、大豆为下"等。现代农业已使作物生产严重地依赖于农用化学品,如果突然停止使用而不改变耕作方法,则面对的将是整个系统的瓦解和严重的产量损失。因此农民要向生态农业转型,可考虑实行轮作种植手段。"轮作是指在同一块地上有计划地按顺序轮种不同类型的作物和不同类型的复种形式。"①现代农业的种植实践证明,在同一块地上连续种植同种作物,会导致土壤养分缺乏、有毒物质累积、有机质分解缓慢、有益微生物减少。而轮作有利于提高土壤肥力,保持土壤养分平衡,而且有利于防治病虫。在轮作原则上,深根作物应为浅根作物的后茬,以使土壤结构疏松和利于排水;固氮作物与需氮量高的作物交替种植,以满足后茬作物对氮的需求;阔叶类作物与茎秆类作物轮作,以利杂草的抑制等。在防治病虫原理上,轮作主要是利用作物种植时间的交替,饿死那些离开寄主作物而无法存活的专性寄生病虫,因而在农作物的轮作原则上最忌同科连作,因为同科作物间前茬接后茬还是没有切断寄生虫的食物链。如华中地区的农民在长期的耕作实践中积累了丰富的轮作经验,旱地实行红薯、小麦轮作,水田实行双季稻与油菜的轮作,这种轮作方式提高了土壤有机质、速效磷、速效钾的含量,而且有效地减轻了病虫的危害。

再次,合理布局农业生态系统的产业结构。在农业生态系统结构里,农、林、牧、副、渔与加工业之间存在着密切的供求关系、连锁关系和相互促进、相互制约的关系。如农林、农渔的供求关系是饲料和肥料的关系,农业供给牧业和渔业饲料,牧业和渔业给农业提供有机肥料与动力;林业可以改善农业的生态环境,调节农业生态系统的输入与输出;副业和加工业则可以增加农业系统的有效输出,促进物质合理循环,提高农业生态系统的经济效益。总之,农、林、牧、副、渔业之间是一损俱损、一荣俱荣的关系,处理好它们之间的比重与时空配置关系,能起到整体功能大于各部分之和的效果。关于生态农业的效益与循环模式,钱学森曾说:"要提高农业的效益,就在于如何充分利用植物光合作用的产品,尽量插入中间环节,利用中间环节的有用产品。例如利用秸秆、树叶、草加工配合成饲料,有了饲料就可以养牛、养羊、养兔,还可以养鸡、养鸭、养鹅;牛粪可以种蘑菇,又可以养蚯蚓。养的东西都是产品,供人食用;蚯蚓是饲料的高蛋白添加剂。它们排出的废物也还可以再利用,加工成鱼塘饲料,或送到沼气池生产燃料用气。鱼塘泥和沼气

---

① 席运官、钦佩编著《有机农业生态工程》,化学工业出版社,2002,第133页。

池渣才最后用来肥田。"①细心列数,钱学森在这里谈到的农业型知识密集产业,不仅包括农、林、牧、副、渔业,而且还涉及虫业、菌业(蘑菇)和微生物业(沼气菌、单细胞蛋白等)等。很显然,这种农业并非传统的单一农作物种植业,而是融生物资源、密集知识与密集技术于一体的大农业;它所生产的效益并非单一的,而是生态的、综合的。

第三节　城市建设的生态维度

城市作为人类优秀文明的荟萃之地,体现着人类最高水平的生产方式与生活方式。它在给人类提供更多经济利益机会的同时,更应该将人类的美好生存、诗意栖居放在最重要的位置上,这是城市生态文明的标志。一个城市生态系统的建构应以人的感知和体验为中心而展开,处处体现出人本主义关怀。城市生态系统概而言之,可分为自然生态、社会生态和精神生态三个子系统。因此,城市在生态化过程中必须以这三个子系统为建设路向:其一,应重新请回在城市化过程中被逐出的自然,在城市中培植自然生态;其二,强化"场所意识",努力营造各种有利于居民交流、娱乐和想象体验的场所;其三,保留城市的人文景观,维护精神生态,让城市成为每个人的精神依归之所。

一、尊重自然本性,培植城市自然生态

自然是人类的母体,人天然地亲和自然,向往自然。人和自然的关系,是最基本的本源性关系,王阳明说:"大人者,以天地万物为一体也。"(《大学问》)自然最可贵之处,乃在于为人类提供了一个超越性的精神家园。宋代书画理论家郭熙在《林泉高致》中说:"君子之所以爱夫山水者,其旨安在? 丘园养素,所常处也;泉石啸傲,所常乐也;渔樵隐逸,所常适也;猿鹤飞鸣,所常亲也。"由此可以看出,中国士大夫把居于美丽的山水之中视为人生的理想境界。在西方,卢梭也曾提出"回归自然"的响亮口号,他认为,近代文明毁坏了人类的自然家园,人类若想过上幸福的生活,就必须改变对自然的态度,重新返回自然。的确,自然生态本性是我们人性存在的根本,这正如同鱼的"本质"离不开水一样。自然不仅可以陶冶我们的性情,还可以诱

① 钱学森:《创建农业型的知识密集产业——农业、林业、草业、海业和沙业》,《农业现代化研究》1984 年第 5 期。

发我们对生命的神秘感,让我们在审美中返璞归真。诚如爱默生所说:"站在空旷的土地上,我的头脑沐浴在清爽的空气里,思想被提升到那无垠的空间中,所有卑下的自私都消失了。我变成了一个透明的眼球,我是一个'无',我看见了一切,普遍的存在进入了我的血脉,在我周身流动。我成了上帝的部分或分子。"①

自工业社会以来,随着城市对乡村的蚕食,自然已慢慢淡出了城市的视阈。当今的城市道路越修越宽,且占满了各种川流不息的车辆;城市中虽然不乏园林和公园,但其数目如同凤毛麟角;城市体验的主要特征仍然是机械和电子的噪声、垃圾、单调的摩天大厦和被污染的空气。城市离自然越来越远,这不仅表现在我们的居住环境隔离了自然,更可怕的是我们的心灵也已淡忘了自然。据报道,在日本,70%以上在城市居住的孩子没有看过日出;在中国,很多孩子没有经历过野外的郊游。城市的大人也像孩子们一样,住在纸箱盒式的高楼大厦里。"这些方盒子被写字楼大军所占领,这些男男女女属于那种如同被复制出来的完全一样的各个机构。这些就造就了那些毫无生气的城郊景观,在那里诞生了毫无生气、彼此没有区别的城郊一族。这些人沉湎于物质主义的追求:拥有最新式的录像机,做一次包价的西班牙旅行,或者,至少一辈子吃成千上万个一模一样的汉堡包。"②

面对工具理性的泛滥,城市自然环境的缺失,许多有识之士提出了"自然复魅"主张:要求人类恢复对自然的必要敬畏,重建人与自然的亲密和谐关系。当然,"自然复魅"并不是要求人类回到原始的蒙昧时期,而是针对工具理性对大自然神奇魅力的完全抹杀,主张部分地恢复大自然的神奇性、神圣性和潜在的审美性。这种主张确有见地,但在今天的城市建设中,我们为自然复魅,不能像古人那样通过仪式的方式来进行,也不能创造图腾来建立人与自然之间的精神通道。正如华勒斯坦所说:"'世界的复魅'是一个完全不同的要求,它并不是在号召把世界重新神秘化。事实上,它要求打破人与自然之间的人为界限,使人们认识到,两者都是通过时间之箭而构筑起来的单一宇宙的一部分。"③如此看来,在城市中为自然复魅,只能将被城市边缘化或仅被视为城市中可有可无的自然重新请回到城市中来,在城市中培植自然生态,这是建设城市生态文明的基础。

从自然生态学原理来看,某一特定的自然生态系统总是包含着有机物、

① 〔美〕爱默生:《自然沉思录》,博凡译,上海社会科学院出版社,1993,第6页。
② 〔英〕克朗:《文化地理学》,杨淑华、宋慧敏译,南京大学出版社,2003,第131页。
③ 〔美〕华勒斯坦等:《开放社会科学》,刘锋译,生活·读书·新知三联书店,1997,第81页。

无机物、气候、生产者、消费者和分解者等,这些成分之间纵横交错,彼此联结,共同交织成一个有机的整体。一般而言,自然物种的品类越多,这一生态系统的网络化程度就越高,物质与能量输出和输入的渠道就越密集,补偿功能就越强。因此,我们在城市中培植自然生态,不仅要尽量地保护城市中原有的自然植被,而且还要科学合理地利用自然资源构建层次多样、结构复杂的植物性群落,只有这样,才能保证整个生态系统的稳定性和有序性。也就是说,我们在城市中培植自然生态就应让自然在城市中自然地生长。诚如曾繁仁所说:"要调整城市绿地与人口之比,更重要的是要按照'回归自然'的指导原则,在城市建设中尽量地保留原生态的自然状况,少一些人为的痕迹;尽量地使人靠近自然,而不是远离自然;尽量地多一些自然的绿地树林,少一些纽约式的高楼的'森林'"。① 在这方面,华盛顿的城市自然生态是一个较好的典范:华盛顿作为美国的政治中心,高楼林立,但所有建筑并非孤单或拥挤地矗立,而是疏朗有致地依偎在自然的怀抱里,丝毫不见一点人工痕迹。整个华盛顿城区采用的是绿径设计,草地、树林和河流遍布全市,且它们完全呈现未经修饰的自然状态:山林枯木横陈,杂草丛生;河流乱石嶙峋,流水淙淙。走进华盛顿城区,宛如走进一个世外桃源。华盛顿城区的良好生态在于:它的设计尊重了自然的本性,保护了生物群落的多样性,从而培植了一个人与自然和谐共生的良性循环系统。

二、强化"场所意识",营造城市居民交流与体验的场所

在城市生态文明建设中,场所并非通常意义上的孤立空间,而是通过因缘整体性获得自身统一的处所,海德格尔在《存在与时间》中说:"我们把这个使用具各属其所的'何所往'称为场所。"②在海氏看来,场所不是通常意义上的孤立空间,而是通过因缘整体性而获得自身统一的处所,这种处所正是诗意栖居得以实现的途径。美国当代环境美学家阿诺德·伯林特从审美经验现象学的角度对"场所"进行了阐释,他说:"这是我们熟悉的地方,这是与我们自己有关的场所,这里的街道和建筑通过习惯性的联想统一起来,它们很容易被识别,能带给人愉悦的体验,人们对它的记忆中充满了情感。"③从这里可以看出,阿诺德·伯林特所说的"场所"不仅具有空间维度,而且具有时间维度和情感维度。

① 曾繁仁:《转型期的中国美学:曾繁仁美学文集》,商务印书馆,2007,第460页。
② 〔德〕海德格尔:《存在与时间》,陈嘉映、王庆节译,生活·读书·新知三联书店,2006,第120页。
③ 〔美〕伯林特:《环境美学》,张敏、周雨译,湖南科学技术出版社,2006,第66页。

近年来,随着中国都市化进程的加速,城市面积获得了摊饼式扩展,城市内部空间却呈现碎片化趋势。这种现象产生的根本原因在于城市"场所意识"的缺失。从空间维度上来看,城市场所不是城市区域的随意组合,而是城市街道、城市节点与城市区域的生态组合。城市街道是城市空间赖以组织的有效手段,良好的城市街道一般具有可识别性与可渗透性特征。现代都市在房地产市场的刺激下,城市街道愈来愈少且取直走向较多,街道愈益拥挤,街道的可识别性特征也消失了。陌生人走在此街道上常常发出"我在哪里?"的疑问。而另一些城市街道则以城市功能为主导,所有街道均以职能部门为中心而向四面辐射,这种分布状况虽然增强了城市街道的可识别性,但产生了等级化的尽端路格局,街道的可渗透性大打折扣。凯文·林奇在《城市意象》一书中认为,城市街道的可识别性不一定非要傍依名胜景点或某个职能部门,城市街道的拐角与弧度、人行道上的色彩或纹理、街道两面的建筑样式等均可加深其可识别性。而街道的可渗透性则主要表现在道路系统的网络化与连续性上,它有三层含义:"第一是指街道网络的密度比较高,也就是单位区域面积内街道数量比较多。第二则是指街道网络的连通性比较好,每一条街道都通向另一条街道,也就是应尽量避免尽端路的存在。第三则是指街道网络的结构是扁平化,而非等级化。"①因此,良好的城市街道布局,既要发挥其在城市空间系统中的核心纽带作用,将不同城市区域的街道连接起来,还应考虑街道建筑物的风格样式、体型关系与疏密错落等。

城市节点如同城市"穴位",是城市景观设计的要点,它具有汇聚人流和引导视线的作用。城市节点从概念上看好像是一个道路连接点,但实际上它可以是一个很大的广场或区域,当然这个广场或区域具有点状的空间特征,即它是整体城市景观的"点睛之笔"。如果说城市街道是平面坐标系的纵横数轴的话,那么城市节点就是数轴的交点。"当明确的路途经一个清晰的节点时,道路与节点就形成了联系。任何一种情况下,观察者都能感受到周围城市结构的存在,他知道如何选择方向前往目的地,目的地的特殊性也会因为和整体意象的对比而得到加强。"②城市节点一般通过城市标志物来强化。一个充满活力的标志物一般会与其周边环境形成鲜明对比,比如低矮屋面映衬着醒目的高塔,苍翠的林荫道点缀着土褐色的教堂等。要使城市标志物引人注目,周围建筑物的高度、色彩、布局非常重要。标志物不一

---

① 谭源:《城市本质的回归——兼论可渗透的城市街道布局》,《城市问题》2005年第5期。
② 〔美〕林奇:《城市意象》,方益萍、何晓军译,华夏出版社,2001,第79页。

定要体量巨大,但位置与特征非常重要。在通常情况下,城市标志物一般会通过顺序的排列、连串熟识的细部特征来突出其意象性。譬如外地人去威尼斯旅游,去过一两次就记忆犹新,来去自如,不会迷路,原因就在于威尼斯的街道有许多个性化的细节,被有序地组织在了一起,给这个城市打上了特有的标记。

如果说城市道路是城市空间的筋脉,城市节点是城市的穴位,那么城市区域则是城市空间的血肉之躯。城市区域从表面上看是一块相近相连的空间,但从功能与风格上看,它又是具有相似性特征的空间。这种相似性既可以表现在空间布局上,亦可以表现在建筑风格上,还可以表现在建筑群的连续特征上,比如建筑的色彩、比例、立面细部、照明布光与建筑轮廓等相似性特征的累加与重叠,可以起到不是两数之和而是两数之积的效果,从而大大增强城市区域的意象性。一般而言,迷人的城市区域由不同的主题单元所组成。比如厦门市鼓浪屿的城市意象,就包括各具风格的中外建筑以及建筑间古老而又铺满卵石的人行道,盈盈亮亮、沁人肺腑的钢琴声,热烈奔放、姹紫嫣红的三角梅等。一个区域如果存在一些特别的符号,还不足以形成充分的主题单元,只有当鲜明的主题单元能统领其他区域元素时,城市区域的意象才具有可识别性。比如波士顿的城西和城北区域的结构非常复杂,但由于相似的立面和相似的开窗方式相当醒目,城西与城北区域的意象才清晰可辨。又如美国波士顿的贝肯山,街道纵横交错,让人难以识别,但优雅的街角小店成了该区域的主题元素,让造访者心中形成一个强烈的休闲城市意象。

城市空间总是处于变化之中的。我国建筑大师梁思成说:"一个市镇是会生长的,它是一个有机的组织体。……它的细胞是每个建筑单位,每个建筑单位有它的特征或个性,特征或个性过于不同者,便不能组合为一体。若勉强组合,亦不能得妥善的秩序,则市镇之组织体必无秩序,不健全。所以市镇之形成程序中,必须时时刻刻顾虑到每个建筑单位之特征或个性;顾虑到每个建筑单位与其他单位间之相互关系,务使市镇成为一个有机的秩序组织体。"①这就意味着,城市场所的设计必须具有全局观念,必须考虑到各个建筑单位之间的关系及其对整体景观的影响。当前,在中国都市化的进程中,许多城市中涌现了一些体量巨大的建筑,但这些建筑之间由于缺乏整体的连续性,致使城市界面极为模糊紊乱,严重影响了城市的景观与意象。此外,城市场所的设计还应考虑到空间序列的意义蕴涵和节奏感。"意义蕴

① 梁思成:《市镇的体系秩序》,载《中国二十世纪散文精品·梁思成、林徽因卷》,太白文艺出版社,1996,第57页。

涵体现在空间能满足人的体验性质,它可以为人提供一定的环境主题,从而加强人们对于空间序列的理解和印象。"①诸如,现代都市在街道路口或城市节点上标立雕塑来明示城市的建设理念与文脉,这是一种很好的尝试,它不仅给人提供一种认知城市形象的符号,而且创造了城市的意境与氛围,唤醒了人们对城市经验的反思。城市场所的节奏感主要体现在城市空间序列的动、静、虚、实等不同要素的组合上。诸如坚实的建筑实体配以明镜般的水面、密集的宅院间以空旷的公园,这样不仅使城市景观富于变幻,而且便于人们停留观赏或静坐休息。

三、保留城市的人文景观,维护精神生态的平衡

城市既是人们的生存空间,还是一幅世代居民生息延续的历史画卷。对此,刘易斯·芒福德有过精辟论述:"城市通过它集中物质的和文化的力量,加速了人类交往的速度,并将它的产品变成可以储存和复制的形式。通过它的纪念性建筑、文字记载、有秩的风俗和交往联系,城市扩大了所有人类活动的范围,并使这些活动承上启下,继往开来。"②正是在历史的长河中,城市形成了独特的人文景观与标记,也哺育了一方城市居民的体格与情怀。正如雷戈里·卡杰特指出:"人之内在存在与人之外的存在有着一种联系,这种联系的建立有赖于我们较长时间地居住某个地方。我们的物理构造和心理特性,是在特定的气候、土地、地理和当地生物的直接影响下形成的。"③因此,城市居民的身份认同与归属感和城市场所是密切相关的。然而,随着工业革命与科学技术的发展,大多城市呈现出千城一面的景观。比如,当今许多都市的居民住在风格相似的摩天大厦或小区里,他们逛着同样的超市,吃着相同的食物,享受着空调恒温的吹拂,看着相似的电影与电视频道。可以想见,久而久之,这些不同的个体生命一定会变成身体、思想与情感同质同构的"标准人"。所以,现代人常发出的"我是谁""我从哪里来"的疑问并非无缘的诘难。美国学者马克·奥格指出:"不能被界定为关系性的,或者历史性的,或者身份认同相关的空间即是非场所。"④因而,疏离了自然,泯灭了个性,剥离了文脉的城市是一种"非场所",它只能让人产生疏

---

① 徐恒醇:《生态美学》,陕西人民教育出版社,2000,第222页。
② 〔美〕芒福德:《城市发展史——起源、演变和前景》,宋俊岭、倪文彦译,中国建筑工业出版社,1989,第417页。
③ Cajete and Gregory, *Look to the mountain*: *An Ecology of Indigenous Education* (Durango: Kivaki Press, 1994).
④ Auge, *Non-Places*: *Introduction to an Anthropology of Supermodernity*, Trans. John Howe (London: Verso, 1995).

离感与无家可归感。

众所周知,古代的城市建筑立足于当地的气候、文化与时代,形成了一种适合当地条件的技术、风格和气候的建筑样式,这些建筑样式既体现着当地的社会文化性质,又引导着城市居民的文化生产与社会生产。古老的城市建筑恰如一部石头构筑的史书,记载着这些城市的故事与历史,C.亚历山大在其著作《建筑的永恒之道》中说:"建筑与城市要紧的不只是其外表形状,物理几何形状,而是发生在那里的事件。"①正是凭着这些城市建筑的凝固与记载,我们才能了解城市的生命历程与文化精神,并对现实有清醒的认识。然而,在中国当下大踏步的城市化运动中,古城的改造与重建成了一种司空见惯的现象。据报道,中国在近20年的都市化进程中,以建设名义毁坏的古建筑的数量超过过去200年的数量总和。盲目地拆毁古建筑,不仅毁坏了人们的精神家园,使人失去了情感皈依之感,更为严重的是,它剔除了城市的历史纬度,使其失去了与现实相构置的张力,这样必然会造出一个没有凝聚力、没有文化认同感的"失忆之城"。缺失了历史的诘难,我们的城市建设最终会迷失自己前行的坐标。诚然,原封不动地保护古城建筑与历史街区是困难的,任何建筑年代久了都会坍塌,更何况我们所处的社会状况已不再属于历史,我们无法复制出一个与过去风格一模一样的建筑来。那么,我们怎样才能保持那些古老城市的个性与特色呢? 法国巴黎的保护也许对我们富有启发意义。自工业革命以来,巴黎城市面积不断扩大,城市面貌不断改变,但其城市结构依然和谐。"巴黎是一个万花筒,20个区有着各自的风貌,就像20个性格各异的人,呈现出自己独特的风采:一区到四区是巴黎的摇篮,古雅多姿;五区六区又称拉丁区,充满书卷与青春气息;分布在塞纳河两岸的七区、八区、十六区气派高贵;十八区蒙马特高地一带则弥漫着浪漫甚至诡异的氛围……同时,巴黎又是一个极其和谐的城市,古典与前卫、宁静与骚动、朴素与豪华、沉思与宣泄、甚至光明与黑暗,在巴黎的天空下并行不悖。认识巴黎最好的方式是在城中漫步,巴黎的历史不只是记录在图书馆的故纸堆中,巴黎的精彩也并不只是博物馆里大师们的杰作。漫步在巴黎,如同读一本翻开的大书,如同与一位记忆中装满掌故的老者对话,也如同观赏一出流动的舞台剧。"②

城市的民俗风情作为世代居民情感和想象的符号化表达,也是一道靓

---

① 〔美〕亚历山大:《建筑的永恒之道》,赵冰译,知识产权出版社,2002,第52页。

② 吴予敏:《景观美学与国际化城市的景观体系——以深圳市经验为案例》,载曾繁仁主编《人与自然——当代生态文明视野中的美学与文学》,河南人民出版社,2006,第432—433页。

丽的人文景观。F.吉伯特说："人也是城市设计的素材,人将生命的活力带到静止的城市景色中来了,虽然就其本身来说不是设计的目标,但是丰富多彩的人群活动是一种最美的景色。"①鲜活的民俗风情可以驱散都市的冷漠与隔膜,将人与城市空间、人与历史、人与人紧密地联系起来。联合国教科文组织在 1964 年颁布的《威尼斯宪章》中就明确指出:我们的保护对象"不仅包括单个建筑物,而且包括能够从中找出一种独特的文明,一种有意义的发展或一个历史事件的城市和乡村环境。"这就意味着,在这个城市建设日新月异的时代,城市景观建设不仅要谋求物质层面的高水平和典范性,而且更应该保持城市精神层面的历史连续性。因此,"城市景观环境的设置必须考虑到满足包括人们交往方式在内的社会需要,不能与社会文化因素相脱节,……缺失了人们的文化认同和审美体验,环境建设也就失去了它存在的意义"②。

前已论述,时空性是场所存在的基本维度。正是在场所时空关系网的运作过程中,人与特定时空里的所有存在物关联在了一起,产生了一种生态认同感,这种认同感就城市居民而言,就是对生于斯、长于斯、死于斯的家园的依恋。在当代城市家园沦为"非场所"的尴尬情势中,修复城市居民的生态认同感,让人"安居""乐居"是一个重大的时代课题。笔者管见,城市场所的设计除了要遵循生态规律、延续城市的文脉之外,还有一点就是要丰富城市生活,满足人们的情感需求。

马克思说:"人的本质并不是单个人所固有的抽象物。在其现实性上,它是一切社会关系的总和"。③康德也认为,人是社会共通性与个别性的统一。因此,人作为社会动物是需要群居,需要亲情,需要与人沟通的。在封建宗法制社会里,男耕女织,人们生活在温暖的大家庭之中,人与人比邻而居,不乏沟通的空间与时间,人们生活得其乐融融。但在都市化的过程中,唯科技主义以及与之相关的工具理性已经成为人们,甚至是整个城市的理念与管理体制,人们沉浸在各种会议、评估与工作竞争之中。于是,匆忙的生活代替了闲暇时光,林立的高楼代替了亲情与乡情得以连接的"场所"。人们都有一种失去精神家园的孤独之感,每个人都好像是无家可归者,有车、有房、有钱,但没有亲情与乡情,人成了没有精神寄托的空壳。因此,在城市生态文明建设中,强调城市场所的情感维度是时代对城市建设提出的必然要求。现在许多城市加强城市广场与社区建设,就是这一城市建设理

---

① 〔美〕吉伯特:《市镇建设》,程里尧译,中国建筑工业出版社,1983,第 8 页。
② 陈望衡:《环境美学》,武汉大学出版社,2007,第 347 页。
③ 中共中央马克思、恩格斯、列宁、斯大林著作编译局编译《马克思恩格斯选集(第 1 卷)》,人民出版社,1972,第 18 页。

念的具体体现。一般说来,营造群体性的城市场所必须尊重当地城市居民的文化需要和民俗传统,否则就会适得其反。比如,1954年,美国密苏里州为了满足圣路易斯低收入者的物质需求,为他们建造了整齐高大的艾格尔住宅区,但出人意料的是,小区建成之后,这里的治安条件反不如从前,赌博、涉毒事件经常发生。在一次又一次的改建失败后,当局不得不炸毁这片高层住宅建筑而复归从前松散、底层的建筑,这却赢得了居民们的欢呼与认同。这是因为美国下层居民喜欢无拘无束地聚集与交往,高档住宅区尽管整齐、秩序性强、设施卫生条件好,但却剥夺了居民的社会网络空间,让他们的情感、文化需求得不到满足,所以失败在所难免。

一味地强调城市场所的群体性呼求,也会带来对个体性情感需求的漠视。因此,一个"人性化"的城市还应创造丰富多样的体验模式,满足个体选择的需要。满足这种需要的场所在现代都市生活中已然存在,比如艺术博物馆、电影院、剧院、音乐厅、游乐园等都是满足人们想象体验的场所。但在当今的西方城市社会生活中,随着经济利益的驱动和社会阶级的分化,这些场所为有钱阶级所把持,他们将歌剧院、画廊和博物馆等作为他们文化身份的象征。"在许多情况下,如戏剧、芭蕾舞和歌剧只为少数人独有和欣赏,而且,人们对博物馆和花园之类的场所更多出于防护、保护和炫耀的目的,而非为人们创造吸引人的、使人惊奇的和充满想象体验的场所。并且当博物馆和园林中充满了拥挤的人群时,人们对博物馆和园林的体验会被破坏。"①人民的公共娱乐场所应该回归于人民,而不应成为富裕阶层的垄断空间。

城市场所的建设还应回应不同人群的娱乐诉求,营造多样性、自由性的娱乐空间。如当下许多大都市建造或开放大型体育馆就是一种很好的尝试,体育形式的多样化给市民提供了广阔的选择空间,市民可根据自己的爱好选择自己喜爱的运动,以游戏的方式去给忙碌、制度化的城市生活增添某种富于戏剧性、幻想性和刺激性的生活体验。此外,城市场所的建设应努力营造城市景观的审美幻象,满足人们审美体验的需要。城市幻象的营造可通过多种途径去获取,比如我们可以利用中国重庆多山的地貌造就山城的景观轮廓,利用苏州多水的自然状况造就河道交错的水城景观;我们也可以从城市独特的民族风情和建筑上去制造城市的意蕴,比如丽江利用古代羌人的洞穴居、树巢居、井干式木楞房和现代"三坊一照壁""四合五天井"等作为城市名片,打造了如烟似梦的城市形象。美国环境美学家伯林特认为

———————————

① 〔美〕伯林特:《环境美学》,张敏、周雨译,湖南科学技术出版社,2006,第64页。

灯光也是塑造城市审美幻想的手段。"灯光是尚未被充分挖掘的诗意的源泉。它不仅可以用来辨识或给人以安全感,而且可以使环境具有一种戏剧性。"①的确,灯光可以使我们熟悉的城市夜空变幻纷呈,给我们一种别样的视觉享受。

---

① 〔美〕伯林特:《环境美学》,张敏、周雨译,湖南科学技术出版社,2006,第65页。

参 考 文 献

（一）参考著作

[1]阿恩海姆.艺术与视知觉[M].滕守尧,朱疆源,译.北京：中国社会科学出版社,1984.

[2]阿莱格尔.城市生态,乡村生态[M].陆亚东,译.北京：商务印书馆,2003.

[3]艾夫兰.西方艺术教育史[M].邢莉,常宁生,译.成都：四川人民出版社,2000.

[4]艾克曼.歌德谈话录[M].吴象婴等,译.上海：上海社会科学院出版社,2001.

[5]爱默生.自然沉思录[M].博凡,译.上海：上海社会科学院出版社,1993.

[6]白家祥,郭仓.老年与抗衰老医学[M].北京：学苑出版社,1989.

[7]柏拉图.文艺对话集[M].朱光潜,译.北京：人民文学出版社,1980.

[8]柏拉图.文艺对话集[M].朱光潜,译.北京：人民文学出版社,1963.

[9]北京大学哲学系外国哲学史教研室.古希腊罗马哲学[M].北京：商务印书馆,1962.

[10]贝塔朗菲.生命问题——现代生物学思想评价[M].吴晓江,译.北京：商务印书馆,1999.

[11]伯林特.环境美学[M].张敏,周雨,译.长沙：湖南科学技术出版社,2006.

[12]伯林特.环境与艺术：环境美学的多维视角[M].刘悦笛等,译.重庆：重庆出版社,2007.

[13]伯林特.美学再思考：激进的美学与艺术学论文[M].肖双荣,译.武汉：武汉大学出版社,2010.

[14]伯林特.生活在景观中——走向一种环境美学[M].陈盼,译.长沙：湖南科学技术出版社,2006.

[15] 车尔尼雪夫斯基.生活与美学[M].周扬,译.北京：人民文学出版社，1959.

[16] 陈鼓应.老庄新论[M].上海：上海古籍出版社，1992.

[17] 陈龙海.中国线性艺术论[M].武汉：华中师范大学出版社，2005.

[18] 陈望衡.环境美学[M].武汉：武汉大学出版社，2007.

[19] 陈望衡.交游风月——山水美学谈[M].武汉：武汉大学出版社，2006.

[20] 陈植.园冶注释[M].北京：中国建筑工业出版社，1988.

[21] 程相占.文心三角文艺美学——中国古代文心论的现代转化[M].济南：山东大学出版社，2002.

[22] 程相占.中国环境美学思想研究[M].郑州：河南人民出版社，2009.

[23] 迟轲.西方美术理论文选[M].南京：江苏教育出版社，2005.

[24] 党圣元,刘瑞弘.生态批评与生态美学[M].北京：中国社会科学出版社，2011.

[25] 邓肯.邓肯自传[M].朱立仁等,译.上海：上海文艺出版社，1981.

[26] 邓绍秋.道禅生态美学智慧[M].延吉：延边大学出版社，2003.

[27] 丁永祥,李新生.生态美育[M].郑州：河南美术出版社，2004.

[28] 董欣宾,郑奇.中国绘画对偶范畴论[M].南京：江苏美术出版社，1990.

[29] 董逌.广川画跋[M].何立民,点校.杭州：浙江人民美术出版社，2016.

[30] 杜兰.世界文明史·东方遗产[M].北京：东方出版社，1999.

[31] 杜威.经验与自然[M].傅统先,译.南京：江苏教育出版社，2005.

[32] 杜威.艺术即经验[M].高建平,译.北京：商务印书馆，2005.

[33] 段义孚.逃避主义[M].周尚意,张春梅,译.石家庄：河北教育出版社，2005.

[34] 范圣玺,陈健.中外艺术设计史[M].北京：中国建筑工业出版社，2008.

[35] 方东美.生生之德[M].台北：黎明文化事业股份有限公司，1989.

[36] 菲茨杰拉德.浮想联翩：新艺术运动风格[M].赵立丹,译.天津：天津科技翻译出版公司，2002.

[37] 伏胜.尚书大传[M].北京：中华书局，1985.

[38] 冈布里奇.艺术与幻觉[M].卢晓华等,译.北京：工人出版社，1988.

[39] 高兵强.新艺术运动[M].上海：上海辞书出版社，2010.

[40] 格罗塞.艺术的起源[M].蔡慕晖,译.北京：商务印书馆，1984.

[41] 葛赛尔.罗丹艺术论[M].傅雷,译.北京：中国社会科学出版社，1999.

[42] 郭西萌.伊斯兰艺术[M].石家庄：河北教育出版社，2003.

[43] 海德格尔.存在与时间[M].陈嘉映,王庆节,译.北京：生活·读书·新

知三联书店,2006.

[44] 海德格尔.荷尔德林诗的阐释[M].孙周兴,译.北京:商务印书馆, 2000.

[45] 韩济生.神经科学管理[M].北京:北京医科大学出版社,1999.

[46] 韩林德.境生象外[M].北京:生活·读书·新知三联书店,1995.

[47] 河西.艺术的故事——莫里斯和他的顶尖设计[M].上海:华东师范大 学出版社,1999.

[48] 黑格尔.美学(第1卷)[M].朱光潜,译.北京:商务印书馆,1979.

[49] 胡家祥.审美学[M].北京:北京大学出版社,2000.

[50] 胡伟,朱兮.古舞探径——中国古典舞形态构成与语言研究[M].北京: 首都师范大学出版社,2013.

[51] 胡雪萍.绿色消费[M].北京:中国环境出版社,2016.

[52] 华勒斯坦等.开放社会科学[M].刘锋,译.北京:生活·读书·新知三 联书店,1997.

[53] 黄帝内经·素问[M].姚春鹏,译注.北京:中华书局,2010.

[54] 霍兰.隐秩序——适应性造就复杂性[M].周晓牧等,译.上海:上海科 技教育出版社,2000.

[55] 霍耐特.为承认而斗争:关于黑格尔耶拿时期哲学中的社会理论[M]. 胡继华,译.上海:上海人民出版社,2005.

[56] 吉伯特.市镇建设[M].程里尧,译.北京:中国建筑工业出版社,1983.

[57] 季伟林.中国山水画与五行艺术哲学[M].北京:文化艺术出版社, 2011.

[58] 加德纳.多元智能新视野[M].沈致隆,译.北京:中国人民大学出版社, 2012.

[59] 江畅.西方德性思想史(古代卷)[M].北京:人民出版社,2016.

[60] 蒋孔阳.先秦音乐美学思想论稿[M].合肥:安徽教育出版社,2007.

[61] 蒋力生,马烈光.中医养生保健研究(第2版)[M].北京:人民卫生出 版社,2017.

[62] 卡尔松.环境美学——自然、艺术与建筑的鉴赏[M].杨平,译.成都:四 川人民出版社,2006.

[63] 卡尔松.自然与景观[M].陈李波,译.长沙:湖南科学技术出版社, 2006.

[64] 卡梅尔-亚瑟.包豪斯[M].颜芳,译.北京:中国轻工业出版社,2002.

[65] 卡逊.寂静的春天[M].吕瑞兰,李长生,译.长春:吉林人民出版社,

1997.

[66] 康德.判断力批判[M].宗白华,译.北京:商务印书馆,1964.

[67] 康芒纳.封闭的循环——自然、人和技术[M].侯文蕙,译.长春:吉林人民出版社,1997.

[68] 柯林斯.现代建筑设计思想的演变[M].英若聪,译.北京:中国建筑工业出版社,2003.

[69] 克朗.文化地理学[M].杨淑华,宋慧敏,译.南京:南京大学出版社,2003.

[70] 库恩.美学史(上卷)[M].夏乾丰,译.上海:上海译文出版社,1988.

[71] 夸美纽斯.大教学论·教学法解析[M].任钟印,译.北京:人民教育出版社,2006.

[72] 拉斯金.拉斯金读书随笔[M].王青松 等,译.上海:上海三联书店,1999.

[73] 雷毅.深层生态学思想研究[M].北京:清华大学出版社,2001.

[74] 李立国.古代希腊教育[M].北京:教育科学出版社,2010.

[75] 李培超.环境伦理[M].北京:作家出版社,1998.

[76] 李世书.中国工业化进程中的生态风险及其应对[M].北京:社会科学文献出版社,2016.

[77] 李渔.闲情偶寄[M].杜书瀛,评注.北京:中华书局,2012.

[78] 李泽厚,刘纲纪.中国美学史[M].北京:中国社会科学出版社,1984.

[79] 利奥波德.沙乡年鉴[M].侯文蕙,译.长春:吉林人民出版社,1997.

[80] 列维-布留尔.原始思维[M].丁由,译.北京:商务印书馆,1987.

[81] 林奇.城市意象[M].方益萍,何晓军,译.北京:华夏出版社,2001.

[82] 刘成纪.自然美的哲学基础[M].武汉:武汉大学出版社,2008.

[83] 刘承华.中国音乐的神韵[M].福州:福建人民出版社,1998.

[84] 刘德江.生态农业技术[M].北京:中国农业大学出版社,2014.

[85] 刘敏,牟俊山.绿色消费与绿色营销[M].北京:光明日报出版社,2004.

[86] 刘湘溶.生态文明论[M].长沙:湖南教育出版社,1999.

[87] 刘彦顺,祁海文.中国美育思想通史(先秦卷)[M].曾繁仁,主编.济南:山东人民出版社,2017.

[88] 刘致平.中国建筑类型及结构[M].北京:中国建筑工业出版社,1957.

[89] 柳宗元.柳宗元集[M].吴文治 等,点校.北京:中华书局,1979.

[90] 卢梭.爱弥儿[M].李平沤,译.北京:商务印书馆,1978.

[91] 卢梭.社会契约论(第2版)[M].何兆武,译.北京:商务印书馆,1982.

[92] 卢梭.一个孤独的散步者的遐想[M].张驰,译.长沙:湖南人民出版社,
　　　1986.

[93] 卢政.中国古典美学的生态智慧研究[M].北京:人民出版社,2016:
　　　138.

[94] 卢政.中国美育思想通史(魏晋南北朝卷)[M].曾繁仁,主编.济南:山
　　　东人民出版社,2017.

[95] 鲁枢元.生态批评的空间[M].上海:华东师范大学出版社,2006.

[96] 鲁枢元.文学的跨界研究:文学与生态学[M].上海:学林出版社,
　　　2011.

[97] 罗尔斯顿.环境伦理学——大自然的价值以及人对大自然的义务[M].
　　　杨通进,译.北京:中国社会科学出版社,2000.

[98] 罗尔斯顿.基因、创世记和上帝——价值及其在自然史和人类史中的
　　　起源[M].范岱年,陈养惠,译.长沙:湖南科学技术出版社,2003.

[99] 罗尔斯顿.哲学走向荒野[M].刘耳,叶平,译.长春:吉林人民出版
　　　社,2000.

[100] 罗振玉.殷墟书契续编[M].北京:中国青年出版社,1994.

[101] 麦茜特.自然之死:妇女、生态和科学革命[M].吴国盛等,译.长春:
　　　吉林人民出版社,1999.

[102] 芒福德.城市发展史——起源、演变和前景[M].宋俊岭,倪文彦,译.
　　　北京:中国建筑工业出版社,1987.

[103] 毛文凤.神性智慧:生态式教育的形上之维[M].南京:江苏人民出版
　　　社,2009.

[104] 蒙培元.人与自然——中国哲学生态观[M].北京:人民出版社,2004.

[105] 米都斯,等.增长的极限:罗马俱乐部关于人类困境的报告[M].李宝
　　　恒,译.长春:吉林人民出版社,1997.

[106] 苗力田.古希腊哲学[M].北京:中国人民大学出版社,1989.

[107] 缪钺,等.宋诗鉴赏辞典[M].上海:上海辞书出版社,1987.

[108] 莫兰.方法:天然之天性[M].吴泓缈,冯学俊,译.北京:北京大学出
　　　版社,2002.

[109] 莫斯科维奇.还自然之魅——对生态运动的思考[M].庄晨燕,邱寅晨
　　　译.北京:生活·读书·新知三联书店,2005.

[110] 欧阳金芳,钱振勤,赵俭.人口·资源与环境(第2版)[M].南京:东
　　　南大学出版社,2009.

[111] 潘运告.清人论画[M].潘运告,译注.长沙:湖南美术出版社,2004.

[112] 潘运告.宋人画论[M].熊志庭,刘城淮,金五德,译注.长沙:湖南美术出版社,2004.

[113] 培根.培根论说文集[M].高健,译.太原:北岳文艺出版社,2016.

[114] 佩西.未来的一百页:罗马俱乐部总裁的报告[M].汪帼君,译.北京:中国展望出版社,1984.

[115] 彭锋.完美的自然——当代环境美学的哲学基础[M].北京:北京大学出版社,2005.

[116] 彭富春.论中国的智慧[M].北京:人民出版社,2010.

[117] 彭吉象.中国艺术学[M].北京:北京大学出版社,2007.

[118] 彭立威,李姣.人格教育生态化:从单面到立体[M].长沙:湖南师范大学出版社,2015.

[119] 普里戈金,斯唐热.从混沌到有序——人与自然的新对话[M].曾庆宏,沈小峰,译.上海:上海译文出版社,2005.

[120] 钱超尘.东坡养生集[M].王如锡,辑.北京:中华书局,2011.

[121] 钱穆.现代中国学术论衡[M].北京:生活·读书·新知三联书店,2001.

[122] 乔瑞金.非线性科学思维的后现代诠解[M].太原:山西科学技术出版社,2003.

[123] 任钟印.西方近代教育论著选[M].北京:人民教育出版社,2001.

[124] 瑟帕玛.环境之美[M].武小西,张谊,译.长沙:湖南科学技术出版社,2006.

[125] 沈子丞.历代论画名著汇编[M].北京:文物出版社,1982.

[126] 施韦泽.敬畏生命[M].陈泽环,译.上海:上海社会科学院出版社,1996.

[127] 石涛.石涛画语录[M].俞剑华,注释.南京:江苏美术出版社,2007.

[128] 叔本华.作为意志和表象的世界[M].石冲白,译.北京:商务印书馆,1982.

[129] 舒尔茨.现代心理学史[M].杨立能等,译.北京:人民教育出版社,1981.

[130] 斯莱文.教育心理学:理论与实践[M].姚梅林,译.北京:人民邮电出版社,2001.

[131] 苏百义.农业生态文明论[M].北京:中国农业科学技术出版社,2018.

[132] 隋丽.现代性与生态审美[M].上海:学林出版社,2009.

[133] 谭好哲,刘彦顺.美育的意义——中国现代美育思想发展史论[M].北

京：首都师范大学出版社,2006.

[134] 汤因比.人类与大地母亲[M].徐波莱,译.上海：上海人民出版社,
2001.

[135] 滕守尧.回归生态的艺术教育[M].南京：南京出版社,2008.

[136] 托玛斯.细胞生命的礼赞[M].李绍明,译.长沙：湖南科学技术出版
社,1995.

[137] 万以诚,万岍.新文明的路标：人类绿色运动史上的经典文献[M].长
春：吉林人民出版社,2000.

[138] 王尔德.王尔德唯美主义作品选[M].汪剑钊,编译.昆明：云南人民出
版社,2011.

[139] 王夫之.张子正蒙注[M].北京：中华书局,1975.

[140] 王光祈.王光祈文集[M].成都：巴蜀书社,1992.

[141] 王宏燕,曹志平.农业生态学[M].北京：化学工业出版社,2008.

[142] 王柯平,等.美育的游戏[M].南京：南京出版社,2007.

[143] 王诺.生态与心态：当代欧美文学研究[M].南京：南京大学出版社,
2007.

[144] 王茜.生态文化的审美之维[M].上海：上海人民出版社,2007.

[145] 王受之.世界现代设计史[M].北京：中国青年出版社,2002.

[146] 王树海.禅魄诗魂——佛禅与唐宋诗风的变迁[M].北京：知识出版
社,2000.

[147] 王蔚.不同自然观下的建筑场所艺术[M].天津：天津大学出版社,
2004.

[148] 王原祁.雨窗漫笔[M].张素琪,校注.杭州：西泠印社出版社,2008.

[149] 王耘.复杂性生态哲学[M].北京：社会科学文献出版社,2008.

[150] 王振复.建筑美学笔记[M].天津：百花文艺出版社,2005.

[151] 沃德,杜博斯.只有一个地球——对一个小小行星的关怀和维护[M].
《国外公害丛书》编委会,译校.长春：吉林人民出版社,1997.

[152] 沃尔夫,吉伊根.艺术批评与艺术教育[M].滑明达,译.成都：四川人
民出版社,1998.

[153] 吴中杰.中国古代审美文化论(第1卷)[M].上海：上海古籍出版
社,2003.

[154] 伍蠡甫.现代西方文论选[M].上海：上海译文出版社,1983.

[155] 希尔贝克,伊耶.西方哲学史——从古希腊到二十世纪[M].童世骏
等,译.上海：上海译文出版社,2012.

[156] 席勒.审美教育书简[M].冯至,范大灿,译.北京：北京大学出版社,1985.

[157] 席勒.席勒美学文集[M].张玉能,编译.北京：人民出版社,2011.

[158] 席运官,钦佩.有机农业生态工程[M].北京：化学工业出版社,2002.

[159] 谢林.先验唯心论体系[M].梁志学,石泉,译.北京：商务印书馆,1976.

[160] 熊秉明.中国书法理论体系[M].北京：人民美术出版社,2017.

[161] 熊十力.新唯识论[M].北京：中华书局,1985.

[162] 徐复观.中国艺术精神[M].沈阳：春风文艺出版社,1987.

[163] 徐弘祖.徐霞客游记校注[M].朱惠荣,校注.昆明：云南人民出版社,1985.

[164] 徐怡涛.中国建筑[M].北京：高等教育出版社,2010.

[165] 薛达元,戴蓉,郭泺,等.中国生态农业模式与案例[M].北京：中国环境科学出版社,2012.

[166] 亚里士多德.政治学[M].吴寿彭,译.北京：商务印书馆,1997.

[167] 亚历山大.建筑的永恒之道[M].赵冰,译.北京：知识产权出版社,2002.

[168] 严可均.全上古三代秦汉三国六朝文·全晋文[M].石家庄：河北教育出版社,1997.

[169] 杨平.环境美学的谱系[M].南京：南京出版社,2007.

[170] 叶朗.中国美学史大纲[M].上海：上海人民出版社,1985.

[171] 叶平.基于生态伦理的环境科学理论和实践观念[M].哈尔滨：哈尔滨工业大学出版社,2014.

[172] 叶平.生态伦理学[M].哈尔滨：东北林业大学出版社,1994.

[173] 于斯曼.美学[M].栾栋等,译.台北：远流出版事业公司,1999.

[174] 余嘉锡.世说新语笺疏[M].北京：中华书局,2011.

[175] 俞剑华.中国画论选读[M].南京：江苏美术出版社,2007.

[176] 袁鼎生.生态艺术哲学[M].北京：商务印书馆,2007.

[177] 袁禾.中国舞蹈意象概论[M].文化艺术出版社,2007.

[178] 袁运甫.中国当代装饰艺术[M].太原：山西人民出版社,1989.

[179] 恽寿平.瓯香馆集[M].上海：上海古籍出版社,1982.

[180] 曾繁仁.美育十五讲[M].北京：北京大学出版社,2012.

[181] 曾繁仁.人与自然——当代生态文明视野中的美学与文学[M].郑州：

河南人民出版社,2006.

[182] 曾繁仁.生态美学导论[M].北京:商务印书馆,2010.

[183] 曾繁仁.现代美育理论[M].郑州:河南人民出版社,2006.

[184] 曾繁仁.中西交流对话中的审美与艺术教育[M].济南:山东大学出版社,2003.

[185] 曾繁仁.转型期的中国美学:曾繁仁美学文集[M].北京:商务印书馆,2007.

[186] 曾永成.文艺的绿色之思:文艺生态学引论[M].北京:人民文学出版社,2000.

[187] 张华.生态美学及其在当代中国的建构[M].北京:中华书局,2006.

[188] 张志伟.西方哲学十五讲[M].北京:北京大学出版社,2004.

[189] 章利国.现代设计美学(增订本)[M].北京:清华大学出版社,2008.

[190] 赵红梅.美学走向荒野:论罗尔斯顿环境美学思想[M].北京:中国社会科学出版社,2009.

[191] 中共中央马克思、恩格斯、列宁、斯大林著作编译局.马克思恩格斯选集[M].北京:人民出版社,1995.

[192] 周辅成.西方伦理学名著选辑(下)[M].北京:商务印书馆,1987.

[193] 朱光潜.西方美学史[M].北京:人民文学出版社,1979.

[194] 宗白华.美学散步[M].上海:上海人民出版社,1981.

[195] 宗白华.美学与意境[M].北京:人民出版社,1987.

[196] 宗白华.艺境[M].北京:北京大学出版社,1986.

[197] 宗白华.宗白华全集[M].合肥:安徽教育出版社,1994.

[198] Allen Carlson. Aesthetics and the Environment: The Appreciation of Nature, Art and Architecture[M]. New York: Routledge, 2000.

[199] Arnold Berleant. The Aesthetics of Environment [M]. Philadelphia: Temple University Press, 1992.

[200] Cajete, Gregory. Look to the mountain: An Ecology of Indigenous Education[M]. Durango: Kivaki Press, 1994.

[201] Cf. A. W. Levi. The Humanities Today [M]. Bloomington: Indiana University Press, 1970.

[202] Gin Djih Su. Chinese Architecture: Past and Contemporary[M]. Hong Kong: Sin poh Amalgamated, 1964.

[203] Steven C. Bourassa. The Aesthetics of Landscape[M]. London: Belhaven press, 1991.

［204］Toulmin S. The Return to Cosmology：Postmodern Science and the Theology of Nature［M］. Berkeley：University of California Press，1982.

［205］Yi-fu Duan. Segmented Worlds and Self：Group Life and Individual Consciousness［M］. Minneapolis：University of Minnesota Press，1982.

（二）参考论文

［1］蔡萍,金延.自然内在价值论的置疑与反思［J］.求索,2008(6).

［2］程相占.生态智慧与地方性审美经验［J］.江苏大学学报(社会科学版),2005(4).

［3］丁永祥.生态审美与生态美育的任务［J］.郑州大学学报(哲学社会科学版),2005(4).

［4］冯黎明,刘科军.文艺学的知识属性与课程教学的新思路［J］.中国大学教学,2008(2).

［5］黄念然.味象·观气·悟道——中国古代审美体验心路历程描述［J］.广西社会科学,1998(2).

［6］金学智.“美意延年”——绘画养生功能简论［J］.文艺研究,1996(6).

［7］金玉梅.生态式课程探析［J］.当代教育科学,2009(7).

［8］李长泰.论先秦儒家自然生态观对德性论的构建［J］.管子学刊,2014(1).

［9］李干杰.开展“无废城市”建设试点　提高固体废物资源化利用水平［J］.环境保护,2019(2).

［10］李桂梅.可持续发展与适度消费的伦理思考［J］.求索,2001(1).

［11］李雷.公共艺术的概念拓展与功能转换［J］.艺术探索,2016(3).

［12］李晓明.参与美学：当代生态美学的重要审美观［J］.山东社会科学,2013(5).

［13］李亚萍,杨铜.文艺学：危机与突破——第四届全国文艺学及相关学科建设研讨会综述［J］.暨南学报(人文科学与社会科学版),2004(1).

［14］林少雄.仰观俯察的自然意识与俯仰自得的宇宙视角［J］.上海大学学报(社会科学版),2002(4).

［15］刘东峰.中国新时期美学对西方美学范畴“诗意地栖居”的批判、接受及转化［J］.艺术百家,2019(1).

［16］刘耳.自然的价值与价值的本质［J］.自然辩证法研究,1999(2).

［17］刘湘溶,李培超.论自然权利——关于生态伦理学的一个理论支点［J］.求索,1997(4).

[18] 刘晓东.自然教育学史论[J].南京师大学报(社会科学版),2016(6).

[19] 刘心恬.论明清园林设计理念的生态节制观[J].大众文艺,2012(20).

[20] 庞学光.试论美育的经济功能[J].教育与经济,1996(2).

[21] 祁海文.走向生态美育——对生态美学发展的一种思考[J].陕西师范大学学报(哲学社会科学版),2004(5).

[22] 钱学森.创建农业型的知识密集产业——农业、林业、草业、海业和沙业[J].农业现代化研究,1984(5).

[23] 沈孝辉.自然干扰、人为干扰与生态修复[J].世界环境,2009(3).

[24] 施咏,刘绵绵.中国民间音乐旋法规律的文化发生初探[J].福建师范大学学报(哲学社会科学版),2006(1).

[25] 施咏.中国人音乐审美心理研究[D].福建师范大学博士学位论文,2006.

[26] 宋秀葵.段义孚人文主义地理学生态文化思想研究[D].山东大学博士学位论文,2011.

[27] 谭源.城市本质的回归——兼论可渗透的城市街道布局[J].城市问题,2005(5).

[28] 滕守尧.生态式艺术教育与人的可持续性发展[J].民族艺术,2001(1).

[29] 王德胜.当代中国文化景观中的审美教育[J].文史哲,1996(6).

[30] 王海明.自然内在价值论[J].中国人民大学学报,2002(6).

[31] 王继创.整体主义环境伦理思想研究[D].山西大学博士学位论文,2012.

[32] 王敬,张忠潮.生态文明视角下的适度消费观[J].消费经济,2011(2).

[33] 王磊,胡韵菲,崔淳熙,等.北京市农业生态价值评价研究[J].中国农业资源与区划,2015(7).

[34] 王宁.世界主义及其当代中国的意义[J].山东师范大学学报(人文社会科学版),2012(6).

[35] 王汶成.从精英美育到大众美育:两种美育范式的并存与共生[J].山东社会科学,2005(11).

[36] 王岳川.新世纪文论应会通中西守正创新[J].山东师范大学学报(人文社会科学版),2012(5).

[37] 魏玲玲.高职高专文学课程考试改革的探索[J].河北广播电视大学学报,2009(3).

[38] 吴春平.文学理论教学与文艺学学科建设[J].文学评论,2007(6).

[39] 香水.书画艺术与养生[J].安全与健康,2004(21).

[40] 徐国超.审美教育的生态之维——生态本体论视域下的美育理论研究 [D].苏州大学博士学位论文,2009.

[41] 薛富兴.艾伦·卡尔松的科学认知主义理论[J].文艺研究,2009(7).

[42] 杨恩寰.审美教育略谈[J].辽宁教育学院学报,1993(1).

[43] 杨昱."游":魏晋山水审美内涵研究[D].西南大学博士学位论文, 2014.

[44] 叶朗.柳宗元的三个美学命题[J].民主与科学,1992(4).

[45] 余谋昌.火在人类生态进化中的作用[J].生态学杂志,1984(2).

[46] 余谋昌.自然内在价值的哲学论证[J].伦理学研究,2004(4).

[47] 郁乐.什么是自然的内在价值——批判视野下自然的内在价值概念 [J].华中科技大学学报(社会科学版),2017(3).

[48] 曾繁仁.生态存在论美学视野中的自然之美[J].文艺研究,2011(6).

[49] 曾繁仁.试论生态审美教育[J].中国地质大学学报(社会科学 版),2011(4).

[50] 张超.当代西方环境审美模式研究[D].山东师范大学博士学位论文, 2015.

[51] 张剑.有效引导,彰显课堂活力[J].小学教学参考,2012(28).

[52] 张晶.论中国古典美学中的审美观照[J].现代传播,2002(2).

[53] 张胜前.自然审美参与模式与环境模式之逻辑辨析[J].郑州大学学 报(哲学社会科学版),2012(4).

[54] 张艳艳.观:作为中国古典美学审美范畴的意义存在[J].兰州学 刊,2004(6).

[55] 赵红梅.罗尔斯顿环境伦理学的美学旨趣[J].哲学研究,2010(9).

[56] 赵奎英.技术统治与艺术拯救——海德格尔的技术之思及其生态伦理 学意义[J].山东社会科学,2017(7).

[57] 赵玲,王现伟.关于自然内在价值的现象学思考与批判[J].社会科学战 线,2012(11).

[58] 赵天瑶,曹鹏,刘章勇,等.基于CVM的荆州市稻田生态系统的景观休 闲旅游价值评价[J].长江流域资源与环境,2015(3).

[59] 周膺,吴晶.经验的自然与生态美育——论生态美育的现实性与超越 性[J].美育学刊,2011(3).

[60] 周泽东.论阿诺德·伯林特介入美学的内在悖论[J].湖南师范大学社 会科学学报,2018(1).

后　记

　　本书是在我的博士后出站报告的基础上修改、拓展而成的，也是我所承担的国家社科基金后期资助项目"生态审美教育研究"（批准号：17FZW056）的最终成果。本书断断续续写了近十年，之所以拖这么久，一是因为本课题跨学科，难度大；二是因为本课题的立项经历了漫长的等待过程，本人几度弃履。参与本课题的成员有曾繁仁教授、李晓明博士。具体分工：曾繁仁教授撰写第四章第二、三、四节；李晓明博士撰写第三章第五节。

　　在此要特别感谢我的合作导师曾繁仁教授，没有他的指导与鼓励，本书可能中途夭折。另外还要感谢生态美学与环境美学的研究大家鲁枢元、陈望衡、程相占等教授，没有他们的呼吁与支持，生态美学与环境美学的研究热潮不可能日益隆盛，本项目也不可能得到学界的认同。

　　这本书得以顺利出版，当然得感谢全国哲学社会科学工作办公室与湖北大学精品成果培育基金的资助。上海交通大学出版社的责任编辑赵斌玮先生在编辑出版此书过程中付出了辛勤的劳动，在此也要向他表达诚挚的谢意。

著　者

2021 年 2 月 3 日于武汉